U0359368

山东省「孔子与山东文化强省战略协同创新中心」资助

葫芦文化丛书

史料卷

总 主 编／扈 鲁
本卷主编／高尚榘

中华书局

图书在版编目（CIP）数据

葫芦文化丛书．史料卷／扈鲁总主编；高尚榘本卷
主编．－－北京：中华书局，2018.7
ISBN 978-7-101-13310-3

Ⅰ．①葫… Ⅱ．①扈… ②高… Ⅲ．①葫芦科－文化
研究－中国②葫芦科－文化史－研究－中国 Ⅳ．①S642

中国版本图书馆CIP数据核字(2018)第131353号

书　　　名	葫芦文化丛书（全九册）
总 主 编	扈　鲁
本卷主编	高尚榘
责任编辑	李肇翔　冯妍菲
装帧设计	杨　曦
制　　版	北京禾风雅艺图文设计有限公司
出版发行	中华书局
	（北京市丰台区太平桥西里38号 100073）
	http://www.zhbc.com.cn
	E-mail:zhbc@zhbc.com.cn
印　　刷	艺堂印刷（天津）有限公司
版　　次	2018年7月北京第1版
	2018年7月北京第1次印刷
规　　格	开本787×1092毫米　1/16
	总印张155.5　总字数1570千字
国际书号	ISBN 978-7-101-13310-3
总 定 价	960.00元

《葫芦文化丛书》编委会

顾　　　问：刘德龙　张从军　傅永聚　叶涛

总　主　编：扈鲁

编委会主任：扈鲁

编委会成员（按姓氏笔画为序）：

马　力　王　涛　王怀华　王国林　王京传　王建平
左应华　史兆国　包　颖　巩宝平　成积春　问　墨
苏翠薇　李剑锋　李益东　宋广新　邵仲武　苗红磊
林桂榛　周天红　孟昭连　郝志刚　贾　飞　徐来祥
高尚榘　曹志平

办公室主任：黄振涛

办公室副主任：刘　永　宋振剑

办公室成员：鲁　昕　李　飞　王中华

摄　　　影：董少伟

《史料卷》编委会

主　　　编：高尚榘

副　主　编：陈以凤　巩宝平

编委会主任：高尚榘

编委会副主任：陈以凤　巩宝平

编委会成员（按姓氏笔画为序）：

曲　林　刘小娜　刘洁琼　孙尧尧　孙经超　吴　敏
张巧巧　张亚朋　赵敬蕊　董龙梅　魏灵芝

序 一

　　"葫芦虽小藏天地",作为一种历史悠久、用途广泛的古老植物,葫芦也是文化内涵丰富的人文瓜果,遍布世界各地,受到各民族人民喜爱,有着漫长的文化旅程。据考古发现,在距今约1万年至9000年的秘鲁、泰国等地人们就开始种植和利用葫芦。我国河姆渡遗址发现了7000多年前的葫芦及种子,另据甲骨文中"壶"字似葫芦状推断,我国先民认识葫芦的时间起点也很早。至"郁郁文哉"的西周时期,《诗经》等典籍中已有大量关于葫芦在饮食、盛物、祭祖、敬老、婚姻、渡河等方面的记载,我国的葫芦文化初具规模。经过数千年历史演变和人文化成,葫芦的实用性与艺术性被广泛开发和应用,涉及农工渔猎商等各行生产和衣食住行婚丧嫁娶的社会生活,以及节日、信仰、娱乐、工艺、语言、故事传说等方面,成为传统文化中的吉祥物和重要的民俗事象,衍生出蔚然可观的葫芦文化。如钟敬文先生所言,葫芦"是中华文化中有丰富内涵的果实,它是一种人文瓜果,而不仅仅是一种自然瓜果",葫芦文化是"中华民俗文化中具有一定意义的组成部分"。

　　"风物长宜放眼量",由我国葫芦写意画专家与收藏名家扈鲁先生主编的九卷本《葫芦文化丛书》,以我国浩如烟海的传世典籍为基础,深入系统地挖掘整理了葫芦在种植、食用、药用、器皿、工艺及相关名称、民俗、传说等方面的历史与文化。其中仅葫芦工艺类的史料,就涵盖葫芦造型、葫芦雕刻、葫芦绘画、葫芦饰品、葫芦乐器等诸多方面，通过文学卷、器物卷、图像卷等等图文，系统地展示了传统葫芦在中国文学、绘画、音乐、工艺美术等方面承载的丰富文化内涵以及历代匠人的高超匏艺。

丛书不仅具有历史的、文化的视野，也深刻关注葫芦文化的传承与发展现实，对云南澜沧县、辽宁葫芦岛、山东东昌府等地的葫芦文化发展做出翔实纪录，结合葫芦大观园、葫芦烙画、葫芦针雕、葫芦民俗旅游村、葫芦宴等不同形式的葫芦文化传承与发展案例，全面分析各地葫芦画室、葫芦艺匠、葫芦研究、葫芦收藏、葫芦精品发展情况，深入探讨葫芦文化融入当代经济与生活的路径，葫芦于小处成为民众饮食起居所需之物，经济财富之源，信仰诉求形式等，大者则被塑造成为当地城市的文化地标、宣传品牌，有的成为社会经济产业的新兴途径、对外交流的文化名片。

这部丛书富有科学精神和人文视野，是葫芦文化研究与普及的一部力作，不仅对葫芦文化的发展历史与现实做出了全面系统的梳理和研究，也对民间文化、民间艺术的个案研究和历史研究做出了深入的探索，富有启示意义。中华文脉历久弥新，需要的正是这样磅礴而专注的努力和实践。

序言如上。不妥之处，敬请各位同仁和读者朋友指正。

潘鲁生

2018年3月29日

序 二

伴随着文明社会的发展，葫芦流布于世界各地，演化为人类生产、生活与生命信仰中的亲密朋友，用途广泛、影响久远，葫芦除了是一种自然瓜果外，还是一种人文瓜果。在中国，葫芦文化绵延数千年，是"中华民俗文化中具有一定意义的组成部分"。

在传承久远、洋洋大观的葫芦文化中，本丛书从史料、文学、器物、图像、植物、地域等角度加以梳理，采撷其粹，集结汇编，向世人展现博大精深的中华葫芦文化。谈及这套丛书的编纂，还得从我的经历说起。

我出生于《沂蒙山小调》诞生地葫芦崖脚下，从小生活在浓厚的葫芦文化氛围之中。忆及儿时，家家种葫芦，蜿蜒的藤蔓和悬垂的瓜果随处可见，传说八仙之一铁拐李的宝葫芦即采于此。又因中国古代曾称葫芦为匏鲁，遂以此为笔名，亦寓意匏姓鲁人。葫芦从开花作纽到长大成熟，不断轮回的画面在我脑海里生根发芽，缓缓流淌，生生不息。巧合而幸运的是，高中毕业后，我考取了曲阜师范大学，攻读美术专业，毕业留校工作，由于对葫芦题材花鸟画情有独钟，工作之余投入很多的精力和时间创作写意葫芦画，收藏葫芦，研究葫芦文化，参与国内外的葫芦文化活动。2007年，创建了葫芦画社；2010年，建立了葫芦文化博物馆；2013年，组织成立国际葫芦文化学会；2015年，启动了"最葫芦·葫芦文化丝路行"工程等等。这些努力赢得了业内前辈专家的认可，著名画家陈玉圃先生十分赞同我"开创'葫芦画派'"的观点；潘天寿先生的高足、我大学时花鸟画老师杨象宪教授在看过我的写意葫芦画和葫芦收藏后欣慰地说："从此我不再创作葫芦题材花鸟画，这个题材就交给你了"，并为我题写了"贵在坚持"四个大字，鼓励我坚持自己的葫芦题材创作方向。

为了更好地创作葫芦题材的花鸟画，了解各种葫芦的形态，如长柄葫芦到底有多长，大的葫芦到底有多大等，我开始收藏葫芦，随着葫芦藏品不断丰富，发现葫芦承载着丰厚的文化内涵，对葫芦背后的民俗文化也逐渐了解、熟悉并日渐痴迷。后来，越来越感受到葫芦文化的奥妙无穷，相比之下，自己所做的工作和取得的成绩真是沧海一粟，微不足道。同时，我认识到现实中葫芦文化在人类生产、生活和精神世界中的衰落，也是一个无法回避的重要问题，这促使我深感传承和创新优秀葫芦文化的重要性和紧迫性。为此，我曾许下弘愿，要让葫芦文化在我们这一代振兴而不是衰落，要大放光彩而不是黯然失色。这种想法一直盘桓于胸，久久难以释怀。

幸运的是，我的梦想在一次偶然的与友人相会中忽然变得触手可及。那是在2015年的初秋某日，老友叶涛教授（中国社科院研究员、中国民俗学会副会长兼秘书长）前来探访，并参观葫芦文化博物馆、葫芦画社。这次来访距离上次叶教授参观草创时期的葫芦画社已经过去了8年，参观过后，叶教授用"无比欣慰"对我8年来的成绩给予了充分肯定，并且凭着他敏锐的学术眼光和多年从事民俗文化研究的经验，一针见血地指出：葫芦文化是中华优秀传统文化的重要组成部分，古今学者名家对这一题材都有涉猎，但在全面深入、系统整理方面乏善可陈，建议由我组织编纂一套《葫芦文化丛书》，可为全面系统地研究葫芦文化奠基供料。老友一语点醒梦中人，一番高瞻远瞩的建言令所有钟爱葫芦文化者为之心动，我自然也不例外，所谓"夫子言之，于我心有戚戚焉"。当时，我就表示要做，且要做好此事。尽管如此，在许诺之后，自己的内心除了惊喜、振奋之外，更多的是一种忐忑不安，不禁扪心自问：国内有这么多葫芦研究专家，"我到底行不行？""为什么是我？为什么不是我？"
类似的疑问盘桓脑海良久，但传承与弘扬中华葫芦文化的愿望亦是心头
萌生良久之物，一份为弘扬传统葫芦文化而义不容辞之责让我毅然站在
新的起跑线上，担起组织编纂《葫芦文化丛书》的大业与重任。决心一
下，我开始组织有关人员分头搜集与葫芦有关的资料。当年12月份，
叶涛教授再次专程来到曲阜，指导丛书编写事宜，经过充分讨论、酝酿，
本次会面决定从《研究卷》《史料卷》《文学卷》《器物卷》《图像卷》
等几个方面来梳理资料，汇编成册。接着，我开始四处联系专家、学者，
并北上京津拜访名士，横跨南北，纵贯多省，十几个城市的几十名专
家出于对葫芦文化的热爱和对我的厚爱，开始陆续加入到我们这个团
队中来。

2016年春节期间，热闹喜庆的气氛让我忽然想到，中国有几个地方
都举办精彩纷呈的葫芦文化节，是不是再增加一卷《节庆卷》才会让这
套书更完整？我顾不得春节休息，马上打电话和叶涛教授沟通汇报，他
充分肯定了我的意见，觉得很有必要。但后来，深入思考后觉得由于每
个地方特色各异，情况不同，在一卷里难以展现不同地域的全貌，我再
次请教叶教授，最后我们决定增加《澜沧卷》《葫芦岛卷》《东昌府卷》
地方三卷，以期对这三种具有地域代表性的葫芦节庆和葫芦文化做出全
面深入的总结。至此，《葫芦文化丛书》已成八卷之势。这里需要特别
说明的是，叶教授从策划、设计到每一卷的确定，甚至具体到章节，都
付出了巨大的心血，每每是在百忙之中不辞辛劳地与我反复沟通、协商、
指导，可以说，没有叶教授，就没有本套丛书，在此，我必须向叶涛教
授表达最诚挚的谢意。

那个寒假，除确定了八卷本编纂任务外，我还联系中华书局，于
2016年正月十四日赴北京拜访，汇报编纂方案，得到金锋主任、李肇
翔先生的充分肯定，并答应由中华书局出版发行丛书。随后，我组织部
分青年朋友和专家学者，撰写和论证丛书提纲，制定编纂计划，一个庞
大的学术计划若隐若现，在不断的实践中渐渐成形，悠然而启。

在众多学界同仁与友人的鼎力支持下，2016年3月12日，《葫芦文化丛书》编纂工作会议在曲阜师范大学举行。会议召开前夕，在和与会专家聊天时，叶涛、张从军等教授提出，我们这套丛书尽管已经八卷，看似完备，但好像还缺少点什么，葫芦是从哪里来的，它的根在哪里？是不是还应该再从科学的角度对葫芦这个物种进行界定？闻此，我犹如醍醐灌顶，连夜联系到包颖教授，与她商讨此事，于是《植物卷》应运而生。至此，丛书九卷本的整体架构最终定型。

这次编纂工作会议开得非常成功。来自中国社科院、国家博物馆、中华书局、南开大学、山东工艺美术学院、山东建筑大学、曲阜师范大学、云南省社科院、黑龙江省文史馆等高校和科研单位的30余位专家学者，以及云南省澜沧拉祜族自治县，辽宁省葫芦岛市葫芦山庄，山东省聊城市东昌府区、济宁市和曲阜市等地的有关政府部门和社会团体负责人汇聚一堂，围绕丛书编纂工作展开研讨，都表示要力争将其做成"填补国内外葫芦文化研究的空白之作"。会上，确定了丛书编纂体例和各卷编纂成员，并由中华书局出版发行。《葫芦文化丛书》从此进入了正式编纂阶段。

在接下来的时间里，编纂团队全体成员怀着崇高的使命感，为了共同的目标不辞辛苦，竭尽心智，克服时间紧张、任务繁重、头绪杂乱等诸多困难，牺牲大量的休息时间，严格按照进度要求，执行质量标准，加强协作配合，全力推进丛书编纂工作，尤其是南开大学孟昭连教授承担了两卷的编写任务，而且孟教授接手《器物卷》较晚，其困难更是可想而知。各位专家表现出的忘我奉献精神和严谨治学品格令人钦佩。特别值得一提的是，在丛书编纂过程中，我们于2016年7月和10月在中国曲阜文化国际慢城葫芦套民俗村和聊城市东昌府区分别召开了丛书推进和审稿会议，葫芦岛市葫芦山庄将于2018年第九届国际葫芦文化节承办《葫芦文化丛书》发行仪式，有关地方政府、葫芦文化产业等都给予了积极配合和大力支持。同时，山东民俗学会等单位和个人也陆续加入到我们这个大家庭中来，让我看到在中国这片土地上复兴中国优秀传统文化的希望。在葫芦文化的感召下，丛书编纂团队同心协力，共同汇聚成一股强大的精神力量，推动着丛书编纂工作一步步扎实前行，最终如期完成，倍感欣慰。

在丛书即将付梓之际，我百感交集，感激之情无以言表，对丛书编纂过程中给予亲切指导、大力支持的各有关单位和诸位领导、专家、学者与同仁表示诚挚的感谢。感谢山东省文化厅，感谢中共澜沧县委、澜沧县人民政府，感谢中共东昌府区委、东昌府区人民政府，感谢山东省"孔子与山东文化强省战略协同创新中心"，感谢现代生物学国家级虚拟仿真实验教学中心，感谢曲阜文化国际慢城葫芦套民俗村，感谢京杭名家艺术馆杨智栋馆长，感谢辽宁葫芦山庄文化旅游集团有限公司王国林董事长，感谢山东世纪金榜科教文化股份有限公司张泉董事长，感谢聊城义珺轩葫芦博物馆贾飞馆长，感谢曲阜师范大学胡钦晓教授。感谢潘鲁生先生欣然为之作序，让本丛书增色颇多，感谢丛书的顾问刘德龙、张从军、傅永聚、叶涛等诸位先生为丛书规划设计、把关掌舵，感谢中华书局金锋、李肇翔、许旭虹等同仁对丛书出版付出的心血和大力支持，感谢孟昭连、高尚榘等我尊敬的专家教授，感谢我可亲的同事们和全国各地葫芦文化同仁朋友们，感谢我不辞辛劳的学生们和无数共举此盛事的人们，言不尽意，或有遗漏以及编纂不周之处，请诸位见谅，心中感念永存！

我是幸运的，有诸位同道师友与我一起共赴理想，描绘中华葫芦文化的绚丽多姿；我们是幸运的，身处一个伟大的时代，民族复兴的滚滚春潮孕育、催生着一朵朵梦想之花。2013年11月26日，习近平总书记视察曲阜并对弘扬中华优秀传统文化发表重要讲话。我作为孔子家乡大学的一名从事葫芦文化研究的学者，倍感振奋、倍受鼓舞，习总书记的讲话为我的研究事业指明了前进方向，提供了根本遵循。也就是自那时起，我更加清醒地认识到肩上的使命，更加系统地思考谋划葫芦文化研究事业，进而形成了"一脉两端"整体研究格局。"一脉"即中华优秀传统文化之脉，"两端"即"向上提升""向下深挖"；"向上提升"

就是将葫芦文化研究提升到贯彻落实习近平总书记曲阜重要讲话精神，推动中华优秀传统文化传承弘扬，为中华文化繁荣兴盛贡献力量的高度；"向下深挖"就是要扎根"民间""民俗""民族"的优秀传统文化，推动葫芦文化通俗化、大众化、时代化。五年后的今天，当初那颗梦想的种子已经生根发芽，吐露着新绿。我坚信，沐浴着新时代的浩荡东风，她必将傲然绽放出更加夺目的光彩！

　　艺术是文化之脉，文化是艺术之根——这是我从事葫芦文化研究工作的深刻领悟。一名艺术工作者只有将根基深扎在中华文化的沃壤上，其艺术创作才会厚重而不轻浮、坚定而不盲从，才会充溢着炽热而深沉的人文情怀，由内而外生发出撼人心魄的艺术力量。毫无疑问，葫芦文化研究对葫芦题材绘画创作的涵养与提升，其作用正是如此。在长期的民间探访、乡野调查、写生采风和对葫芦文化的发掘整理中，我对葫芦的形与神、意与韵、气与骨，都有了更为深切的体悟。这些慢慢累积的情感，聚于胸中，流诸笔下，使我的艺术创作更加纯粹淡然，无论是水墨的点染还是色彩的铺陈，都是我与心灵的对话，对生命的赞美，对文化的致敬。

　　葫芦就像一个音符，永远跳跃在我的心头。此前大半生我用尽心力去创作、收藏和研究葫芦，此后之余生亦会毅然决然地投身于葫芦文化事业之中，平生与葫芦结下的一世缘分，愈久愈深，浓不可化。九卷本《葫芦文化丛书》是一个新的起点，我会在传承与创新葫芦文化的漫漫长路上竭我所能，略尽绵薄。

　　是为序。

扈鲁
2018年端午节

目　录

编　例

一、《葫芦文化丛书·史料卷》中的史料，主要采自《十三经注疏》《诸子集成》《百子全书》《四库全书》《续修四库全书》《丛书集成初编》等大型丛书，部分采自今人古籍整理本以及相关研究著述。

二、根据史料内容所涉及的方面，分为葫芦释名、葫芦种植、葫芦食用、葫芦药用、葫芦工具器皿、葫芦工艺、葫芦礼俗民俗、葫芦神话传说、葫芦名物九类。并据全书章节划分的统一要求，将九类定为九章。章下，大致按照经、子、史、集分类汇辑相关文献史料。

三、采录节选史料，严格忠实于原书，除明显的错字径作纠正外，原则上照录原文，确保文献的真实可靠性。每则史料，皆标明史料来源。每部书的版本情况，为避免累赘，不在正文中重复出现，而统一在书末"参考文献"中标明。

四、史料的整理，一是句读，正确断句，规范标点；二是校勘，校订是非，勘正错误；三是注释，对难读难理解的字词注音释义，为读者消除阅读障碍；四是附图，对重要文献附设书影，对部分葫芦物品附设图片，以增强直观印象。

概　述

　　葫芦，由于时代及地域的不同，历史上产生过多种称谓，诸如瓠、瓠瓜、匏、匏瓜、壶、壶卢、胡卢、扈鲁、瓟卢、瓠㼆、蒲芦、扁蒲等等。

　　葫芦虽为众多植物中普普通通之一种，但在我国历史上却留下了丰富的文化史料。浙江余姚河姆渡遗址出土的距今七千余年的葫芦种子，证实葫芦在我国生长的悠久历史。与其悠久历史相谐，它在经子史集中留下的史料也是厚重的。

　　先秦以及秦汉时期的典籍，对葫芦多有吟咏与记述，如《诗经》："幡幡瓠叶，采之亨之。君子有酒，酌言尝之。"（《小雅·瓠叶》）"南有樛木，甘瓠累之。"（《小雅·南有嘉鱼》）"七月食瓜，八月断壶。"（《豳风·七月》）"匏有苦叶，济有深涉。"（《邶风·匏有苦叶》）"执豕于牢，酌之用匏。"（《大雅·公刘》）"手如柔荑，肤如凝脂。领如蝤蛴（qiúqí），齿如瓠犀。"（《卫风·硕人》）

　　《礼记》："行秋令，则天时雨汁，瓜瓠不成。"（《月令》）"宾入大门，而奏《肆夏》，示易以敬也；卒爵而乐阕，孔子屡叹之。奠酬而工升歌，发德也。歌者在上，匏竹在下，贵人声也。"（《郊特牲》）"扫地而祭，于其质也。器用陶匏，以象天地之性。"（《郊特牲》）"魏文侯问于子夏曰：'吾端冕而听古乐，则唯恐卧。听郑卫之音，则不知倦。敢问古乐之如彼，何也？新乐之如此，何也？'子夏对曰：'今夫古乐，进旅退旅，和正以广，弦匏笙簧，会守拊鼓。始奏以文，复乱以武。治乱以相，讯疾以雅。君子于是语，于是道古。修身及家，平均天下。此古乐之发也。'"（《乐记》）

《庄子》中，惠子谓庄子曰："魏王贻我大瓠之种，我树之成而实五石。以盛水浆，其坚不能自举也。剖之以为瓢，则瓠落无所容。非不呺然大也，吾为其无用而掊之。"庄子曰："夫子固拙于用大矣！宋人有善为不龟手之药者，世世以洴澼絖为事。客闻之，请买其方百金。聚族而谋曰：'我世世为洴澼絖，不过数金；今一朝而鬻技百金，请与之。'客得之，以说吴王。越有难，吴王使之将，冬与越人水战，大败越人。裂地而封之。能不龟手一也。或以封，或不免于洴澼絖，则所用之异也。今子有五石之瓠，何不虑以为大樽而浮乎江湖，而忧其瓠落无所容，则夫子犹有蓬之心也夫。"（《逍遥游》）

后世典籍，记载葫芦史料更富，且涉及葫芦的方方面面，诸如葫芦种植、葫芦食用、葫芦药用、葫芦器用、葫芦工艺以及相关地名、民俗、传说等等，应有尽有。

就葫芦种植方面的文献而言，汉代氾胜之的《氾胜之书》，北魏贾思勰的《齐民要术》，唐代韩鄂的《四时纂要》，元代王祯的《王氏农书》、司农司的《农桑辑要》、鲁明善的《农桑衣食撮要》，明代徐光启的《农政全书》、高濂的《遵生八笺》，清代王燕绪的《授时通考》、刘灏等的《广群芳谱》，等等，都记载了较多的葫芦种植方法。如唐代韩鄂《四时纂要》：

> 种大胡芦：二月初掘地作坑，方四五尺，深亦如之。实填油麻菉豆蘽及烂草等，一重粪土一重草，如此四五重，向上尺余著粪土。种下十来颗子，待生后拣取四茎肥好者，每两茎肥好者相贴著，相贴处以竹刀子刮去半皮，以刮处相贴，用麻皮缠缚定，黄泥封裹，一如接树之法。待相著活后，各除一头。又取所活两茎，准前刮半皮相著，一如前法。待活后，唯留一茎。左者四茎合为一本。待著子，拣取两个周正好大者，余有旋旋，除去食之。如此，一斗种可变为盛一石物大。此《庄子》魏惠王大瓠之法。

再如明代方以智《物理小识》：

结瓠法：根以竹根分之，实多，瓢结时，剖藤跗插巴豆，二三日后瓢柔可纽，随去巴豆，瓢复鲜活。又以笔蘸芥辣界瓢，其界处永不长，如刻成肤欲空其瓢，开瓠顶纳巴豆水蚀去之。段成式曰："牛践苗则子苦。"生壶卢时，盆水照之则结者圆。

又如《陈行乡土志》：

套板葫芦：当葫芦初结时，套之以板，霜降实坚，摘下去皮，色如象牙。式则四方长方，六角八角。纹则篆隶花鸟，细若刻镂。贵游子弟，购置书斋，珍逾拱璧。

概言之，葫芦种植类的史料涉及从种植到收获的各个环节，涵盖了结瓠、模制、套板等各种造型方法。这些记述，都是葫芦种植方法、创意、经验的科学总结，为后世葫芦种植、造型提供了多方面的借鉴。

就葫芦食用方面的史料来看，言及蒸葫芦、葫芦羹、葫芦酱、葫芦干、葫芦条等多种葫芦食材的做法。如北魏贾思勰《齐民要术》所言做"瓠羹"的方法："下油水中，煮极熟。瓠体横切，厚三分。沸而下，与盐、豉、胡芹，累奠之。"又言及"缹瓜瓠法"：冬瓜、越瓜、瓠，用毛未脱者，毛脱即坚；汉瓜，用极大饶肉者；皆削去皮，作方脔，广一寸，长三寸。遍宜猪肉，肥羊肉亦佳。肉须别煮令熟，薄切。酥油亦好，特宜菘菜。芜菁、肥葵、韭等，皆得；酥油宜大用苋菜。细擘葱白，葱白欲得多于菜；无葱，薤白代之。浑豉、白盐、椒末。先布菜于铜铛底，次肉；无肉，以酥油代之。次瓜，次瓠，次葱白、盐、豉、椒末。如是次第重布，向满为限。少下水，仅令相淹渍。缹令熟。

又如清代刘灏《广群芳谱》所述：

《王氏农书》：匏之为用甚广，大者可煮作素羹，可和肉煮作荤羹，可蜜煎作果，可削条作干；小者可作盒盏；长柄者可作喷壶；亚腰者可盛药饵；苦者可治病。瓠之为物也，累然而生，食之无穷，烹饪咸宜，最为佳蔬。种得其法，则其实硕大，小之为瓠杓，大之为盆盏，肤瓢可以喂猪，犀瓣可以灌烛，举无弃材，济世之功大矣。《农桑撮要》：做葫芦茄干，茄削片，葫芦匏子削条，晒干收，依做干菜

法。《千金月令》：冬至日取葫芦盛葱根茎汁埋于庭中，夏至发开，尽
为水，以渍金、玉、银、石青各三分，自消。曝干如饴，可休粮[①]，久服
神仙，名曰金液浆。

就葫芦药用方面的史料来说，涉及很多以葫芦治病的药方，如疗童女
交接阳道伤犯血出流离不止方；治赤眼肿痛的通顶散方；治半身不遂、肢
体麻痹的踈风汤；治伤寒、舌紧强硬的硼砂丸；治热病头疼的灌顶散；治
水气肿满的万灵丸；治肠风痔漏的玉屑散；治产后头痛的吹鼻方；治冒暑
毒解烦渴的水葫芦丸等等，皆以葫芦为主要配方。如宋代王怀隐《太平圣
惠方》所记：

> 治黄胆面目尽黄昏重不能眠卧方：苦葫芦瓢（如弹子大）上以童
> 子小便二合，浸之一炊时，取两酸枣许汁，分纳两鼻中，须史当滴黄
> 水，为效。

又如明代朱橚《普济方》所记：

> 苦瓠汤专治蛊毒吐血或下血如烂肝。

> 用苦瓠一枚，切以水二大盏，煎，去滓，以取一盏，空腹温服二
> 服，吐下蛊即愈。《范注方》云：苦瓠毒，当临时量之。《肘后方》云：
> 用苦酒一升煮，令温服之，神验。

其他诸如：葫芦工具器用类的史料，涉及播种农具（窍瓠）、浮水器
具（腰舟）、文具（笔筒）、礼器（匏爵、匏尊）、兵器（火药葫芦）、日用器
皿（水葫芦、酒葫芦、药葫芦、碗、勺、瓢）等等。葫芦工艺类的史料，涵盖
葫芦造型、葫芦雕刻、葫芦绘画、葫芦饰品、葫芦乐器等诸多方面。

葫芦影响到人类历史的方方面面，就礼俗而言，古人以葫芦为礼器，
如《诗经》"酌之用匏"、《郊特牲》"器用陶匏，以象天地之性"、《宋书》
"太祝令跪执匏陶，酒以灌地"等记载，证明匏器是古人十分珍重的礼
器。就民俗而言，祈福、避邪的观念，合卺、念珠的应用，投壶、射柳、摸
秋游戏的广为流传，以及《太平寰宇记》"其俗有礼会，击皮鼓吹葫芦笙以

---

① 休粮：停食谷物。

为乐"、《钦定日下旧闻考》"除夕门窗贴红纸葫芦，收瘟鬼"等记述，证明葫芦文化与广大民众的日常习俗息息相关。再者，因葫芦而起的机构名、职官名、兵种名、兵器名、人名、地名等等，名目繁多。仅以地名而言，就有葫芦山、葫芦崖、葫芦峪、葫芦峡、葫芦岛、葫芦谷、葫芦石、葫芦关、葫芦口、葫芦嘴、葫芦海、葫芦河、葫芦川、葫芦沟、葫芦溪、葫芦泉、葫芦井、葫芦洞、葫芦湾、葫芦潭、葫芦滩、葫芦坝、葫芦桥、葫芦城、葫芦堡、葫芦寨、葫芦套、葫芦棚、葫芦铺、葫芦巷、葫芦苏台、瓠瓜亭等等，而且异地同名者甚多。此外，神话传说类的史料更是丰富多彩，举不胜举。

葫芦已不仅仅是人们通常理解的普通植物，由于它多方面的价值而与人类的生活历史息息相关，随着人类的文明进步，它也就很自然地具有了丰富的文化元素。葫芦各种应用价值的发现，体现了人类非凡的智慧，提高了人类的生活质量；葫芦工艺的制作，葫芦绘画作品、葫芦文学作品的大量产生，丰富了人类的文化生活，提高了人类的素质品位。出于上述认识，本书对古籍中的相关葫芦史料进行挖掘梳理，分类选编成册，可谓对葫芦文化史料的一个初步总结。我们的初衷虽想将经史子集中的葫芦史料尽可能地收集得全备一些，但由于时间和文献的限制，目前仅仅收集到这种程度，不无遗憾，权且算作葫芦史料汇集的一个开始吧。

第一章 葫芦释名类

由于时代的不同，地域的差异，葫芦在历史上形成各种称谓，诸如匏、匏瓜、瓠、瓠瓜、瓠胪、瓠瓝、瓠㼐、扈鲁、壶、壶卢、葫芦（胡卢）、蒲芦（蒲卢）、菖蒲、扁蒲（匾蒲）、地蒲蚕、天瓜、龙蛋瓜等等。

据传世文献考察，先秦典籍中频繁出现壶、瓠、匏等名称，如《诗经·豳风·七月》"七月食瓜，八月断壶"，《诗经·小雅·瓠叶》"幡幡瓠叶，采之亨（烹）之"，《论语·阳货》"吾岂匏瓜也哉，焉能系而不食"，《庄子·逍遥游》"惠子谓庄子曰：'魏王贻我大瓠之种'"等等，说明"壶、瓠、匏"在先秦时期均为葫芦的通用名称。至于壶卢、葫芦、瓠胪、瓠㼐、瓠㼐、扈鲁等称谓，都是由"壶""瓠"在漫长的历史进程中逐步演化而来。

历代辞书、类书、经传等对这些名称多有解释，此汇录如下。

第一节 工具书释名

收录古代字典、词典、韵书、类书等工具书中对葫芦名称的诠释材料。《尔雅》一书，古人视其为经学附庸，将其列在经部之末，因其性质为词典，故兹也将其列入工具书。

汉许慎《说文解字》卷七：

瓠，匏也。从瓜夸声。

汉许慎《说文解字》卷九：

匏，瓠也。从包从夸，声包，取其可包藏物也。

汉刘熙《释名》卷四：

瓠蓄，皮瓠以为脯，蓄积以待冬月时用之也。

汉扬雄《方言》卷五：

瓥：陈楚宋魏之间或谓之箪，或谓之櫼，或谓之瓢。

案：《汉书·东方朔传》"吕蠡测海"注引张晏曰："蠡，瓠瓢也。"蠡、瓥古通用，《楚辞·九叹》"瓟瓥囊于筐簏"王逸注云："瓟，瓠也。瓥，瓢也。"洪兴祖补注引《方言》：瓥，陈楚宋魏之间或谓之瓢。《周礼·鬯人》"禜门用瓢齎①"郑注云："瓢谓瓠蠡也。"齎读为齐，取甘瓠割去柢，以齐为尊，亦作盉。《广雅》：盉，瓢也。《玉篇》云："櫼，杓也。蠡为櫼也。广韵引《方言》：盉或谓之瓢。"又云："蠡，瓠瓢也。盉，以瓢为饮器也。盉，箪也。"

晋郭璞注，宋邢昺疏《尔雅注疏》卷五：

康瓠谓之甈②。（郭璞注：瓠，壶也。贾谊曰"宝康瓠"是也。）

晋郭璞注，宋邢昺疏《尔雅注疏》卷八：

瓠棲瓣。（郭璞注：瓠中瓣也。《诗》云："齿如瓠棲。"瓠，户故切。瓣，方苋切。邢昺疏：瓣，瓠中瓣也。一名瓠棲。人之齿美者似之。故《诗·卫风·硕人》美庄姜云"齿如瓠棲"是也。）

宋罗愿《尔雅翼》卷八：

【瓠】瓠，匏之甘者。《诗》"甘瓠累之"。古者王政，瓜瓠果蓏，植于疆場③。正月可种瓠，六月可畜瓠，八月可断瓠作蓄④。《诗》云

---

① 齎 jī：持物赠人。

② 甈 qì：瓦壶。

③ 疆場：也作"疆易"。田界，田边。

④ 作蓄：《齐民要术》作"作蓄瓠"。

"断壶"。瓠中白肤，所谓张苍"肥白如瓠"者也。可以饲豕致肥。其瓣可以作烛致明，其叶又可为菜，《诗》所谓"幡幡瓠叶，采之亨之"，是也。然与匏不异，但当以大小长短甘苦为间尔……

【匏】河汾之宝，有曲沃①之县②匏焉。邹鲁之珍，有汶阳之孤篠③焉。良工取以为笙。崔豹《古今注》曰："匏，瓠也。壶卢，匏之无柄者也。瓠有柄曰悬瓠，可为笙。曲沃者尤善。秋乃可用，用则漆其里。"匏在八音之一。古者笙十三簧，竽三十六簧，皆列管匏内，施簧管端。《通典》曰："今之笙竽，以木代匏而漆，殊愈于匏。荆梁之南，尚存古制。南蛮笙则是匏，其声甚劣。"则后世笙竽，不复用匏矣。匏既为乐器，又以为饮器。《诗》"酌之用匏"，孔子称"系而不食"者，良以待其坚而为用故也。《诗》称"匏有苦叶，济有深涉"，说者徒以为苦叶之生，乃济深之候。按叔向称苦匏不材于人，共济而已。鲁叔孙赋"匏有苦叶"，必将涉矣。是苦匏可刳以涉水。《鹖冠子》曰："贱生于无所用，中流失船，一壶千金。"壶，即匏也。其性浮，得之可以免沉溺，故当失船之时，其直④千金也。此亦如天竺涉水带浮囊之类。又孔子称匏瓜"系而不食"者，近世洪氏说以为天之匏瓜星。《天官星占》曰："匏瓜，一名天鸡，在河鼓东。"匏瓜系而不食，犹言"南箕不可簸扬，北斗不可以挹酒浆"也。按《楚辞》王褒《九怀》称"援爬瓜兮接粮"，曹植《洛神赋》曰"叹匏瓜之无匹兮，咏牵牛之独处"，阮瑀《止欲赋》曰"伤匏瓜之无偶，悲织女之独勤"，则古称匏瓜，皆谓星尔。

宋陆佃《埤雅》卷十六：

---

① 曲沃：地名，春秋晋地。故城在今山西闻喜县东北。

② 县：通"悬"。

③ 孤篠 xiǎo：《昭明文选》注："《汉书》鲁国有邹县，有汶阳县。杜预曰：汶水、大山出莱芜县。《说文》曰：篠，小竹。戴凯之《竹谱》曰：篠出鲁郡，堪为笙也。"《书叙指南》曰："作笙之竹曰孤篠。"

④ 直：通"值"。价值。

瓞：瓞状，要①类于首，尾类于要，微锐，缘蔓而生。诗曰："南有樛木，甘瓞累之。"言樛木下逮，故甘瓞得以累之，则贤者以贵下贱之况也。序曰："南有嘉鱼，废则贤者不安，下不得其所矣。"以此故也。传曰："苦匏不材于人②。"苦匏不材于人，则明此甘瓞，譬其材也。记曰："取贤敛材，则贤进于材矣。故此贤者在上，材者在下。"又曰："幡幡瓞叶，采之亨之。"瓞叶，庶人之菜也。菜无微于瓞叶，肉无薄于兔首，故诗以著古人不以微薄废礼如此。《相马经》曰："头欲少肉，如剥兔首。"《尔雅》曰："瓞栖瓣"。《诗》曰："齿如瓞犀。"犀，瓞瓣也。相法："齿瓣白如瓞犀，青如榴子者贵。故《诗》主言之。"《风俗通》曰："八月秋穰，可以杀瓞，取其色泽而坚，类从以为瓞死烧穰，瓜亡煮漆，即此是也。今俗蓄瓞之家不烧穰，种瓜之家不焚漆。"《物类相感志》曰："牛踏蔓上则苦，乘者以瓞盛酒，冬即暖，夏即冷。"

匏：长而瘦上曰瓞，短颈大腹曰匏。《传》曰"匏谓之瓞"，误矣。盖匏苦瓞甘，复有长短之殊，定非一物也。子曰："吾岂匏瓜也哉，焉能系而不食？"系而不食，以苦故也。《诗》曰："匏有苦叶，济有深涉。"匏记时也，言匏有苦叶，则济有深涉矣。《庄子》以谓"秋水时至，百川灌河"，秋水涨之时也，冬水缩之时也，匏亦正以济水，故《诗》以记"济有深涉"之时。《国语》曰"穆子曰豹之业及《匏有苦叶》矣"，叔向曰"苦匏不材于人，共济而已"，鲁叔孙赋"匏有苦叶，必将涉矣"是也。《诗》曰："酌之用匏。"酌之用匏，言其质也。言其质如此，则亦厚于民故也。《郊特牲》曰："器用陶匏，以象天地之性。"陶匏盖取其质。《古今注》曰："匏之有柄者曰悬瓞，可用为笙，用则漆其里。"

蒲卢：细要曰蒲，一曰蒲卢。细要土蜂，谓之蒲卢，义取诸此。《中

① 要："腰"的本字。腰，古皆作"要"。
② 此句，《诗集传》引《春秋传》曰："苦匏不材于人，供济而已。"《诗考》"苦匏不材于人，共济而已"，《国语》叔向曰注："不裁于人，言不可食也。共济而已，佩匏可以度水也。"

庸》曰:"夫政也者,蒲卢也。"亦或谓之果蠃。今蒲其根着在土,而浮蔓常缘于木,故亦或谓之果蠃也。《传》曰:"在地为蓏,在木为果。"《诗》曰:"不流束蒲。"蒲性轻扬善浮,故此亦或谓之蒲。蒲亦善浮故也。《淮南子》曰:"百人抗浮。"说者曰:蒲,一名浮盖是矣。《本草》云:"瓠类小者名瓢,瓢取诸藻,蒲取诸蒲,其义一也。"

明朱谋㙔《骈雅》卷六:

匎鲁,瓠卢也。

明方以智《通雅》卷四:

瓠曰瓠卢。后以其可盛,曰壶卢。

明方以智《通雅》卷四十四:

瓠卢,菰芦也。《子虚赋》"莲藕瓠卢"注:匎鲁也。智以瓠卢即菰芦,今《史记》本作菰芦矣,言菰芰芦笋皆可食者也。孔明曰:东吴菰芦中乃有此,人言菰蒲,芦苇间也。匎鲁则壶卢矣,古人壶匏瓠皆通。《南史》文伯留瓠㽰《扁鹊镜经》。瓠,瓢也。陶隐居作瓠瓡。长柄为悬瓠,故今人呼茶酒瓢为悬瓠,音转。蒲卢,今即以药壶卢为蒲卢。蒲卢,土蜂也,其腰约故象之。陈善《扪虱新话》亦以匏、瓠卢、蒲卢为一类。

清吴玉搢《别雅》卷一:

瓠芦,菰芦也。《汉书》司马相如《子虚赋》:"莲藕瓠芦。"张晏曰:"瓠芦,匎鲁也。"郭璞注:"苽[1],蒋也。芦,苇也。"师古曰:"书不为苽芦字,郭说非也。但不知瓠芦于今是何草耳。"按苽与菰同,《史记·相如传》作菰芦,盖瓠、菰音同,偶相借耳,非别一物也。颜注拘矣。

明周祈《名义考》卷九:

蒲卢,沈括以为蒲苇,《或问》以为果蠃[2],《尔雅》果蠃之实栝楼。夫蒲似莞苇,大菹也。果蠃,蜂也。栝楼,天瓜也。不应相远如此。《埤雅》曰:似匏而圆曰壶,小而细腰曰蒲卢,其根着在土,而浮

---

[1] 苽 gū:同"菰"。即茭白。

[2] 果蠃 luǒ:一种寄生蜂。

蔓常缘于木，盖蒲以浮为义，卢犹壶卢。今人以盛药物者，是浮蔓与敏树意正合。果蠃腰细，有似于蒲卢，借蒲卢以名果蠃，所谓玄蜂若壶也，非谓果蠃为蒲卢、栝楼，实两两相值，有似于果蠃。又借果蠃以名栝楼，所谓果蠃之实栝楼也，非谓栝楼为果蠃。朱子训蒲卢时意亦未安，故托之沈括也。

明彭大翼《山堂肆考》卷二百三十六：

> 藤菇，瓠也，一名王瓜。

宋陈彭年《钜宋广韵》卷一：

> 瓠，瓠庐瓢也。又音护。葫，葫瓜。又草名。

宋陈彭年《钜宋广韵》卷四：

> 瓠，匏也。又瓠子，隄名。亦姓，《淮南子》有瓠巴，善鼓琴。

宋丁度《集韵》卷二：

> 瓠，器也。《尔雅》康瓠谓之甋[1]。一曰瓠丘、瓠讘[2]，并晋地名。

宋李昉等《太平御览》卷九百七十九：

> 瓠：《诗·硕人》曰："齿如瓠犀。"又曰："八月断壶。"又曰："匏有苦叶，济有深涉。"陆机《毛诗疏义》曰："'匏有苦叶'，匏，瓠也。叶小可为羹，扬州人云：'至八月，叶即苦'，故曰苦叶。"《论语》曰："吾岂匏瓜也哉，焉能系而不食？"《尔雅》曰："瓠栖瓣。"《魏略》曰："高辛氏有老妇人居王宫，得奇疾，医为挑之，得物大如茧，盛以瓠，覆以盘，化为犬，五色，因名盘瓠。"

> 葫芦：崔豹《古今注》曰："瓠，壶芦也。壶芦，瓠之无柄者。瓠有柄者，悬瓠，可作笙，曲沃者尤善。秋乃可用，则漆其里。"又曰："瓢，瓠也，其总曰瓠，瓢则别名。"《岭南录异》曰："葫芦笙，交趾[3]人多取无柄之瓠，割而为笙，上安十三簧，吹之音韵清响，雅合律

---

① 康瓠：空壶，破瓦器。甋：音 qì。瓦器。

② 讘：音 zhé。

③ 交趾：地名。本指五岭以南一带的地方。汉置交趾郡。相传其地人卧时头外向，足在内而相交，故称交趾。

吕。"

明张自烈《正字通》午集：

> 瓠：洪吾切，音湖。瓜类，分甘苦二种。甘者大，苦者小。《诗·小雅》："南有樛木，甘瓠累之。"陶弘景曰："瓠或有苦者，味如胆，不可食，非别生一种也。"又姓，周瓠巴。……又器名，瓦为之。《尔雅》：康瓠谓之甈。又瓠子，河名。……又暮韵，音互，义同，通作壶。又陆佃《埤雅》："长而瘦上曰匏，大腹短颈曰瓠。"瓠性甘，匏性苦，故《诗》曰"匏有苦叶"。《左传》叔向曰："苦匏不材，于人共济而已。"后人皆合匏、瓠为一，据此说。《说文》："瓠，匏也。"陆玑《诗疏》："匏，瓠也。"并非。又瓠有平去二音。孙愐《唐韵》一音壶，一音护，义同。非康瓠必读若湖。瓜瓠必读若互。旧注，音湖，器也，音互，匏也，亦非。

清王筠《说文解字句读》：

> 瓠，匏也。从瓜，夸声。今人以细长者为瓠，圆而大者为壶卢。古无此别也。

清张玉书等《康熙字典》卷十九"瓠"：

> 《广韵》："瓠卢，瓢也。"《诗·小雅》："幡幡瓠叶，采之亨之。"《前汉·食货志》："菜茹有畦瓜瓠果蓏①。"《正字通》："瓜类，分甘苦二种，甘者大，苦者小。陶弘景曰：瓠或有苦者，味如胆，不可食，非别生一种也。又陆佃《埤雅》：长而瘦上曰匏，短颈大腹曰瓠。瓠性甘，匏性苦，故《诗》曰"匏有苦叶"。《左传》叔向曰："苦匏不材，于人共济而已。"后人皆合匏瓠为一，据此说。《说文》："瓠，匏也。"陆玑《诗疏》："匏，瓠也。"并非。《正韵》："亦作葫"。

"瓢"：

> 《玉篇》：瓠瓜也。《广韵》：瓠也。《正字通》：匏，瓠，剖开

---

① 蓏 luǒ：瓜类等蔓生植物的果实。

可为酒尊；为要舟①浮水。《周礼·春官·鬯人》"禜门用瓢齍②"注：瓢谓瓢蠡也。《庄子·逍遥游》：剖之以为瓢，则瓠落③无所容。《前汉·东方朔传》：以瓢测海。扬子《方言》：蠡，或谓之瓢。《古今注》：瓢亦瓠也，瓠其总，瓢其别也。

附：殿刻铜板《康熙字典》书影

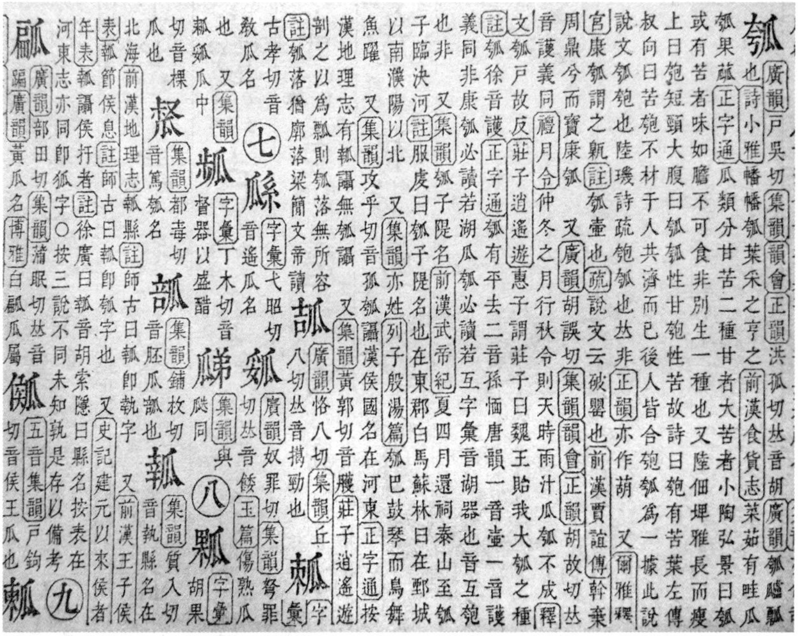

图1-1

清郝懿行《宝训》卷四：

《正字通》：瓠，瓜类。分甘苦二种，甘者大，苦者小。陶宏景曰："瓠或有苦者，味如胆，不可食。非别生一种也。"又陆佃《埤雅》：长而瘦上曰瓠，短颈大腹曰匏。瓠性甘，匏性苦，故《诗》曰"匏有苦叶"。后人皆合匏瓠为一，据《说文》"瓠，匏也"，陆玑

---

① 要：腰的本字。要舟：以瓠系腰，用以渡水，谓之要（腰）舟。
② 禜 yǒng 门：祭国门之神。"齍"：《十三经注疏》曰：杜子春读齍为粢（zī）。粢，盛也。（郑）玄谓齍读为齐（zī），取甘瓠，割去柢，以齐为尊。
③ 瓠落：空廓貌。唐陆德明《经典释文》："简文云：'瓠落犹廓落也。'"

《诗疏》"匏，瓠也"。并非。案今名葫芦，古亦名壶。

徐中舒《甲骨文字典》：（见下图1-2）

中国社科院考古研究所《甲骨文编》（见下图1-3）：

容庚《金文编》（见下图1-4）：

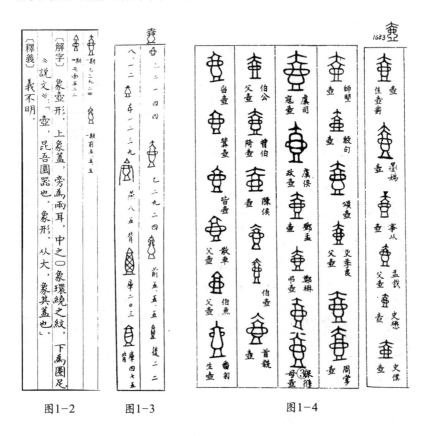

图1-2　　　　图1-3　　　　　　　　图1-4

这三部甲、金字典，编纂、摹写质量高，收字也较多，但是，就"葫芦"早期的通称"壶""瓠""匏"而言，只收录"壶"字，而未收"瓠""匏"二字。据今存周代典籍"瓠""匏"出现颇频繁的事实，商周甲金中应该有这两个字，然甲金字典未收，应是甲骨文、金文大量遗失的原因。

第二节 经部书释名

明毛晋《陆氏诗疏广要》卷上之上：

《郊特牲》曰："器用陶匏，以象天地之性。"陶匏，盖取其质。《说文》曰："匏，瓠也。从包从夸，声包，取其可包藏物也。"《博雅》："匏，瓠也。"《埤雅》："长而瘦上曰瓠，短颈大腹曰匏。"传曰："匏谓之瓠，误矣。盖匏苦瓠甘，复有长短之殊，定非一物也。"《鹖冠子》曰："中流失舡①，一壶千金。"壶即匏也。其性浮，得之可以免沉溺，故当失船之时，其直千金也。此亦如天竺涉水带浮囊之类。《尔雅翼》："河汾之宝，有曲沃之悬匏焉，良工取以为笙。"崔豹《古今注》曰："匏，瓠也。壶卢，匏之无柄者也。瓠有柄曰悬瓠，可为笙。曲沃者尤善。秋乃可用，用则漆其里。"匏在八音之一。《通典》曰："今之笙竽，以木代匏，而漆，殊愈于匏。荆梁之南，尚存古制。南蛮笙则是匏，其声甚劣。"则后世笙竽不复用匏矣。匏既为乐器，又以为饮器。《诗》"酌之用匏"，孔子称"系而不食"者，良以待其坚而为用故也。（录自《四库全书》）

明高拱《问辨录》卷二：

问蒲芦，沈括以为蒲苇，伊川云蒲芦果蠃也，言化之易也。螟蛉、果蠃自是二物，但气类相似然，祝之久便能肖敉之，祝人宜甚于蒲芦矣。二说孰是？曰皆非也。世称果蠃为蒲芦，考之他书，云蒲芦，葫芦之细腰者也。果蠃，土蜂腰细，有似于蒲芦，故人以为蒲芦。即此而言，则是果蠃之取象于蒲芦，非蒲芦之为果蠃也。

清姚炳《诗识名解》卷十一：

壶，《豳风·七月》篇传谓"壶即瓠"。按：瓠读若护，与壶音不同。以形求之，亦非一种，瓠长，壶圆。故崔豹以壶为无柄之瓠，亦

---

① 舡 chuán：同"船"。

犹匏之名大瓠耳。然壶形但大腹而不细腰，细腰者俗呼药壶卢。《广志》谓之"约腹壶"是也。旧说玄蜂若壶，盖指此，非单名壶者。

清牟应震《毛诗物名考》卷六：

> 瓠叶似番瓜，圆尖有毛，须歧分，左右缠。花白色，结实曰葫芦。嫩司为蔬，老剖而器之曰瓢。其小者数种，有细腰者，有圆扁如石鼓者，有长柄者。

> 匏，瓠之苦者，不中食品。短颈大腹，可包藏物类，故名匏。抱以渡水，飘浮不沉。

> 壶，即瓠也。其无柄而圆者，可以为尊，故又名壶。

清陈大章《诗传名物集览》卷七：

> 《朱传》："瓠犀，瓠中之子，方正洁白而比次整齐也。"《尔雅》"瓠犀瓣"疏："瓣，瓠中瓣也。一名瓠栖，人之齿美者似之，《卫风》云'齿如瓠栖'是也。"今诗文作犀。相法：齿瓣白如瓠犀、青如榴子者贵，故《诗》主之。

> 惠子称魏王贻我大瓠之种，树之成而实五石，以盛水浆，其坚不能自举也。剖之为瓢，瓠落①无所容。《蔬谱》：一名扁蒲，就地蔓生，叶花俱如葫芦，结子，长一二尺，夏熟。有短者，粗如人肘，中有瓤，两头相似，味淡可煮食。苦者有毒。

清陈大章《诗传名物集览》卷九：

> 《诗》："齿如瓠犀。"又曰："八月断壶。"《鲁语》曰："吾岂匏瓜也哉。"今人不知别或呼为壶卢，或呼为瓢，或呼为匾蒲。按《古今注》："匏，瓠也。壶卢，瓢之无柄者。瓢有柄者曰悬瓠，可为笙，曲沃者良。至秋乃可用，漆其里。"上古土尊瓦瓶。《诗》曰："酌之用匏。"《礼》："陶匏祀天。"《周礼》："朝践用两壶尊。"则知古以壶为酒器。周用铜谓之壶尊，亚于尊，有方圆之别。周又有瓠，壶形，长一尺二寸六分，阔五寸，口径一寸，两鼻，有提梁，取便于用挈。壶

---

① 瓠 hù 落：空廓貌。唐陆德明《经典释文》："简文云：'瓠落犹廓落也。'"

氏掌挈壶，然致挈者，非有环梁不可益知。长者为瓠，在夏中则可食，至秋坚实乃为器。《诗名物解》云："瓢与瓠一物，甘者名瓢，苦者名瓟。瓟以器言也，瓢亦名壶。齐鲁间，长者为瓢，团者为胡卢。今人又有匾蒲之名，匾蒲即壶之反切也。形长，嫩而可食，为瓠，经霜坚则谓之瓢。圆或匾为胡卢，其间盖有苦者，初不以此别也。瓟又八音之一云。"

清黄中松《诗疑辨证》卷三：

断壶，毛传曰："壶，瓠也。"孔疏无所申明，今考《说文》云："瓠，户故反。名壶，皆瓟属也。"其言亦简。《古今注》曰："瓟，瓠也。"壶芦，瓠之无柄者也，瓠有柄者，分为两种。《埤雅》曰："头短大腹曰瓟，长而瘦上者曰瓠，似瓟而肥圆者曰壶。"又分为三，其义始明。

今世所植瓠有数种：有圆大可容数斗者，有茎长一二尺甚有三尺许者，又有两头大而腰细者，又有极小者，俗皆谓之壶卢。不知其形不同其名亦各异矣。据《诗》言"瓟有苦叶"，又言"甘瓠累之"，则又因其性而别焉。乃甘固可食，苦亦食，而知之与此《诗》之壶皆可食，当就其始生嫩时言之也。孔氏谓"就蔓断取食之"，陆农师谓"断其根"（云壶性蔓生，披蔓斩之，八月冷露降，辄先断其根，令其余蔓引之，已日乃收，尤坚成可用），刘执中谓"断其梢"（云枯者可为壶，嫩者可为茹。八月宜断其梢，令勿复实，所以坚其壶而大其茹）。窃意此诗方言，壶之可食，何得即断其根？若只以断为取，瓜亦蔓生，何以不言取？刘说晓物性，明人功，亦老于圃者矣。

清官修《仪礼义疏》卷六：

朱氏载埙曰：瓟，今之圆葫芦也；壶，今之亚腰葫芦也。太古用瓟为笙，用壶为尊，至三代乃用胶漆角木之制以代瓟，金锡模范之作以代壶，既不同瓟壶，而犹谓之壶，不忘本也。

第三节　子部书释名

晋崔豹《古今注》下：

匏，瓠也。壶卢，瓠之无柄者也。瓠有柄者曰悬瓠，可为笙，曲沃者尤善，秋乃可用，用则漆其里。瓢亦瓠也，瓠其总，瓢其别也。

明李时珍《本草纲目》卷二十八：

[释名]瓠瓜（《说文》），匏瓜（《论语》）。时珍曰："壶，酒器也。芦，饮器也。此物各象其形，又可为酒饮之器，因以名之。俗作葫芦者，非矣。葫乃蒜名，芦乃苇属也。其圆者曰匏，亦曰瓢，因其可以浮水如泡、如漂也。凡蓏①属皆得称瓜，故曰瓠瓜、匏瓜。古人壶、瓠、匏三名皆可通称，初无分别。故孙愐《唐韵》云：'瓠，音壶，又音护。瓠胪，瓢也。陶隐居《本草》②作瓠䗊，云是瓠类也。许慎《说文》云'瓠，匏也。'又云'瓢，瓠也。匏，大腹瓠也。'陆玑《诗疏》云：'壶，瓠也。'又云'匏，瓠也。'《庄子》云：'有五石之瓠。'诸书所言，其字皆当与壶同音。而后世以长如越瓜首尾如一者为瓠，音护。瓠之一头有腹长柄者为悬瓠，无柄而圆大形扁者为匏，匏之有短柄大腹者为壶，壶之细腰者为蒲芦，各分名色，迥异于古。以今参详，其形状虽各不同，而苗、叶、皮、子性味则一，故兹不复分条焉。悬瓠，今人所谓茶酒瓢者是也。蒲芦，今之药壶卢是也。郭义恭《广志》谓之约腹壶，以其腹有约束也，亦有大小二种也。"

[集解]弘景曰："瓠与冬瓜气类同辈。又有瓠䗊，亦是瓠类。小者名瓢，食之乃胜瓠。此等皆利水道，所以在夏月食之，大约不及冬瓜也。"恭曰："瓠与瓠䗊、冬瓜全非类例。三物苗叶相似，而实形则异。瓠形似越瓜，长尺余，头尾相似，夏中便熟，秋末便枯。瓠䗊形状大小非一，夏末始实，秋中方熟，取其为器，经霜乃堪。瓠与

---

① 蓏 luǒ：草本植物的果实。
② 指南朝陶弘景《本草经集注》。

甜瓠瓟体性相类，啖之俱胜冬瓜，陶言不及，是未悉。此等原种各别也。"时珍曰："长瓠、悬瓠、壶卢、匏瓜、蒲卢，名状不一，其实一类各色也。处处有之，但有迟早之殊。陶氏言瓠与冬瓜气类同辈，苏氏言瓠与瓠瓟全非类例，皆未可凭。数种并以二月下种，生苗引蔓延缘。其叶似冬瓜叶而稍圆，有柔毛，嫩时可食。故《诗》云'幡幡瓠叶，采之烹之'。五六月开白花，结实白色，大小长短，各有种色。瓤中之子，齿列而长，谓之瓠犀。窃谓壶匏之属，既可烹晒，又可为器，大者可为瓮盎，小者可为瓢樽，为要身可以浮水，为笙可以奏乐，肤瓢可以养豕，犀瓣可以浇烛，其利博矣。"

苦瓠

[释名]苦匏，（《国语》）苦壶芦。

[集解]《别录》曰：苦瓠生晋地。弘景曰：今瓠忽有苦者，如胆不可食，非别生一种也。又有瓠瓟，亦是瓠类。恭曰：本经所论，都是苦瓠瓟尔。陶谓瓠中苦者，大误矣。瓠中时有苦者，不入药用，无所主疗，亦不堪啖。瓠与瓠瓟，原种各别，非甘者变为苦也。保昇曰：瓠即匏也。有甘苦二种，甘者大，苦者小。机曰：瓠壶有原种是甘，忽变为苦者。俗谓以鸡粪壅之，或牛马践踏则变为苦。陶说亦有所见，未可尽非也。时珍曰：《诗》云"瓠有苦叶"，《国语》云"苦匏不材，于人共济而已"，皆指苦壶而言，即苦瓠也。瓠、壶同音，陶氏以瓠作护音释之，所以不稳也。应劭《风俗通》云：烧穰可以杀瓠，或云畜瓠之家不烧穰，种瓜之家不焚漆，物性相畏也。苏恭言：服苦瓠过分，吐利不止者，以黍穰灰汁解之，盖取乎此。凡有苦瓠，须细理莹净无黡翳[1]者乃佳，不尔有毒。

明徐光启《农政全书》卷二十七：

瓠《尔雅》曰："瓠栖瓣。"《卫诗》曰："匏有苦叶。"（毛匏谓之瓠）《豳风》曰："九月断壶。"《小雅》曰："幡幡瓠叶。"（《诗

---

[1] 黡翳 yǎnyì：昏暗隐蔽。

义疏》云："瓠叶，少时可以为羹，又可淹煮，极美，故云'采之烹之'。河东及播州①常食之。八月中，坚强不可食，故云苦叶。"《说文》曰："瓠，一名曰壶，皆匏属也。"陆农师曰："头短大腹曰瓠，细而合上曰匏，似匏而肥圆者壶。然有甘苦二种，甘者供食，苦者充器。诗注云：'不才于人，惟供济而已。'盖以作壶济水也。"王祯曰："其为物也，蔓生而齿瓣，夏熟而秋枯。"《本草》云："味甘冷，无毒，利水道，止消渴。惟苦者有毒，不宜食。"《广志》曰："有都瓠，子如牛角，长四尺有余。又有约瓠，其腹甚细，缘蒂为口，出雍县。朱崖有千叶瓠，其大者受斛余。"《郭子》曰："东吴有长柄口接②。"《释名》曰："瓠蓄，皮瓠以为脯，蓄积以待冬月用也。"《淮南万毕术》曰："烧穰杀瓠，物自然也。一名藦姑，俗曰葫芦。"《农桑撮要》曰："悬瓠可以为笙，曲沃者尤善，秋乃可用，漆其里。匏苦瓠甘，酌酒，冬盛则暖，夏盛则寒。"王祯曰："匏之为物，累然而生，食之无穷，种得其法，其实硕大，小之为瓠杓，大之为盆盎，其济用溥③矣。"玄扈先生曰："甘者瓠，苦者匏。《诗》曰'甘瓠累之''匏有苦叶'，壶即瓠也。）

明周文华《汝南圃史》卷十二：

瓠即葫芦，《诗经》曰："幡幡瓠叶，采之烹之。"《月令》：仲冬行秋令，则瓜瓠不成。《庄子》"魏王遗我大瓠之种"注言："获落④无所不容也。"昔齐惠王有五石之瓠。汧彬好饮酒，以壶瓠杭皮为毂。《委齐百卉志》曰："匏亦瓜也。一曰匏，蔓叶大盈尺，实青白色，大尺围，长二尺许，有毛。"《本草》云："瓠味苦寒有毒，主面目四肢浮肿，下水，多食令人吐。葫芦味甘平无毒，主消水肿益

---

① 播州：明毛晋《陆氏诗疏广要》作"扬州人恒食之"。
② 口接：《四库全书》本《齐民要术》作"壶卢"，中华书局版石汉生译注本作"壶楼"。
③ 溥 pǔ：广大。
④ 获落：《庄子·逍遥游》作"惠子谓庄子曰：'魏王贻我大瓠之种，我树之成而实五石。以盛水浆，其坚不能自举也。剖之以为瓢，则瓠落无所容。'"瓠 hù 落，后亦作"获落"，义"空廓"。

气。"则瓡与葫芦实有别。今吴中皆呼为葫芦，唯圆扁如石皷者名盒盘。葫芦上细下坠者名长柄葫芦，上尖中细下圆如两截者名摘颈葫芦，又名药葫芦。各种俱大小不一。

明徐炬《新镌古今事物原始全书》卷二十三：

瓡音互，莼①又作莼瓡。

蜀郡诗人偏厌瓡，吴中墨客独思莼。按，瓡即葫芦也。诗云："幡幡瓡叶，采之烹之。"一名木瓜。按，《诗》云："齿如瓡犀。"则瓡是葫芦为当。又按，萧琛得《汉书》于瓡芦中，则瓡当为葫芦益明，是木瓜不能藏《汉书》也。汉刘昆教授子弟，以素净瓡叶为菹。坡诗云："厌伴老儒烹瓡叶。"按"莼"，水葵也。

清王燕绪等《授时通考》卷六十一：

葫芦，匏也。一名瓡瓜，一名匏瓜（圆者曰匏，亦曰瓢，《本草》云：壶，酒器，卢，饮器，此物象其形，故名。俗作葫芦），一名蒤姑，蔓生茎长，须架起则结实圆正。亦有就地生者。大小数种，有大如盆盘者，有小如拳者，有柄长数尺者，有中作亚腰者，茎韧有丝如筋，叶圆有小白毛，面青背白，开白花。有甘苦二种：甘者性冷，无毒，利水道，止消渴；苦者有毒，不可食，惟可佩以渡水。陆农师曰："项短大腹曰瓡（长如越瓜首尾如一者），细而合上曰匏，似匏（无柄而圆大形扁者）而肥圆者曰壶（匏之有短柄大腹者）。"《本草》李时珍曰："长瓡、悬瓡（瓡之一头有腹长柄者，今人以为茶酒瓡），壶卢、瓡瓜、蒲卢（细腰者今之药壶卢，《广志》谓之约腹壶，亦有大小二种），名状不一，其实一类各色也。处处有之，但有迟早之殊。并以正月下种，生苗引蔓延缘。其叶似冬瓜叶而稍团，有柔毛，嫩时可食。五六月开白花，结实白色，大小长短各有种色。瓢中之子，齿列而长，谓之瓡犀（《尔雅》云："瓡栖瓣。"注云："瓡中瓣也。"）。

瓡子，江南名扁蒲，就地蔓生，处处有之，苗叶花俱如葫芦，结子，

① 莼chún：莼菜，又名水葵。多年生水草，嫩叶滑软，供食用。

长一二尺，夏熟。亦有短者，粗如人肘，中有瓤，两头相似，味淡可煮食，不可生啖①。夏月为日用常食，至秋则尽，不堪久留。性冷无毒，除烦止渴，治心热，利水道，调心肺，治石淋，吐蛔虫，压丹石毒。

清·汪灏等《广群芳谱》卷十七：

壶卢　《本草》云：壶，酒器。卢，饮器。此物各象其形，故名。俗作葫芦。

增　《本草》：壶卢，一名瓠瓜，一名匏瓜。圆者曰匏，亦曰瓢。

原　葫芦，匏也，一名蕨姑。蔓生，茎长，须架起则结实圆正。亦有就地生者，大小数种，有大如盆盎者，有小如拳者，有柄长数尺者，有中作亚腰者。茎韧有丝如筋，叶圆有小白毛，面青背白，开白花。有甘苦二种，甘者性冷，无毒，利水道，止消渴。苦者有毒，不可食，惟可佩以渡水。陆农师曰：项短大腹曰瓠长如越瓜首尾如一者，细而合上曰匏无柄而圆大形扁者，似匏而肥圆者曰壶匏之有短柄大腹者。

增　《本草》李时珍曰：长瓠、悬瓠、瓠之一头有腹长柄者，今人以为茶酒瓢，壶卢、瓠瓜、蒲卢，细腰者，今之药壶卢，《广志》谓之约腹壶，亦有大小二种，名状不一，其实一类各色也。处处有之，但有迟早之殊。并以正月下种，生苗引蔓延缘。其叶似冬瓜叶而稍团，有柔毛，嫩时可食。五六月开白花，结实白色，大小长短各有种色。瓢中之子齿列而长，谓之瓠犀。《尔雅》云：瓠栖瓣。注云：瓠中瓣也。

第四节　史部书释名

唐司马贞《史记索隐》卷九：

---

① 啖 dàn：吃。

瓟瓜　按：《荆州占》云：瓟瓜，一名天鸡，在河鼓东。瓟瓜明，岁则大熟也。

清陆维垣修，清李天秀纂《乾隆华阴县志》卷二：

葫卢，亦作葫芦。《本草纲目》：瓟之短柄大腹者为壶，嫩则鲜茹镂丝，老可为壶作瓢。一种两头大，而中作蜂腰，宜贮酒贮药丸；一种圆而细柄长尺余；一种圆小而无柄，筑架作棚，垂垂可玩。瓠子，《广群芳谱》：瓠子就地蔓生，处处有之。按瓠子味与壶芦同，而结形长。

清李光地等《月令辑要》卷一：

壶卢　增《本草纲目》：壶卢名状不一，并以正二月下种，生苗，引蔓，延缘。其叶似冬瓜，叶而稍团，五六月开白花，结食白色。瓢中之子齿列而长，谓之瓠犀。

清阿桂、刘谨之等《盛京通志》卷一百六：

壶卢，即瓠瓜也。今以长者名瓠子，圆者名葫芦，皆可食。又有细腰者为药壶卢，小而扁者为油壶卢。老而坚，皆可备器用。

清官修《续通志》卷一百七十五：

瓠，其种有五：其长如越瓜，首尾如一者为瓠（音濩），味甘可食。《诗》曰："甘瓠累之。"又曰"幡幡瓠叶，采之亨之"是也。瓠之一头有腹长柄者，为悬瓠。《世说新语》刘道真所谓"东吴有长柄壶卢"是也（俗作葫芦，非）。可以为笙，曲沃者尤善。悬瓠，古谓之瓢，今人以盛茶酒，犹谓之茶酒瓢。《论语》"一瓢饮"、《国策》"百人舆瓢而趋，不如一人持而走疾"是也。瓢又谓之浮，《淮南子》"百人抗浮，不若一人挈而趋"是也。瓢之无柄而圆大形扁者为瓟，《诗》曰"酌之用瓟"、又曰"瓟有苦叶"、叔向曰"苦瓟不材，与人共济而已"是也。瓟之有短柄大腹者为壶，《诗》曰"八月断壶"、《鹖冠子》曰"中河失船，一壶千金"是也。壶之细腰者为蒲芦，今之药壶卢是也。郭义恭《广志》谓之约腹瓠，以其腹有约束也。

臣等谨案：壶、瓟、瓢皆瓠类，故训诂家互相注释，而《齐民要术》有"种瓠篇"，无"种壶、匏、瓢篇"也。然细绎经史，其形名确有分别，故总载而各出之。

清嵇曾筠、沈翼机等《浙江通志》卷一百六：

瓠：《天启衢州府志》："大腹细颈者，刳其瓢为葫芦。有一种长身者，曰芋瓠。"

清郝玉麟、谢道承等《福建通志》卷十：

瓠：似越瓜，长者尺余，夏熟味甘。又一种名瓠瓤，夏末始实，秋中方熟，经霜可取为器，俗呼葫芦，小者名瓢。

清刘于义、沈青崖等《陕西通志》卷四十三：

壶卢：八月断壶（《诗经·豳风》），匏之短柄大腹者为壶（《本草纲目》），蔓生茎长大小数种（《广群芳谱》），干可作瓢（《咸宁县志》）。壶卢作葫芦，非。（《山阳县志》）

清郝献明修，胡岳立纂《乾隆乐陵县志》：

壶芦，一作葫芦。壶瓠匏三名皆通称，《本草》妄为区别。《广群芳谱》：项短腹大者曰瓠，细而合上者曰匏，似匏而微圆者曰壶，谓细腰者曰葫芦。皆可把可食，名状虽异，苗叶皮子性品不大殊。

林清扬修，王延升纂《民国沙河县志》卷六：

瓠子（名见《群芳谱》及《植物名实图考》），或简称瓠。南方谓之地蒲（《蚕寿县志》），亦名扁蒲（见《群芳谱》）。《滇本草》称为龙蛋瓜，或天瓜。《唐本草》所谓似越瓜，长者尺余，头尾相似是也。壶卢名，一名瓠瓜，一名匏瓜，一名藤姑（《群芳谱》）。即寻常所谓葫芦是也。蒲卢一名约腹壶，一名药葫卢（李时珍谓蒲卢细腰，即今之菜葫卢），俗称亚腰葫芦是也。三者科属同，茎叶花之形态亦同，所异者惟果实之外形耳。

第二章　葫芦种植类

　　葫芦最早产于何地，学术界说法不一，有非洲说，有印度说。刘庆芳《葫芦的奥秘》一书云："非洲、印度是葫芦原产地的说法，被写进书里。外国人这样说，这样写，中国人也这样说，这样写——权威工具书《辞海》中，'葫芦'条下赫然印有'原产印度'四个字。然而，这种说法并没有得到公认，最起码的是中国的葫芦文化研究者多持异议。考古学界的信息告诉我们，亚洲的中国、泰国，非洲的埃及，南美洲的秘鲁、墨西哥，都有出土新石器时代葫芦的报道。……通过比较，还是《简明不列颠百科全书》说得全面一些，准确一些：葫芦，'原产于旧大陆热带'。旧大陆，亦称东大陆，即东半球陆地，主要包括亚、欧、非三个洲。可以说，葫芦是一种老资格的驯化植物，是一种世界性植物。"游修龄《葫芦的家世——从河姆渡出土的葫芦种子谈起》一文云："尽管葫芦的遗存在世界各大洲都有出土，但有关的文献记载却以我国为最多。有的故事传说以我国为最早，更重要的是有关这种作物的品种资源和栽培经验以我国为最丰富。"刘庆芳、游修龄两位先生的说法是有根据、有道理的，会得到多数葫芦文化研究者的认可；我们此章汇集的葫芦种植史料以及其他章节中的相关史料，可以看作是刘、游两位先生观点的坚实有力的文献支撑。

第一节　经部书种植史料

《诗经·大雅·绵》：

绵绵瓜瓞，民之初生，自土沮漆。

唐孔颖达《毛诗正义》卷十六：传：兴也。绵绵，不绝貌。瓜，绍也。瓞，瓝[①]也。民，周民也。自，用。土，居也。沮，水。漆，水也。笺云：瓜之本实，继先岁之瓜，必小，状似瓝，故谓之瓞。绵绵然若将无长大时。兴者，喻后稷乃帝喾之胄，封于邰。其后公刘失职，迁于豳，居沮、漆之地。历世亦绵绵然。至大王而德益盛，得其民心而生王业，故本周之兴，云于沮、漆也。

《诗经·小雅·南有嘉鱼》：

南有樛木[②]，甘瓠累之。

唐孔颖达《毛诗正义》卷十七：传：兴也。累，蔓也。笺云：君子下其臣，故贤者归往也。正义曰：言南方有樛然下垂之木，甘瓠之草得上而累蔓之，以兴在位有下下之君子，故在野贤者得往而归就之。言君子之下下，犹樛木之下垂，贤者所以往矣。

宋蔡卞《毛诗名物解》卷四："瓠：瓠甘而可食，附物而生者也。以其可食，而非养人之大者，况在下之贤人无所附，则实不成。《诗》曰：'南有樛木，甘瓠累之。'樛木所以接下者，非使然也，故以况至诚之君子。甘瓠之所以累上者，亦自然也，故以况在下之贤人。君子之接下，贤人之附上，岂有意于彼我之分所能为之哉！"

《周易·姤》：

九五：以杞包瓜，含章，有陨自天。

唐孔颖达《周易正义》卷五：

（王弼）注：杞之为物，生于肥地者也。包瓜为物，系而不食者

---

① 瓝 bó：小瓜。
② 樛 jiū 木：向下弯曲的树木。

也。九五履得尊位，而不遇其应，得地而不食，含章而未发，不遇其应，命未流行。然处得其所，体刚居中，志不舍命，不可倾陨，故曰有陨自天也。正义曰：以杞苞瓜者，杞之为物，生于肥地；苞瓜为物，系而不食，九五处得尊位而不遇，其应是得地而不食，故曰以杞苞瓜也。含章，有陨自天者，不遇其应，命未流行，无物发起其美，故曰含章。然体刚居中，虽复当位，命未流行，而能不改其操，无能倾陨之者，故曰有陨自天，盖言惟天能陨之耳。……子夏《传》曰：作杞苞瓜。薛虞《记》云：杞，杞柳也。杞性柔刃，宜屈桡，似苞瓜。

《周礼·地官》：

场人掌国之场圃，而树之果蓏①珍异之物。注：蓏，瓜瓝之属。

《礼记·月令》：

仲冬行秋令，则天时雨汁，瓜瓝不成。

唐孔颖达《礼记正义》注："酉之气乘之也。酉宿直昴、毕，毕好雨。雨汁者，水雪杂下也。子宿直虚危，虚危内有瓜瓝。"正义曰："天时雨汁，天灾也。瓜瓝不成，地灾也。"

宋罗愿《尔雅翼》卷八：

《诗》："甘瓝累之。"古者王政，瓜瓝果蓏植于疆埸②。正月可种瓝，六月可畜瓝，八月可断瓝作菑③，《诗》所谓"幡幡瓝叶，采之亨之"是也。然与苞不异，但当以大小长短甘苦为间尔。然古今亦通言。惠子称"魏王贻我大瓝之种"，世有种大瓝法，凿坎方广四五尺，先粪其地，及生，择取四本，每两本相近处，各以竹刮去半皮，并而封之。俟其活，除去一穗。又复取此两大本相并，复去一穗如前法。盖四本同发一穗，自然易大。及著子，独留两枚，如此则一斗之种，变为一石。此魏惠王大瓝法也。

---

① 果蓏 luǒ：瓜果的总称。蓏：瓜类等蔓生植物的果实。
② 疆埸 yì：田界。《诗·小雅·信南山》："中田有庐，疆埸有瓜。"
③ 作菑 zī：贾思勰《齐民要术》作"作蓄瓝"。

清多隆阿《毛诗多识》卷三：

> 夫匏，一名壶卢，一作葫芦，一作瓠瓟。三月下种。谚云："山青瓠瓟，地青瓜。"言种瓠瓟，以山青为候也。生苗引蔓，长数丈，叶似瓜而大，有细毛，六月开白花。五出最弱，易萎，花多无实。其结实者，实即生于花下，嫩实色青，渐大则色白，老则毛落，而愈白。项有长短，腹有大小，圆扁细腰，种类至繁。

第二节　子部书种植史料

战国庄周《庄子·逍遥游》：

> 惠子谓庄子曰："魏王贻我大瓠之种，我树之成而实五石。以盛水浆，其坚不能自举也。剖之以为瓢，则瓠落①无所容。非不呺然大也，吾为其无用而掊②之。"庄子曰："夫子固拙于用大矣！宋人有善为不龟手之药者，世世以洴澼絖③为事。客闻之，请买其方百金。聚族而谋曰：'我世世为洴澼絖，不过数金；今一朝而鬻④技百金，请与之。'客得之，以说吴王。越有难，吴王使之将，冬与越人水战，大败越人。裂地而封之。能不龟手一也。或以封，或不免于洴澼絖，则所用之异也。今子有五石之瓠，何不虑以为大樽而浮乎江湖，而忧其瓠落无所容，则夫子犹有蓬之心⑤也夫。"

北魏贾思勰《齐民要术》卷二《种瓠第十五》：

> 《卫诗》曰："匏有苦叶。"毛云："匏谓之瓠。"

---

① 瓠 hù 落：空廓貌。唐陆德明《经典释文》："简文云：'瓠落犹廓落也。'"
② 掊 pōu：掊击，抨击。
③ 洴澼 píng pì：在水中漂洗。絖 kuàng：同"纩"，细棉絮。
④ 鬻 yù：出卖。
⑤ 有蓬之心：《辞源》释"蓬心"曰："比喻浮浅，心无主见。"

《诗义疏》云："瓠叶，少时可以为羹，又可淹煮，极美，故云'幡幡瓠叶，采之亨之'。"（河东及扬州常食之）八月中，坚强不可食，故云"苦叶"。

《广志》曰："有都瓠，子如牛角，长四尺。有约腹瓠，其大数斗，其腹窈挈，缘蒂为口，出雍县。移种子他则否。朱崖有苦叶瓠，其大者受斛余。"

《郭子》曰："东吴有长柄壶楼。"

《释名》曰："瓠蓄，皮瓠以为脯，蓄积以待冬月用也。"

《淮南万毕术》曰："烧穰杀瓠，物自然也。"

《氾胜之书》种瓠法：以三月耕良田十亩，作区，方深一尺，以杵筑之，令可居泽①。相去一步，区种四实，蚕矢一斗，与土粪合。浇之，水二升，所干处，复浇之。著三实，以马箠敲②其心，勿令蔓延。多实，实细。以藁荐其下，无令亲土，多疮瘢。度可作瓢，以手摩其实，从蒂至底去其毛，不复长，且厚。八月微霜下，收取。掘地深一丈，荐以藁，四边各厚一尺，以实置孔中，令底下向，瓠一行，覆上土，厚三尺。二十日出，黄色，好，破以为瓢。其中白肤，以养猪致肥。其瓣，以作烛致明。一本三实，一区十二实，一亩得二千八百八十实，十亩凡得五万七千六百瓢。瓢直十钱，并直五十七万六千文。用蚕矢二百石，牛耕功力，直二万六千文，余有五十五万，肥猪明烛利在其外。

《氾胜之书》区种瓠法：收种子须大者，若先受一斗者，得收一石，受一石者，得收十石。先掘地作坑，方圆深各三尺。用蚕沙与土相和，令中半（若无蚕沙，生牛粪亦得），著坑中，足蹋令坚。以水沃之，候水尽，即下瓠子十颗，复以前粪覆之。既生长二尺余，便揔聚十茎一处，以布缠之，五寸许，复用泥泥之。不过数日，缠处便合为一茎。留强者，余悉掐去。引蔓结子，子外之条亦掐去之，勿令

---

① 居泽：积储保存水分。
② 敲 què：从上击下。

蔓延。

留子法：初生二三子，不佳，去之；取第四五六。区留三子，即足。旱时须浇之，坑畔周匝小渠子，深四五寸，以水停之，令其遥润，不得坑中下水。

崔寔曰："正月可种瓠，六月可畜瓠，八月可断瓠作蓄瓠。瓠中白肤实以养猪致肥，其瓣则作烛致明。"

《家政法》曰："二月可种瓜瓠。"

唐郭橐驰《种树书》卷上：

葫芦、黄瓜、藏瓜、茄、冬瓜，宜清明日种。每日以少粪水浇，分菊宜清明。

三月　九焦在戌，天火在午，地火在未，种菉豆、早豆、山药、黄瓜、早芝麻、匏、瓠、葫芦、栀子、地黄、蓝青、丝瓜。

元司农司《农桑辑要》卷五：

种大葫芦：二月初掘地作坑，方四五尺，深亦如之。实填油麻菉豆藌及烂草等，一重粪土一重草，如此四五重。向上尺余，着粪土。种十来颗子，待生后，拣取四茎肥好者，每两茎肥好者相贴着，相贴处以竹刀子刮去半皮，以刮处相贴，用麻皮缠缚定，黄泥封裹，一如接树之法。待相着活后，各除一头，又取所活两茎，准前刮去皮相着，一如前法。待活后，唯留一茎，四茎合为一本。待着子，拣取两个周正好大者，余有旋旋，除去食之。如此，一斗种，可变为盛一石物大。此《庄子》魏惠王大瓠之法。

元鲁明善《农桑衣食撮要》卷上：

种茄匏冬瓜葫芦黄瓜菜瓜：此月预先以粪和灰土，以瓦盆盛或桶盛，贮候发热过，以瓜茄子插于灰中，常以水洒之，日间朝日景，夜间收于灶侧暖处，候生甲时分种于肥地。常以少粪水浇灌，上用低棚盖之，待长茂，带土移栽，则易活。社后亦可种之。

种葫芦黄瓜菜瓜冬瓜茄子：宜晴明日中种之，每日早以少粪水浇灌，此月下旬栽，五月中旬结实。若三月种之，已迟。

元胡古愚《树艺篇》疏部卷一：

　　匏即瓠也，有大腹细颈状似葫芦缘架而生者，有小腹长颈谓之羊匏附地而生者，蒲人皆以为常食，其老则去穰为葫芦，收贮瓜菜等。（《兴化府志》）

　　葫芦，夏秋间熟。形圆而扁，性味与瓠子相对。（《食物本草》）

明邝璠《便民图纂》卷五：

　　葫芦，二月间下种，苗出移栽，以粪水浇灌，待苗长，搭棚引上。

明王圻、王思义《三才图会》草木卷一〇：

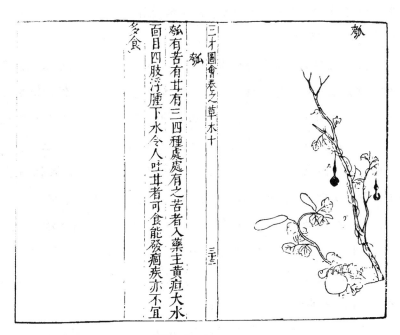

图2-1

明吴琉《三才广志》天道卷八八：

　　掘地作坑，如斗大，每坑纳一瓜子四枚，多种则漫撒。苗出后，根下壅作土盆，多锄则锐子，不锄则无实。余蔓花掐去，瓜肥大。是月种葫芦、黄瓜、冬瓜、茄子，宜清明日中种，每日早以少粪水浇灌。

明方以智《物理小识》卷六：

结瓠法：根以竹根分之，实多。瓠结时，剖藤跗插巴豆[①]，二三日后瓠柔可纽，随去巴豆，瓠复鲜活。又以笔蘸芥辣界瓠，其界处永不长，如刻成肤。欲空其瓠，开瓠顶纳巴豆水蚀去之。段成式曰："牛践苗则子苦。"生壶卢时，盆水照之则结者圆。虔州山以种苦瓠为业，其子亦充果食，如西瓜子。

大葫芦法：方五尺种四本，每两近处竹刮其半，交合泥封，俟其活，除去一穗，复取此两大本相并，如前法，则一斗之种变为一石。老长柄葫芦，合草麻子煮，乘软结其柄，干之如生成。中通曰："今以牛粪浇瓠及葫芦皆苦，不可食，驴马豕粪皆宜。"

明徐光启《农政全书》卷二十七：

瓠　崔寔曰：正月可种瓠。六月可蓄瓠。八月可断瓠，作蓄瓠。《家政法》曰：二月可种瓜瓠。《农桑通》曰：凡种瓠，如瓜法。蔓长，则作架引之。《四时类要》云：种大葫芦，二月初掘地作坑，方四五尺，深亦如之。实填油麻菉豆蘸及烂草等，一重粪土一重草，如此四五重。向上尺余，着粪土，种十来颗子。待生后，拣取四茎肥好者，每两茎肥好者相贴著，相贴处，以竹刀子刮去半皮，以刮处相贴，用麻皮缠缚定，黄泥封裹，一如接树之法。待相著活后，各除一头，又取所活两茎，准前刮去皮相著，一如前法。待活后，唯留一茎，四茎合为一本。待著子，拣取两个周正好大者，余者旋旋除去，食之。如此，一斗种可变为盛一石。

又曰：凡收种，于九月黄熟时摘取，擘开，水淘洗，去浮者，曝干。至春二月，种如葵法，常浇润之，旱即干死。俟着四五叶，高可五寸许，带土移栽之。

明高濂《遵生八笺》卷十六：

盆种小葫芦　以葫芦秧种小盆，得土甚浅，至秋结子，形仅寸许，择其周正者，止留一枚，垂挂可观。霜后收，乾，佩带用为披风钮

---

① 巴豆：常绿灌木或小乔木，雌雄同株，夏季开花，蒴果。种子入药，性热，功能破积、逐水、涌吐痰涎，主治寒结便秘、腹水肿胀等症。有毒，农业上也用为杀虫药。

子，有物外风致。但难于成功，亦难美好，为可恨也。

种大葫芦　先春以肥粪壤土堆栈尺厚，将大葫芦子种入土内，相去三四寸埋一二粒，待苗长三五尺时，内选本粗一株作主，次将傍株去皮一片，两株结缚，若就花法，以泥涂封。稍长去其一苗，留本，又将傍株再就以三根株并作一株，延蔓，则三本之力归一苗矣。其结实成形，又悉删去众多，止留壮者一枚，至秋成实，大比寻常数倍。用作酒尊，携带山游，诚物外清品，宜多种之。

清张岱《夜航船》卷十九：

葫芦照水种，则多生。

清李光地等《月令辑要》卷五：

种大葫芦　增《山居要录》：正月中掘地作坑，方四五尺，深如之。实填油麻菉豆蘼及烂草等，一重粪土一重草，如此四五重，向上一尺余著粪土。种十余颗子，待生后拣取四茎肥好者，每两茎相著一处，以竹刀子刮去半皮，以物缠之，以牛粪黄泥封之，一如接树法裹之。待相著活后，各除一头。又取此两茎相著，如前法治。待得活后，惟留一茎，四茎合为一本。待著子，拣取两个周正好大者，余旋除之。如此，旧是一斗，可容一石也。若须为器，以模盛之，随人所好。

清姚之骃《元明事类钞》卷三十二：

剪标　《范椁集》：或言种瓠蔓长，必剪其标乃实。余斋所种，因树蔓缘，果多虚花，欲去之，虑伤其凌霄之意，因赋一诗。

瓠瓜亭　《杂录》：元赵参谋禹卿匏瓜亭在城东，禹卿日种瓠以制饮具，当时目曰赵瓠瓜。王恽诗："君家匏瓜尽樽彝。"

绕屋匏　《明诗话》：巢孝廉鸣盛肥遁[1]山林，绕屋种匏，大小凡十余种，长如鹤颈，纤若蜂腰，杯杓之外，室中所需莫非匏者，远近争效之。

---

[1] 肥遁 dùn：隐居避世。

清刘灏等《广群芳谱》卷十七：

种植：葫芦、冬瓜、茄、瓠、瓠子、黄瓜、菜瓜，俱宜天晴日中下种，每晨以清粪水浇之，二月下旬栽，则五月中旬结实，若三月种则太迟矣。

种法，正月预以粪和灰土实填作一坑，候土发过热，筛过，以盆盛土，种诸子，常洒水，日晒暖，夜收暖处。候生甲时，分种于肥地，常以清粪水灌浇，上用低栅盖之。待长，带土移栽。俟引蔓结子，子外之条掐去之。凡留子，初生二三子不佳，取第四五者留之。每科留三枚即足，余旋食之。

清王燕绪等《授时通考》卷六十一：

长颈葫芦　如前法，如欲将长头打结，待葫芦生成，趁嫩时将其根下土挖去一边，却轻擘开根头，捱入巴豆肉一粒在根里，仍将土罨①其根，俟二三日，通根藤叶俱软敝欲死，却任意将葫芦结成或绦环等式，仍取去根中巴豆，照旧培浇，过数日复鲜如故，俟老收之。

清丁宜曾《西石梁农圃便览》：

葫芦、瓠子、番瓜、冬瓜，俱于春分节内天晴下种，若交三月节则太迟，苗俱要稀。

又：栽葫芦，勤浇之，立苗后拥以粪。

清奚诚《耕心农话》下集：

瓠之最贵者，如指大之细小鹅颈葫芦，价值数金，不易得也。种法：取洁净田泥，敲碎筛细置盆中，清明节取鹅颈坚实好子，雪水浸一日，晒于日中，取出用秧灰拌匀，藏无风处，俟萌芽生，遂种于盆中。微水润湿，待其苗长数寸，浇以草汁三次。及长，用细竹为架，弓藤缠绕，细若灯心，烦花宜摘。结实刷毛，经霜日曝，色如象牙，老结坚硬，方可摘取。否则，瘪皱无用。须浇灌及时，燥湿得宜，又宜露，

---

① 罨 yǎn：覆盖。

宜微日晒之，庶几结子。开瓠出实法：如瓠颈细长而拳曲者，不能出实，可于瓠顶或腹上刳一穴，用巴豆肉二三粒研水为浆，灌入孔内，数日窨（yìn）透腹内，瓢膜腐烂，可倾出尽净也。

清徐寿基《续广博物志》卷一四：

种葫芦于鸡蛋壳内，复将蛋壳埋土中，则结实渐小。依此种之二三年后，大才如豆。又以寻常葫芦移接于鸡冠花上，则结实皆成红色。《草木枢经》载：种大葫芦法，方五尺，种四本，每两近处用竹片刮其半，交合泥封，俟其活，除去一穗，复取两大本相并，如前法。又结实时只存其一两个，余皆刺去不复留，则一斗之种，大可一石。以草麻子①与长柄葫芦共煮，乘其熟时绵软，将葫芦长柄绕成一结，干之便如生成。《酉阳杂俎》：葫芦实时，用盆水照之，则结者皆圆。又，种葫芦宜坑填油麻菜豆叶及烂草，一重粪土一重草，驴马豕粪皆可。惟以牛粪浇之则苦，不可食。种瓠种瓜，以片瓦竹箴劙②其根，纳之则多实。结瓢时剖藤，蚹插巴豆，二三日后，瓢柔可纽，随去巴豆，瓢复鲜活。

宋赵希鹄《调燮类编》卷二：

用葫芦与鸡冠花靠接，长成后，切断葫芦根，会托鸡冠花生长，可结红葫芦，又名"仙瓢"。

宋赵希鹄《调燮类编》卷四：

葫芦秧种小盆，得土甚浅，至秋结子，形仅寸许，垂挂可观。又法：选畦中粗大者一株作主，次将旁株去皮一片，两株结缚，以泥涂封。稍长去其一苗，留本。又将旁株再就以根株并作一株，延蔓，则三本之力归一苗矣。其结实成形，又删去众苗，止留壮者一枚，至秋成实，大比寻常数倍。用作酒樽，携带山游，诚物外清品也。又有寄生红白鸡冠旁法，竟成红色葫芦，妙不可言。

清谢堃《花木小志》：

---

① 草麻子：即蓖麻子。
② 劙lí：用刀等利器切割或剖分。

葫芦蔓生，易于结实，小者难成。尝见显者以万钱购一枚为风衣扣，颇有别致，花色洁白可观。

第三节　集部书种植史料

唐杜甫《杜诗详注》卷八《除架》：

束薪已零落，瓠叶转萧疏。幸结白花了，宁辞青蔓除。

秋虫声不去，暮雀意何如。寒事今牢落，人生亦有初。

宋曹勋《松隐集》卷二十一《山居杂诗》：

孟夏物物茂，瓜瓠先置架。□……□缠挂。

白花亦已出，青实旋造化。会喜园枯时，□箸不增价。

宋陆游《剑南诗稿》卷三十九《村舍杂书》其三：

舍北作蔬圃，敢辞灌溉劳。轮囷①瓜瓠熟，珍爱敌豚羔。

晨飧戒厨人，全项净去毛②。虽云发客笑，亦足慰老饕③。

元黄玠《弁山小隐吟录》卷二《时雨既洽园蔬并茂》：

白日有渰云④萋萋，簷花乱坠眼欲迷。鸣鸠脱袴⑤土作泥，园蔬绕舍水出畦。王瓜引蔓上落薬，瓠叶幡幡生瓠犀。菘甲怒长如兰茋，中厨少妇唤阿稽。亟取大瓮淹为齑⑥，鱼兔不获何筌蹄，晚食足慰痴儿啼。

清官修《佩文斋咏物诗选》卷二百六十五《瓠类·五言古》宋梅尧臣

---

① 轮囷 qūn：硕大的样子。

② 全项净去毛：典实见 47 页郑余庆故事。

③ 老饕 tāo：贪食之人。

④ 渰 yǎn 云：阴云。

⑤ 脱袴：布谷鸟的别称。因叫声得名。

⑥ 齑 jī：同齑。腌菜。

《田家屋上壶》：

> 修蔓屋头缀，大壶檐外垂。霜干叶犹苦，风断根未移。
>
> 收挂烟突近，开充酒具迟。贱生无所用，会有千金时。

明朱曰藩《家园种壶作》：

> 春柳半含荑，春鸠屋上啼。弱苗何日引，长柄得谁携。
>
> 瓠落非无用，鸱夷①爱滑稽。挥锄不觉倦，新月在楼西。

清官修《佩文斋咏物诗选》卷二百六十五《瓠类·七言律》金刘从益《手植瓠材》：

> 为爱葫芦手自栽，弱条柔蔓渐萦回。
>
> 素花飘后初成实，碧荫浓时可数枚。
>
> 试问老禅藤缀处，何如游子杖挑来。
>
> 早知瓠落非无用，岂合江湖养不才。

清官修《佩文斋咏物诗选》卷二百六十五《瓠类·五言绝句》宋刘子翚《瓠》：

> 溉釜熟轮囷，香清味仍美。一线解琼瑶，中有佳人齿。

宋杨万里《诚斋集》卷三十三《甘瓠》：

> 笑杀桑根甘瓠苗，乱他桑叶上他条。
>
> 向人更逞廋藏巧，怪道桑梢挂一瓢。

元李道纯《中和集》卷五《莹蟾子咏葫芦》：

> 灵苗种子产先天，蒂固根深理自然。
>
> 逐日壅培坤位土，依时浇灌坎中泉。
>
> 花开白玉光而莹，子结黄金圆且坚。
>
> 成就顶门开一窍，个中别是一乾坤。

元王恽《秋涧集》卷十三《奉题赵侯禹卿东皋林亭》：

> 筑台连野色，架木系匏瓜。舍外开三径，壶中自一家。
>
> 爱吟歌白纻，洒酒脱乌纱。更喜南窗下，秋风菊半华。

---

① 鸱 chī 夷：盛酒器。《初学记》汉杨雄《酒赋》："鸱夷滑稽，腹如大壶。尽日盛酒，人复藉酤。"

元范梈《范德机诗集》卷三《种瓠二首》其一：

或言种瓠蔓长，必翦其标乃实。予斋所种，因树为架，蔓缘不已，果多虚花，欲去之，虑伤其凌霄之意。因赋五言，为之解嘲云。

岂是阶庭物，支离亦自奇。已殊凡草蔓，缀得好花枝。

带雨宁无实，凌霄必有为。啾啾群鸟雀，从汝踏多时。

《种瓠二首》其二：

秋后瓠果成一实，轮囷可爱，予嘉其晚成而不群，答赋云。

嘉瓠吾所爱，孤高更可人。不虚种植意，终系发生神。

有叶诚藏用，无容岂识真。明年应见汝，众子亦轮囷。

元魏初《青崖集》卷一《匏瓜诗（并序）》：

禹卿赵君别墅筑亭，曰匏瓜。诸公咸有歌咏，初不搀以渊明，户庭无尘杂，虚室有余闲，作十诗以道其闲适之意。在风俗奔竞中独能操守如此，其亦可尚矣。

出城十里余，小小筑园圃。墙颓补青山，月冷杵秋黍。

萧然无人来，风叶拥庭户。

志意若不足，文书官有程。何如田亩间，脱落尘土星。

时时有佳客，烂醉秋风庭。

此书不可废，此酒不可无。醒时自漉酒，醉后还枕书。

人生天地间，穷达竟何如。

人皆有乐地，百伪夺其真。朝趋富儿屋，莫随肥马尘。

不知竟何得，空负百年身。

青云半知已，退遁非寡合。持身自有道，许与不可杂。

君看谁卜邻，慎独有悬榻。

非无功名心，乐此樵与渔。炎凉各以时，知力谁能渝。

萧然一亭上，心境还清虚。

只今终南山，亦自有少室。捷径以索价，兹心素所疾。

一匏无余事，优游保清吉。

匏瓜圣所喻，系著亦何有。时行与时止，岂复论奇偶。

　　聊以名兹亭，拍塞贮春酒。

　　筑亭瞰平野，四望情意舒。青山入座来，尊俎杂肴蔬。

　　虽无九鼎侈，此乐亦有余。

　　以君迈往气，未必能久闲。唯其不自售，所以行之艰。

　　作诗固可工，亦可厉痴顽。

明何景明《大复集》卷六《乐府杂调》四十一首之《种瓠词》：

　　种瓠东园内，瓠叶从风翻。绿蒂飘长带，素花密以繁。虽无百尺根，枝蔓自缠绵。雨露冒时泽，阳晖被朝暄。窃比女萝草，附身托高垣。绿畛齐结实，岂贵充盘飧。愿为连理杯，长以奉君欢。

明易震吉《秋佳轩诗余》卷九《洛阳春·葫芦》：

　　入夏雨知时，绕屋葫芦壮。不堪依样画图他，他却其、元模样。日日野风吹向，未沾尘埃。只逢秋老就中虚，卖药底、来相访。

明曹学佺《石仓历代诗选》卷三百八十八吴宣《葫芦架》：

　　移树当阶引稆藤，向空云雨绿层层。

　　好花历落葫芦小，十尺湘帘对曲肱。

明高启《大全集》卷十六《摘瓠》：

　　轮囷卧霜露，秋晓摘初归。自笑诗人骨，何由似尔肥。

明钱子正《三华集》卷三《绿苔轩集》三《鹤瓢》：

　　因形称鹤初非鹤，以类名瓢未似瓢。

　　定是道真留别种，不妨贮酒杖头挑。

明方孝孺《逊志斋集》卷二十三《新栽柏为瓠蔓所缠令诸生披解以遂生意有作》：

　　青青庭前柏，移植芳春时。既承雨露润，歘[1]见云霄姿。

　　盛夏乏人工，眼中芜秽滋。瓠壶引长蔓，左右缠蔽之。

　　晨兴试行观，沉思喟然悲。微物凌善类，胜负关盛衰。

　　巨叶覆其颠，浓阴密如帷。自非为披折，恐使嘉树萎。

---

① 歘 xū：也作"欻"。忽然。

呼童操短镰，芟^①彼草与茨。瓠蔓亦徐解，扶持向藩篱。
植物共有生，荣枯两无知。贞脆本天质，生成仗人为。
仰惟玄造心，发育靡偏私。于焉别臧否，可以人理推。
汉昭任博陆，不受群邪欺。苻坚逐仇腾，景略事业施。
用贤必远佞，果断贵无疑。嗟余何为者，栖屑名位卑。
触物徒有怀，于时竟奚裨。柏也材气良，取效尝患迟。
众人重口腹，爱瓠固其宜。纷纷俄顷计，落落千载期。
浩歌向苍穹，此意知者谁？

---

① 芟 shān：割除。

第三章　葫芦食用类

先秦时代，葫芦及其嫩叶，主要被作为食材，如《诗经·豳风·七月》"七月食瓜，八月断壶"、《诗经·小雅·瓠叶》"幡幡瓠叶，采之亨（烹）之。君子有酒，酌言尝之"、《论语·阳货》"吾岂匏瓜也哉，焉能系而不食"，这是先民食用葫芦的真实写照。从下列史料中，可知它是黎民百姓的家常菜，可知它有作羹、蒸煮、干制等多种吃法。

第一节　经部书食用史料

《诗经·邶风·匏有苦叶》：

匏有苦叶，济有深涉。深则厉，浅则揭[①]。

唐孔颖达《毛诗正义》卷三：匏有苦叶，济有深涉。传："兴也，匏谓之瓠，瓠叶苦，不可食也。济，渡也，由膝以上为涉。"笺云："瓠叶苦，而渡处深，谓八月之时，阴阳交会，始可以为昏礼，纳采问名。"深则厉，浅则揭。传："以衣涉水为厉，谓由带以上也。揭，褰

---

① 厉：涉水。揭 qì：掀起或撩起衣服。意思是：水深就和衣而涉，水浅就撩起衣服蹚过去。

衣也。遭时制宜，如遇水深则厉，浅则揭矣。男女之际，安可以无礼义，将无以自济也。"笺云："既以深涉，记时因以水深浅喻男女之才性，贤与不肖及长幼也，各顺其人之宜，为之求妃耦。"

　　明毛晋《陆氏诗疏广要》卷上：匏有苦叶　匏叶少时，可为羹，又可淹鸂，极美，扬州人恒食之。至八月，叶即苦，故曰匏有苦叶。《诗缉》云：匏经霜，其叶枯落，然后干之，腰以渡水。《名物疏》云：按《广雅》《说文》《古今注》通云"匏，瓠也"，惟陆农师云"长而瘦上曰瓠，短颈大腹曰匏"，其两形之别，出于农师创见。考诸书，惟瓠甘匏苦，为可明耳。然《本草》有苦瓠，唐本注谓之苦匏。复非瓠中之苦者。瓠中之苦者，疑是匏矣。陆疏似以甘瓠为匏，非也。盖瓠为总名，甘者可食，《嘉鱼》称"甘瓠累之"是也。苦者佩以渡水，此诗"匏有苦叶"是也。入药者名苦瓠。夏末始实，秋中方熟，取以为器，经霜乃堪。无柄者名壶卢，《七月》称"八月断壶"是也。有柄者悬瓠，潘岳云"河汾之宝"是也。小者名瓢，食之胜瓠，陶贞白所言是也。细腰者名蒲卢，《淮南子》云"百人抗浮"是也。

《诗经·豳风·七月》：

　　七月食瓜，八月断壶。

　　唐孔颖达《毛诗正义》卷十五：传："壶，瓠也。"正义曰："以壶与食瓜连文，则是可食之物，故知壶为瓠，谓甘瓠，可食，就蔓断取而食之。"

　　清陈大章《诗传名物集览》卷九："八月断壶"朱传：壶，瓠也。《埤雅》：似匏而圆曰壶。壶，圆器也，故谓之壶，亦曰壶卢。《古今注》："壶卢，瓠之无柄者。玄蜂若壶，盖取诸此。性善浮，要①之可以涉水，南人谓之要舟。《鹖冠子》曰："贱生于无所用，中流失船，一壶千金。"以此又可为尊，《春秋传》：樽以鲁壶。《司尊彝》曰：

_____

① 要："腰"的本字。

秋尝冬蒸，馈献用两壶尊，皆以质为贵者。《记》曰："器用陶匏，贵其质也。"惠子曰："魏王诒我大瓠之种，树之成，而实五石，以盛水浆，不能自举也。剖之以为瓢，则瓠落而无所容。"庄子曰："今子有五石之瓠，何不虑以为大樽，而浮乎江湖？"壶之为樽，其来尚矣。《诗》曰："八月断壶。"壶性蔓生，披蔓斩之，故曰断也。今其收法，月冷露降，辄先断其根，令其余蔓饮之，巳日乃收，尤坚成可用。《礼器·壶居一》：夏商时，总曰尊彝，周制大备，故蒸尝馈献凡用两壶，次于尊彝，用于门内。然壶之用，方圆有异，燕礼与大射，卿大夫用壶。卿大夫以直方为宜，故用方。士旅食以顺命为宜，故用圆。聘礼，八壶南陈，六壶东陈，东蠡以动，出而有接，南假以大显，而文明应物，以相见之时也。以壶为设，盖取诸此。《周礼·司尊彝》："馈献用两壶尊，壶与古用匏同，义贵质也。"汉之区壶，非古制也。又壶芦与瓠同，俗作葫，又画壶，今小儿所吹泥皷有声无调者。《蔬谱》："瓠，江南名扁蒲，就地蔓生，苗叶花俱如葫芦，结子长一二尺，夏熟。亦有短者，粗如人肘，中有瓤，两头相似，味淡可煮食。"《诗记》："壶，枯者可为壶，嫩者可供茹。"陆疏："甘瓠可食，就蔓取之。"

《诗经·小雅·瓠叶》：

幡幡瓠叶，采之亨①之。君子有酒，酌言尝之。

唐孔颖达《毛诗正义》卷二十二："幡幡瓠叶，采之亨之。君子有酒，酌言尝之。"传："幡幡，瓠叶貌。庶人之菜也。"笺云："亨，熟也。熟瓠叶者，以为饮酒之菹②也。此君子谓庶人之有贤行者也。其农功毕，乃为酒浆，以合朋友，习礼讲道艺也。酒既成，先与父兄室人亨瓠叶而饮之，所以急和亲亲也。饮酒而曰尝者，以其为之主于宾客，宾客则加之以羞。"正义曰："幡幡然者，是瓠之叶也。我君子令人采取之，既得而又亨煮之，酿以为饮酒之菹也。庶人农功毕，君子

① 亨 pēng：通"烹"。烹饪。
② 菹 zū：腌菜，酸菜。

贤者有酒，令人酌此酒，我当与父兄室人尝而饮之，所以相亲爱也。言古者不以微薄而废礼，尚亨瓠叶而用之。今乃有牲牢饔饩[1]而不肯用，故以刺之也。"

《诗经·大雅·绵》：

绵绵瓜瓞[2]，民之初生，自土沮漆[3]。

唐孔颖达《毛诗正义》卷二十三：传："兴也，绵绵，不绝貌。瓜，绍也。瓞，瓝[4]也。民，周民也。自，用。土，居也。沮，水。漆，水也。"笺云："瓜之本实继先岁之瓜，必小，状似瓝，故谓之瓞。绵绵然若将无长大时。"正义曰："绵绵然不绝者，是瓜绍之瓞。瓜之本实继先岁之瓜，岁岁相继，恒小于本，若将无复长大之时也。以喻后稷乃帝喾天子之胄，封为诸侯，后更迁于豳，国世世渐微，若将无复兴盛之时也。至于大王，其德渐盛，得其民心，而初始生此王业，乃不复为微。"

《论语·阳货》：

佛肸召，子欲往。子路曰："昔者，由也闻诸夫子曰：'亲于其身为不善者，君子不入也。'佛肸以中牟畔，子之往也，如之何？"子曰："然，有是言也。不曰坚乎，磨而不磷。不曰白乎，涅而不缁。吾岂匏瓜也哉，焉能系而不食！"

魏何晏《论语集解》卷九：吾岂匏瓜也哉，焉能系而不食。匏，瓠也。言匏瓜得系一处者，不食故也。吾自食物，当东西南北，不得如不食之物系滞一处也。

元胡炳文《四书通·论语通》卷九：匏，瓠也。匏瓜系于一处而不能饮食，人则不如是也。黄氏曰：匏瓜，蠢然一物耳，则不能动，不食，则无所知，吾乃人类，在天地间能动作，有思虑，自当见之于用，

---

① 饔饩 yōngxì：熟肉曰饔，生牲曰饩。

② 瓞 dié：小瓜。

③ 沮 jū 漆：指沮水、漆水。沮水源出陕西黄陵县西北子午岭，东南流会漆水，东流入渭。漆水源出陕西旧同官县，西南流至耀州，合沮水为石州河，东南入渭。

④ 瓝 bó：小瓜。

而有益于人，岂微物之比哉！世之奔走以糊其口于四方者，往往借是言以自况，失圣人之旨矣。此不可以不辩。饶氏曰：植物之不能饮食，不特匏瓜为然，不食，疑只是不为人所食，如硕果不食、井渫①不食是也。盖匏瓜之苦者，人不食，但可蓄之以为壶。如"匏有苦叶济有深涉"，注者谓"但可为壶以涉水"是也。又如有敦瓜苦烝在栗薪，即是匏瓜系于栗薪之上系而不食，譬如人之空老而不为世用者也。圣人道济天下，其心岂欲如是哉！

第二节　子部书食用史料

春秋管仲《管子·立政》：

六畜不育于家，瓜瓠、荤菜、百果不备具，国之贫也。……六畜育于家，瓜瓠、荤菜、百果备具，国家之富也。

汉桓宽《盐铁论·散不足》：

今熟食遍列，殽施成市，作业堕怠②，食必趣时。杨③豚韭卵，狗䐗马朘④，煎鱼切肝，羊淹鸡寒⑤。蜩马骆日⑥，寋捕庸脯⑦，腣羔豆

---

① 井渫 xiè：《辞源》释曰："《易·井》：'井渫不食，为我心恻。'说水井经浚治，洁净清澈，而饮者无人。比喻洁身自持，不为人所知。"
② 堕怠：懒惰。
③ 杨：通"炀"。
④ 䐗 zhé：切成薄片的肉。朘 juān：通"䐓"，少汁的肉羹。
⑤ 淹：通"腌"。寒：指冻肉，将肉用酱渍成冷冻食品。
⑥ 蜩马骆日：许嘉璐主编《文白对照诸子集成》本校订为"挏马酪酒"，注"挏 dòng"为"撞动"，译"挏马酪酒"为"马奶制酒"。
⑦ 寋捕庸脯：许嘉璐主编《文白对照诸子集成》本校订为"寋捕胃脯"，注"寋"为"寋驴"，"捕"通"脯"，译为"驴脯胃干"。

赐①，觳膹雁羹②，自③鲍甘瓠，热粱和炙。

汉刘向《新序》卷六：

魏文侯见箕季④，其墙坏而不筑。文侯曰："何为不筑？"对曰："不时，其墙枉而不端。"问曰："何不端？"曰："固然，从者食其园之桃。"箕季禁之，少焉日晏，进粝⑤餐之食，瓜瓠之羹。文侯出，其仆曰："君亦无得于箕季矣，曩者进食，臣窃窥之，粝餐之食，瓜瓠之羹。"文侯曰："吾何无得于季也，吾一见季而得四焉：其墙坏不筑，云待时者，教我无夺农时也；墙枉而不端，对曰固然者，是教我无侵封疆也；从者食园桃，箕季禁之，岂爱桃哉，是教我下无侵上也；食我以粝餐者，季岂不能具五味哉，教我无多敛于百姓以省饮食之养也。"

北魏贾思勰《齐民要术》卷八：

作酸羹法　用羊肠二具，饧六斤，瓠叶六斤，葱头二升，小蒜三升，面三斤，豉汁，生姜，橘皮，口调之。

作瓠叶羹法　用瓠叶五斤，羊肉三斤，葱二升，盐蚁⑥五合，口调其味。

北魏贾思勰《齐民要术》卷九：

瓠羹　下油水中，煮极熟。瓠体横切，厚三分。沸而下，与盐、豉、胡芹。累荐⑦之。

缹⑧瓜瓠法　冬瓜、越瓜、瓠，用毛未脱者，毛脱即坚；汉瓜，用极大饶肉者；皆削去皮，作方脔，广一寸，长三寸。遍宜猪肉、肥羊肉亦佳。肉须别煮令熟，薄切。苏油亦好，特宜菘菜。芜菁、肥葵、韭

---

① 脾羔豆赐：炖羊羔，制豆豉。脾 ér：煮。赐：通"豉"。

② 觳膹：觳 kòu，幼鸟。膹 fèi，肉羹。

③ 自：许嘉璐主编《文白对照诸子集成》本校订为"臭"。

④ 箕季：战国时魏国人。

⑤ 粝：粗糙的米。

⑥ 盐蚁：不知"盐蚁"为何物。沈自南《艺林汇考·饮食篇》卷二曰"广人有蚁子酱"，不知是否指此。石声汉《齐民要术》译注本曰："疑是'盐豉'或'盐'写错。"

⑦ 累荐：一片片重叠起来，进献。

⑧ 缹 fǒu：以火煮。

等，皆得；苏油宜大用苋菜。细擘葱白，葱白欲得多于菜；无葱，薤白代之。浑豉、白盐、椒末。先布菜于铜铛底，次肉，无肉，以苏油代之。次瓜，次瓠，次葱白、盐、豉、椒末。如是次第重布，向满为限。少下水，仅令相淹渍。䰞令熟。

唐白居易《白孔六帖》：

> 葫芦酱
>
> 唐世风俗，贵重葫芦酱。出《晋公遗语》。

宋陶穀《清异录》卷上：

> 净街槌　瓠少味无韵，荤素俱不相宜，俗呼净街槌。

宋陈敬《陈氏香谱》卷一：

> 瓢香　《碎录》云：三佛齐国以匏瓢盛蔷薇水至中国，水尽，碎其瓢而爇①之，与笃耨②瓢略同。又名干葫芦片，以之蒸香最妙。

宋李昉《太平广记》卷一百六十五：

> 郑余庆　郑余庆清俭，有重德。一日忽召亲朋官数人会食，众皆惊。朝僚以故相望重，皆凌晨诣之。至日高，余庆方出，闲话移时，诸人皆枵然③。余庆呼左右曰："处分④厨家，烂蒸去毛，莫拗折项。"诸人相顾，以为必蒸鹅鸭之类。逡巡舁⑤台盘出，酱醋亦极香新，良久就餐，每人前下粟米饭一碗，蒸葫芦一枚。相国餐美，诸人强进而罢（出《卢氏杂说》）。

宋李昉《太平御览》卷九百七十九：

> 《大康地志》曰：朱崖儋耳无水，惟种大瓠藤，断其汁用之，亦足。

宋张杲《医说》卷七：

> 浙中人因食瓜匏多要发吐泻霍乱，谓之发暴，以致于有不救者。为瓜匏种之在土不久，值时暖，易长易成，使人食之，则发暴。若同

---

① 爇 ruò：烧。

② 笃耨：香料名。

③ 枵 xiāo 然：腹空饥饿貌。

④ 处分：吩咐。

⑤ 逡 qūn 巡：顷刻，不一会。舁 yú：抬。

香薷共食，则可免。香薷，今香薷也。今人所谓香薷和食瓜子是矣。
（《名医录》）

元忽思慧《饮膳正要》卷一：

瓠子汤，性寒，主消渴，利水道。

羊肉一脚子卸成事件　草果五个

右件同熬成汤，滤净。用瓠子六个，去瓤，皮切掠。熟羊肉切片，生姜汁半合，白面二两，作面丝，同炒。葱盐醋调和。

撇列角儿

羊肉　羊脂　羊尾子　新韭（各切细）

右件入料物，盐酱拌匀，白面作皮，鏊上炮熟。次用酥油、蜜，或以葫芦瓠子作馅亦可。

元忽思慧《饮膳正要》卷二：

食瓠中毒，煮黍穰汁饮之，即解。

元忽思慧《饮膳正要》卷三：

瓠味苦寒，有毒，主面目四肢浮肿下水。多食，令人吐。

元李鹏飞《三元参赞延寿书》：

葫芦，多食令人吐。

元王祯《王祯农书·百谷谱集》之三：

瓠　《说文》曰：瓠，一曰壶，皆瓠属也。陆农师曰：项短大腹曰瓠，细而合上曰匏，似匏而肥圆者曰壶。然有甘苦二种，甘者供食，苦惟充器耳。按《毛诗》云"匏有苦叶"者，苦匏也。（注云：不可食，特可佩以渡水而已，盖以作壶济水也。）又曰"幡幡匏叶，采之烹之"，此甘匏也，故曰"甘瓠累之"。其为物也，蔓生而齿瓣，夏熟而秋枯。《尔雅》曰"瓠犀瓣"，《豳风》曰"八月断壶"，亦其义也。《本草》云：味甘，冷，无毒，利水道，止消渴。惟苦者有毒，不宜食。……夫瓠之为物也，累然而生，食之无穷，最为佳蔬，烹饪无不宜者。种如其法，则其实斗石，大之为瓮盎，小之为瓢杓，肤瓤可以喂猪，犀瓣可以灌烛，咸无弃材，济世之功大矣，可不知所重哉！

元鲁明善《农桑衣食撮要》卷下：

做葫芦茄匏干：茄切片，葫芦匏子削条晒干收，依做干菜法。

元陶宗仪《说郛》卷二十二：

晒葫芦干，以藁本汤洗过，不引蝇子。

元陶宗仪《说郛》卷七十四上：

一日煮油菜羹，自以为佳品，偶郑渭滨师吕至，洪乃曰："予有一方为献，只用茴萝椒炒为末，贮以葫芦煮菜，少沸乃与熟油酱同下，急覆之，而满山已香矣。"试之果然，名"满山香"。

元陶宗仪《说郛》卷一百十九下：

桃花醋　唐世风俗，贵重葫芦酱、桃花醋、照水油。（《晋公遗语》）

元胡古愚《树艺篇·蔬部》卷一

《诗义疏》云："匏叶少时，可以为羹，又可淹煮，极美。"

匏即瓠也，有大腹细颈状似葫芦缘架而生者，有小腹长颈谓之羊匏附地而生者，蒲人皆以为常食，其老则去穰为葫芦，收贮瓜菜等。（《兴化府志》）

瓠似越瓜（北人谓之梢瓜），长者尺余，夏熟。又一种名匏薮，夏末始实，秋中方熟，经霜可取，去瓤为器，即《诗》所谓"壶""匏瓜"也。俗唤葫芦。小者为瓢。按《本草》：瓠有二种，苦者入药，甜者但可供茹。（《邵武府志》）

壶芦，匏也，甘嫩可食。有苦者，至秋坚实，则可为器。（《苏州府志》）

明徐光启《农政全书》卷二十七：

瓠　《尔雅》曰："瓠栖瓣。"《卫诗》曰："匏有苦叶"（毛：匏谓之瓠）。《豳风》曰："八月断壶。"《小雅》曰："幡幡瓠叶。"（《诗义疏》云："瓠叶少时，可以为羹，又可淹煮，极美，故云采之烹之。河东及播州①常食之。八月中坚强，不可食，故云苦叶。"……《释名》曰："瓠蓄，皮瓠以为脯，蓄积以待冬月用也。"《淮南万毕术》曰："烧穰杀瓠，物自然也。一名蒵姑，俗曰葫芦。"《农桑撮要》曰："悬瓠可以为笙，曲沃者尤善，秋乃可用，漆其里。匏苦，瓠甘，酳酒，冬盛则暖，夏盛则寒。"王祯曰："匏之为物，累然而生，食之无穷，种得其法，其实硕大。小之为瓠杓，大之为盆盎，其济用溥②矣。"

明宋诩《竹屿山房杂部》卷二：

薄饼

一用麪③渐入水，旋调稠靮，热锅少滑，以油浇麪为薄饼，用熟腌肥猪肉肥鸡鸭肉切条脍，及青蒜白萝卜胡萝卜胡荽酱瓜姜茄瓠切条菹，同卷之。一用生熟水和麪，靮开薄煠熟，即以冷水淋过，卷之。

明宋诩《竹屿山房杂部》卷三：

清烧猪

一用肥精肉轩④之，盐揉。取生茄，半剖界棱，或瓠，布锅底。置肉，加葱、花椒，纸封，锅烧熟。一不用藉，常洒以酒，慢烧熟，宜蒜醋。

明宋诩《竹屿山房杂部》卷五：

冬瓜用坚肉切大块煮熟烂，界稜浇熟油姜醋。瓠同冬瓜生瓜，华之去瓤，煮过熟，切小条菹⑤，晒干。苋⑥，煮太熟，沸⑦去水，宜蒜醋。

明徐炬《新镌古今事物原始全书》：

酱　《白虎通》云："榆荚之酱香而美。"汉武帝有连珠酱，唐

---

① 播州：明毛晋《陆氏诗疏广要》作"扬州人恒食之"。
② 溥 pǔ：广大。
③ 麪 miàn：同"面"。
④ 轩 xiàn：大切的肉片。《礼记·内则》："肉腥，细者为脍，大者为轩。"郑玄注："言大切、细切异名也，脍者必先轩之。"
⑤ 菹 zū：腌菜。
⑥ 苋 xiàn：苋菜。
⑦ 沸 jì：挤。

时有葫芦酱，宋时有红螺酱。东坡诗云："脆酟红螺酱。"广人有蝼子酱，今富家有枸杞酱。《汉纪》："天子执酱而馈三老。"

清潘永因《宋稗类钞》卷二十五：

> 尚书榖使吴越，忠懿王宴之，因食蝤蛑①，询其族类，忠懿命自蝤蛑至蟛蜞②凡取十余种以进。榖曰："真所谓一蟹不如一蟹。"宴将毕，或进葫芦羹，相劝榖下箸，忠懿笑曰："先王时庖人善为此羹，今依样馔来者。"榖一语不答。（榖讥钱氏一代不如一代，忠懿以榖有"年年依样画葫芦"之句，故报之。）

清袁枚《随园食单》卷三：

> 瓠子王瓜
>
> 将鲩鱼③切片，先炒，加瓠子同酱汁。煨王瓜④亦然。

清黄云鹄《粥谱》粥品三、蔬食类：

> 瓠粥，治心热，利小肠，疗石淋。

清李渔《闲情偶寄》卷一二：

> 瓜茄瓠芋诸物，菜之结而为实者也。实则不止当菜，兼作饭矣。增一簋⑤菜可省数合粮者，诸物是也。一事两用，何俭如之。贫家购此，同于籴粟。但食之各有其法。煮冬瓜丝瓜，忌太生。煮王瓜甜瓜，忌太熟。煮茄瓠利用酱醋，而不宜于盐。煮芋不可无物伴之，盖芋之本身无味，借他物以成其味者也。山药则孤行并用，无所不宜，并油盐酱醋不设，亦能自呈其美，乃蔬食中之通材也。

清刘灏等《广群芳谱》卷十七：

> 《王氏农书》：匏之为用甚广，大者可煮作素羹，可和肉煮作荤羹，可蜜煎作果，可削条作干；小者可作盒盏；长柄者可作喷壶；亚腰者可盛药饵；苦者可治病。匏之为物也，累然而生，食之无穷，烹

① 蝤蛑 qiúmóu：蟹类。
② 蟛：水蛭，俗名蚂蟥。蜞：称蟛蜞，一种小蟹。
③ 鲩 hūn 鱼：即草鱼。
④ 王瓜：又名土瓜。一说即栝楼。
⑤ 簋 guǐ：盛黍稷的器皿。

饪咸宜，最为佳蔬。种得其法，则其实硕大，小之为瓠杓，大之为盆盎，肤瓢可以喂猪，犀瓣可以灌烛，举无弃材，济世之功大矣。《农桑撮要》：做葫芦茄干，茄削片，葫芦匏子削条，晒干收，依做干菜法。《千金月令》：冬至日取葫芦盛葱根茎汁埋于庭中，夏至发开，尽为水，以渍金、玉、银、石青各三分，自消。曝干如饴，可休粮①，久服神仙，名曰金液浆。

清刘灏等《广群芳谱》卷八十八：

《岁时杂记》：端午以菖蒲或缕或屑泛酒。章简公端午帖子："菖华泛酒尧樽绿，蒜叶萦丝楚粽香。"端午刻菖蒲为小人，或葫芦，戴之辟邪。

清沈自南《艺林汇考·饮食篇》卷二：

《白虎通》有榆荚酱，《武帝内传》神药有连珠酱、玉津金酱、元灵酱，唐有葫芦酱，宋有红螺酱，广人有蚁子酱，今富家有枸杞酱、玫瑰酱。

第三节　史部书食用史料

汉班固《汉书·食货志》：

还庐树桑，菜茹有畦，瓜瓠果蓏殖于疆易②。

汉班固《汉武帝内传》：

食灵瓜，其味甚好，忆此味久已有七千年矣。

梁沈约《宋书》卷七十六：

---

① 休粮：停食谷物。
② 疆易：也作"疆埸"。田界。

（孝武）尝为谟作《四时诗》曰："堇茶①供春膳，粟浆充夏飡。鲍酱调秋菜，白醝②解冬寒。"

梁萧子显《南齐书·卞彬传》：

彬性饮酒，以瓠壶瓢勺桃皮③为肴，着帛冠十二年不改易。以大瓠为火笼，什物多诸诡异。自称卞田居，妇为傅蚕室。

唐房玄龄等《晋书·祖逖传》：

逖爱人下士……百姓感悦。尝置酒大会耆老，中坐流涕曰："吾等老矣，更得父母，死将何恨！"乃歌曰："幸哉遗黎免俘虏，三辰既朗遇慈父。玄酒忘劳甘瓠脯，何以咏恩歌且舞。"其得人心如此。

宋欧阳修等《新唐书·柳玭传》：

玭尝述家训，以戒子孙曰：余旧府高公先君兄弟三人，俱居清列④，非速客不二羹胾⑤，夕食龁⑥卜瓠而已，皆保重名于世。

宋吴自牧《梦粱录》卷十八：

菜之品　谚云："东菜西水，南柴北米。"杭之日用是也。台心野菜、矮黄、大白头、小白头、夏菘、黄芽，冬至取巨菜，覆以草，即久而去腐叶，以黄白纤莹者，故名之。芥菜、生菜、菠菱菜、莴苣、苦荬、葱、薤、韭、大蒜、小蒜、紫茄、水茄、梢瓜、黄瓜、葫芦（又名蒲芦）、冬瓜、瓠子、芋、山药、牛蒡、茭白、蕨菜、萝卜、甘露子、水芹、芦笋、鸡头菜、藕条菜、姜、姜芽、新姜、老姜。菌，多生山谷，名黄耳蕈。东坡诗云："老楮忽生黄耳蕈，故人兼致白芽姜。"盖大者净白，名玉蕈，黄者名茅蕈，赤者名竹菇，若食须姜煮。

---

① 堇茶：堇，也叫苦堇、旱芹。嫩苗可吃，味苦。茶，也叫苦菜。《大雅·绵》之篇："周原膴膴，堇茶如饴。"《传》："堇，菜也。茶，苦菜也。"郭注："今堇葵也。"言周原地所生菜，虽有性苦者，甘如饴也。李善注引《韩诗》："周原朎朎，堇茶如饴。"

② 白醝 cuō：白酒。

③ 桃 yuán 皮：桃为木名，生南方，其皮厚，可食，煎汁可用来腌制果品和禽蛋。

④ 清列：高贵的官位。

⑤ 速客：请客。羹胾 zì：肉羹和大块肉。

⑥ 龁 hé：咬嚼。

宋孟元老《东京梦华录》卷三：

> 大内西去，右掖门祆庙，直南浚仪桥，街西尚书省东门，至省前横街，南即御史台，西即郊社。省南门正对开封府后墙，省西门谓之西车子曲，史家瓠羹、万家馒头在京第一。

宋孟元老《东京梦华录》卷十：

> 二十四日交年，都人至夜请僧道看经，备酒果送神，烧合家替代纸钱，帖灶马于灶上。以酒糟涂抹灶门，谓之"醉司命"。夜于床底点灯，谓之"照虚耗"。此月虽无节序，而豪贵之家，遇雪即开筵，塑雪狮，装雪灯，雪□以会亲旧。近岁节市井皆印卖门神、钟馗、桃板、桃符，及财门钝驴、回头鹿马、天行帖子。卖干茄瓠①、马牙菜、胶牙饧之类，以备除夜之用。

宋周密《武林旧事》卷九：

> 直殿官合子食：脯鸡　油饱儿　野鸭　二色姜豉　杂爊　入糙鸡　庳鱼　麻脯鸡脏　炙焦　片羊头　菜羹一葫芦。

元徐硕《至元嘉禾志》卷六：

> 菜之品：菘、芥、葱、韭、薤、蒜、荠、芹、苋、蒿、生菜、甜菜、苦荬、莴苣、芦菔、波薐、葫芦、冬瓜、菾瓜、茭白。

明董斯张《吴兴备志》卷五：

> 陈亚，字亚之，扬州人。庆历三年，以金部郎中知湖州，仕至太常少卿。近世滑稽之雄也，尝著药名诗百余首，行于世。若"风月前湖近轩窗，半夏凉棋怕腊寒。呵子下衣嫌春暖，宿纱裁及赠祈雨"。僧云"无雨若还过半夏，和师晒作葫芦笆"之类，极为脍炙。亚尝言药名用于诗，无所不可。或曰"延胡索"可用乎？亚朗吟曰："布袍袖里漫怀刺，到处迁延胡索人。"此可赠游谒穷措大，闻者莫不大笑。（《青箱杂记》《迁叟诗话》）

清于敏中、窦光鼐等《日下旧闻考》卷一百四十九：

---

① 干茄瓠：伊永文注曰："鲁明善《农桑衣食撮要》七月做葫芦茄匏干：茄切片，葫芦、匏子削条，晒干收，依做干菜法。"

增：家园种莳之蔬：白菜、莙薘、蔓菁、同蒿、葫芦、萝卜、王瓜、茄、天菁葵、赤根、青瓜、稍瓜、冬瓜、蒲笋、葱、韭、蒜、苋、匏塔儿葱、茴茴葱。（《析津志》）

清嵇曾筠、沈翼机等《浙江通志》卷二百七十二元于石《小石塘源》：

吾家隔前坡，林居愧荒凉。寒醅①旋可压，为子炊黄粱。微径行荦确②，柴门隐松篁③。推户拂尘席，延我入中堂。呼儿出长揖，阔步何蹒跚。问我从何来，惊顾走欲僵。屡呼不复出，自起致茶汤。坐不分宾主，高谈到羲皇。炊烟淡茅屋，劝我饮尽觞。葫芦烂鹅鸭④，盘钉罗芥姜，一饱共酣寝。

清郝玉麟、谢道承等《福建通志》卷十一：

蔬之属：芥、萝卜、白菜、油菜、芥蓝、莴苣、蕹菜、菠薐、苦荬、茄、匏、葫芦、芋、冬瓜、丝瓜……

清曾筠等《云南通志》卷二十七：

蔬属：姜（宜良者佳）、芥、葱（昆明者佳）、韭、蒜、薤、茴香、青菜……瓠（云南县者佳）、葫芦……

清鄂尔泰、靖道谟等《贵州通志》卷十五《物产·贵阳府》：

瓠、葱、蒜、姜、芋、葫芦、芫荽……

---

① 寒醅 pēi：冬季酿造的酒。

② 荦 luò 确：怪石嶙峋貌。

③ 松篁：松与竹。

④ 葫芦烂鹅鸭：典实参见本书 47 页《太平广记》引"郑余庆"故事。

第四节 集部书食用史料

晋程晓《赠傅休奕》：

> 独夫，寂寂静处。酒不盈觞，肴不掩俎。厥客伊何，许由巢父。
厥醴伊何，玄酒瓠脯[1]。

清彭定求、杨中讷等《全唐诗》卷八百三十三唐释贯休《春日许征君见访》：

> 龙钟多病后，日望遇升平。远念穿嵩雪，前林啭早莺。
厨香烹瓠叶，道友扣门声。还似青溪上，微吟踏叶行。

宋黄庭坚《山谷集》卷六《谢杨履道送银茄》四首：

> 藜藿盘中生精神，珍蔬长蒂色胜银。
朝来盐醯饱滋味，已觉瓜瓠漫轮囷。

宋郭茂倩《乐府诗集》卷八十五《豫州歌》：

> 幸哉遗黎勉俘虏，三辰既朗遇慈父。
玄酒忘劳甘瓠脯，何以咏思歌且舞。

宋苏轼《苏东坡全集》卷二《和董传留别》：

> 粗缯大布裹生涯，腹有诗书气自华。
厌伴老儒烹瓠叶，强随举子踏槐花。
囊空不办寻春马，眼乱行看择婿车。
得意犹堪夸世俗，诏黄新湿字如鸦。

宋苏轼《苏东坡全集》卷十三《又一首答二犹子与王郎见和》：

> 脯青苔，炙青蒲，烂蒸鹅鸭乃瓠壶。煮豆作乳脂为酥，高烧油烛
斟蜜酒，贫家百物初何有。古来百巧出穷人，搜罗假合乱天真。诗书
与我为曲蘖[2]，酝酿老夫成搢绅。质非文是终难久，脱冠还作扶犁
叟。不如蜜酒无燠寒，冬不加甜夏不酸。老夫作诗殊少味，爱此三篇

---

① 瓠脯：瓠瓜干。
② 曲蘖 niè：弯曲的幼芽。

如酒美。封胡羯末已可怜，不知更有王郎子。

宋陆游《剑南诗稿》卷五十四《书怀》：

> 苜蓿堆盘莫笑贫，家园瓜瓟渐轮囷。
>
> 但令烂熟如蒸鸭，不着盐醯也自珍。

宋陆游《剑南诗稿》卷五十六《对食戏作》：

> 白盐赤米了朝餔，抝项何妨煮瓠壶。
>
> 一种是贫吾尚可，邻家稗饭亦常无。

宋陆游《剑南诗稿》卷六十二《食新》：

> 龙钟好在梦中身，剩喜今年又食新。
>
> 不用更烦人祝鲠，轮囷瓜瓟是常珍。

宋陆游《剑南诗稿》卷七十四《或遗以两大瓢因寓物外兴》：

> 槲叶为衣草结庐，生涯正付两葫芦。
>
> 名山历遍家何有，尘念空来梦欲无。
>
> 野鹤巢云元自瘦，涧松埋雪定非枯。
>
> 悠然但觉高楼醉，何处人间无酒徒。

明徐渭《青藤书屋文集》卷四《吴季子饷我细腰葫芦石上芝》：

> 葫芦老细腰，乃似细腰女。即令楚宫来，今也不堪舞。
>
> 我闻方外医，庸以盛药丸。梧子及鱼眼，可容百万千。
>
> 老圃畜蔬种，亦够一项田。我既丑医帐，亦复少蔬阡。
>
> 拟挂于扶老，支吾五岳颠。心强足不健，终岁掩帐眠。
>
> 止取作蒸鹅，聊以谑客涎。

清蒲松龄《蒲松龄集》杂著部分《日用俗字》：

> 茄子用油燉炒好，葫芦加料上笼蒸。
>
> 粉皮染作红搭撒，菠菜切为青眼睛。

第四章　葫芦药用类

　　葫芦在药用方面，先人经过世世代代的尝试，逐步发现、总结出它多方面的药用功能，诸如消肿、利尿、虫齿口臭、鼻窒气塞、鼻息肉、眼目昏暗、聤耳出脓、风痰头痛、黄疸、瘰疬、脚气、汤火伤灼、蛊毒等等。并且发明出多种以葫芦为原料的中药方剂，仅从明代李时珍《本草纲目》、朱橚《普济方》中即可领略葫芦药方的繁多。

第一节　子部书药用史料

　　汉华佗《华氏中藏经》卷下《治溺死方》：

　　　　取石灰三石，露首培之，令厚一尺五寸，候气出后，以苦葫芦穰作末，如无，用瓜蒂。右用热茶调一钱，吐为度，省事后，以糜粥自调之。

　　附：汉墓帛书《五十二病方》：

　　　　1972—1974年，长沙市东郊马王堆汉墓出土的帛书中，有一部医方书，无书名，发掘整理者据该书原有目录52个以病名为中心的小标题，定名为《五十二病方》。在《五十二病方》现存的283方中，以葫芦入药的有7个。仅举一例：

癀^①类　穿小瓠壶，令其空，尽容癪者肾与朘^②，即令癪者烦夸，东乡坐于东陈垣下，即内肾朘于壶空中，而以采为四寸杙^③二七，即以采木椎剟之。一□□，再靡之。已剟，辄椄杙桓下，以尽二七杙而已。为之恒以入月旬六日□□尽，日一为，□再为之。为之恒以星出时为之，须癪已而止。

唐王焘《外台秘要方》卷三十四：

疗童女交接阳道违理及他物所伤犯，血出流离不止方：取釜底墨断葫芦以涂之。

唐王焘《外台秘要方》卷八：

疗食诸鱼骨哽百日哽者方：用绵二两，以火煎蜜，内一段绵，使热灼灼尔，从外缚哽所在处，灼瓠以熨绵上。若故未出，复煮一段绵以代前，并以皂荚屑少少吹鼻中，使得嚏出矣。秘方不传。礼云：鱼去乙，谓其头间有骨如乙字形者，哽入不肯出故也。

宋官修，清程林删定《圣济总录纂要》卷十：

木通　苦葫芦（两半）　防己　泽泻（三分）　猪苓（一两）海蛤（一两）酒水煎五钱，入葱白，温服，当下小便数升，肿消。

宋官修，清程林删定《圣济总录纂要》卷十七：

通顶散方：治赤眼肿痛

苦葫芦子（四十九粒）　谷精子（研一钱）　瓜蒂（十四枚烧灰）　乳香（研半钱）　薄荷叶（一钱）

五味为末，入龙脑少许，鼻内搐，一字^④立效。

宋刘昉《幼幼新书》卷二十九：

滞痢赤白　脱肛第十二

---

① 癀 tuí：癪疝，疝气的一种。同癪。
② 肾与朘：刘庆芳《葫芦的奥秘》注曰："肾：指外肾，即阴囊。朘：应为朘（zuī），阴茎。"
③ 采：栎木。杙 yì：一头尖的短木。
④ 字：中医古药方称量单位名。

温大肠止渴调气,勿食冷药。

颅颥(囟)、苦葫芦并子捣,时时水调服,忌动风物。如泻血,苦栝蒌一个,慢火烧熟,研汤下一钱。

宋王璆《是斋百一选方》卷之十六:

治恶疮十全膏

白蔹　白芨　黄柏　苦葫芦蒂　赤小豆　黄蜀葵花上等分为细末,以津于手心内调如膏药,涂之,只一上。

宋洪氏《集验方》卷第十一:

治女人伤于丈夫,四体沉重,嘘吸头痛方。

取釜底墨,断葫芦以涂之(《外台》卷三十四)。又方,烧发并青布末为粉,涂之(《外台》卷三十四)。又方,以麻油涂之(《医心方》卷二十八)。又方,割鸡冠取血涂之(《外台》卷三十四)。

宋寇宗奭《本草衍义》卷十九:

蓼实,即《神农本经》第十一卷中"水蓼"之子也。彼言蓼,则用茎;此言实,即用子。故此复论子之功,故分为二条。春初,以葫芦盛水浸湿,高挂于火上,昼夜使暖,遂生红芽,取以为蔬,以备五辛盘。又一种水红与此相类,但苗茎高及丈。取子微炒,碾为细末,薄酒调二三钱服,治瘰①。久则效,效则已。

宋王怀隐等《太平圣惠方》卷第三十七:

治鼻塞眼昏头疼胸闷滴鼻苦胡芦子脑泻散方:

用苦葫芦子一两,以童子小便一中盏浸之。夏一日,冬七日。取汁少许,滴入鼻中。

宋王怀隐等《太平圣惠方》卷第三十九:

治食鱼脍不消生症,恒欲食脍者獭骨丸方:獭骨(二两涂酥炙令黄)　干葫芦(二两)　川大黄(二两锉碎微炒)　芦根(一两半锉碎)　鹤蝨(二十)

---

① 瘰 luǒ:颈项间淋巴结核。

上件药，捣罗为末，炼蜜和捣三二百杵。丸如梧桐子大。每于食前，以温酒下十九至十五。

宋王怀隐等《太平圣惠方》卷第四十六：

治咳嗽不瘥，面目浮肿，宜服汉防己散方：汉防己（一两）　苦葫芦子（半两微炒）　泽泻（三分）　陈橘皮（半两汤浸去白瓤焙）甜葶苈。

上件药，捣罗为末，炼蜜和丸，如梧桐子大。每服，以粥饮下三十丸。日三服。

治大腹水肿，诸药无效，宜服此方：苦葫芦子（二两微炒）

上件药，捣细罗为散。不计时候，以粥饮调下二钱。

治腹肿大，动摇有水声，皮肤黑色，名曰水蛊，宜服此方：

青蛙（二枚干者涂酥炙微黄）　蝼蛄（七枚干者微炒）　苦葫芦子（半两微炒）

上件药，捣细罗为散。每日空心，以温酒调下二钱。不过三服，瘥。

宋王怀隐等《太平圣惠方》卷第五十五：

治黄胆，面目尽黄，昏重不能眠卧方：苦葫芦瓤（如弹子大）

上以童子小便二合，浸之一炊时，取两酸枣许汁，分纳两鼻中，须臾当滴黄水，为效。

治气黄方：苦葫芦子仁（一两微炒）

上捣细罗为散。不计时候，以温水调下一钱，以得吐为度。

宋王怀隐等《太平圣惠方》卷第八十一：

治产后上焦壅热，乳脉不通，葫芦根散方：葫芦根（锉）　白药漏芦麦门冬（去心焙以上各半两）

上件药，捣细罗为散。不计时候，以葱汤调下一（二）钱。

治产后乳汁不通，神效方：

上以葫芦根捣罗为末。不计时候，以温酒调下二钱。

宋太平惠民和剂局编《太平惠民和剂局方》卷之五：

治诸虚　羊肉丸治真阳耗竭，下元伤惫，耳叶焦枯，面色黧黑，腰重脚弱，元气衰微。常服，固益精驻颜。

川楝子（炒）　续断（炒，去丝）　茯苓　茴香　补骨脂（炒）附子（炮，去皮脐）　葫芦皮、尖。别上为末。精羊肉四两，酒煮烂，研极细，入面煮糊，丸如梧桐子大。盐汤温酒，空心任下三、五十丸。

宋陈言《三因极一病证方论》卷十：

如神散　治酒毒不散，发黄。久久浸渍，流入清气道中，宜引药纳鼻，滴出黄水，愈。

苦瓠子（去皮）　苦葫芦子（去皮各二七个）　黄黍米（三百粒）　安息香（二皂子大）

右为末，以一字搐入鼻中，滴出黄水一升，忌勿吹，或过多，即以黍穰烧灰，射香末各少许，搐鼻立止。

宋窦汉卿《疮疡经验全书》卷八：

世传秘方图论方

未出天花时三四岁者，每月初一初二初三或十五十六十七日，用稿苗上青虫晒干末一撮，辰砂①四五分，三日吃。七八九岁用辰砂一钱，余倍之，连服三日，此痘决少。八月十五日对月剪葫芦丝藤煎汤洗，止可夫妇二人，余不见洗。

宋赵佶《圣济总录》卷第六十一：

黄胆门（二）·胸痹门

面目虚黄，不能食，宜服葫芦饮方：

苦葫芦瓢（不拘多少）

上一味，以水研服少许。

宋赵佶《圣济总录》卷第八十：

水肿门（二）

治遍身水肿，木通汤方：

---

① 辰砂：产于辰州的朱砂。

木通（锉）　苦葫芦子（各一两半）　泽泻　防己（各三分）
猪苓（去黑皮）　海蛤（细研各一两）

上六味，粗捣筛。

宋张锐《鸡峰普济方》卷第十五：

葫芦散

治遍身水肿，木通　葫芦子（各一两半）　泽泻（三分）　防己
（二分）　猪苓　海蛤（各一两）。

上为细末，每服五钱，水七分，酒七分，入葱白五寸，煎至八分，
去滓。食前温进，当下小便数升，肿消。

宋无名氏《小儿卫生总微论方》卷二十：

苦瓠散治风毒湿疮

干苦瓠（一两）　蛇蜕（半两烧灰）　露蜂房（半两微炙）

右为细末，每用半钱，生油调，涂疮多添之。

宋张洞玄《玉髓真经》卷八下：

葫芦

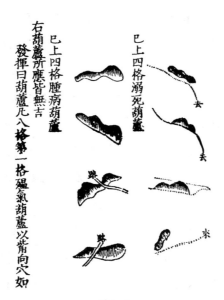

图4-1

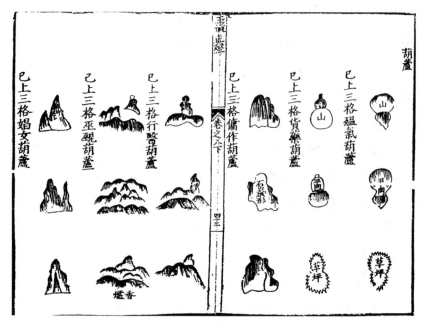

图4-2

发挥曰：葫芦凡八格，第一格殟气葫芦，以脊向穴如瘟部中散瘟气之状，故主瘟病。第二格货药葫芦，口向外如货药之状，主出外货药及贫平道之类。第三格佣作葫芦，江南以卖身佣雇为葫芦，主贫贱投卖充雇。第四格行医葫芦，以见于外阳，主医道盛行，远方人至求药请医。第五格巫觋[1]葫芦，有杯茭香炉，主家有灵怪附丽，能给药救人，香火盛行；内一格杯茭合立者，如羊蹄之状，主以鬼神惑众，家为贼盗，不然则如以夜聚晓散，窝藏盗贼之类也。第六格娼女葫芦也，尖峰者美女也，主出美女，家道贫荡行街卖药流落娼门。第七格溺死葫芦，以在水口顺水流出如浮尸水上之状，故凡水口葫芦形者，皆主出人溺死横截及竖立者，庶几而亦有客亡之患；或主因溺病死在水中者，尤甚若他有凶星，主自投水致死。第八格肿病葫芦，葫芦斜飞在前，臃肿丑拙，懒沮僵仆，穴中见之，主肿病卧床不能起止。

经云：所应无吉，以内有以医道行者，亦不可全谓之凶。然虽为卢医

---

① 巫觋 xí：女巫为巫，男巫为觋，合称巫觋。泛指以装神弄鬼替人祈祷为职业的巫师。

扁鹊垂名万世，不过一医耳。故不曰凶，而例以"无吉"目之也。经又断云：若还葫芦颈倍长，中有纹路横赤黄。出人自缢非命死，要赖他人取物偿。此八格之中，凡例侧之形多有此状，盖通人田路，或为锄掘草木不生有痕可见者，亦主自刭，黄白主自缢。古法有增长益卑之术。八格中惟草坪葫芦可以人力修整，易其丑形，他则无如之。何然有此者？必非善地天地，融结大地自然，山水交会，风气翕集，流峙有情，神藏杀没，不见此等恶状。纵或有此，必居偏侧不见之所。或穴法移步换形，自有奇妙造化耳。

金张从正《儒门事亲》卷十五：

治鼻中肉蝼蛄

赤龙爪　苦丁香（已上各三十个）　苦葫芦子（不以多少）　麝香（少许）

右为末，用纸捻子点药末用之。

元王好古《医垒元戎》卷六：

三圣散　治齿龂肿痛动摇

甘葫芦子（四两）　牛膝（二两）

右细末，每用五钱，匕水一盏半，煎至一盏，去滓，稍热，漱多时吐之，呕哕[①]不妨，食后临睡。

元忽思慧《饮膳正要》卷三：

瓠味苦寒有毒，主面目四肢浮肿下水，多食令人吐。

葫芦味甘平，无毒，主消水肿，益气。

元危亦林《世医得效方·大方脉杂医科》卷第三：

胸膈痞满，心腹刺痛，不进饮食。

沉香　木香　丁香（并不见火）　白姜（炮）　川楝子肉（炒）肉桂（去皮，不见火）　陈皮（去各去壳）　葫芦上锉散。

每服三钱，水一盏，紫苏三叶，木瓜四片，盐少许煎服。

---

① 呕哕 yuě：呕吐。

明李时珍《本草纲目》卷二十八：

壶瓠　气味：甘，平，滑，无毒。（恭曰："甘冷，多食令人吐利。"扁鹊曰："患脚气虚胀冷气者食之，永不除也。"）主治：消渴，恶疮，鼻口中肉烂痛。（思邈）　利水道。（弘景）

消热，服丹石人宜之。（孟诜）　除烦，治心热，利小肠，润心肺，治石淋。（大明）

发明：时珍曰：按《名医录》云：浙人食匏瓜，多吐泻，谓之发暴。盖此物以暑月壅成故也。惟与香菜同食则可免。

附方：腹胀黄肿，用亚腰壶卢连子烧存性，每服一个，食前温酒下。不饮酒者，白汤下。十余日见劲。（简便方）

叶　气味：甘，平，无毒。主治：为茹耐饥。（思邈）

蔓须花　主治：解毒。（时珍）

附方：预解胎毒。七八月，或三伏日，或中秋日，剪壶卢须如环子脚者，阴干，于除夜煎汤浴小儿，则可免出痘。（唐瑶经验方）

子　主治：齿龈或肿或露，齿摇疼痛，用八两同牛膝四两，每服五钱，煎水含漱，日三四次。（御药院方）

瓤及子　气味：苦，寒，有毒。主治：大水，面目四肢浮肿，下水，令人吐。（本经）

利石淋，吐呀嗽囊结，痓蛊痰饮。又煮汁渍阴，疗小便不通。（苏恭）　煎汁滴鼻中，出黄水，去伤冷鼻塞，黄疸。（藏器）　吐蛕虫。（大明）　治痈疽恶疮，疥癣龋齿有虫䘌者。又可制汞。（时珍）

附方：急黄病：苦瓠一枚，开孔，以水煮之，搅取汁，滴入鼻中，去黄水。陈藏器。

黄疸肿满：苦壶芦瓤如大枣许，以童子小便二合，浸之一时，取两酸枣大，纳两鼻中，深吸气，待黄水出，良。

又方：用瓠瓤熬黄为末，每服半钱，日一服，十日愈。然有吐者当详之。（伤寒类要）

大水胀满：头面洪大，用莹净好苦瓠白瓤，捻如豆粒，以面裹煮一沸，空心服七枚。至午当出水一斗，二日水自出不止，大瘦乃瘥①。二年内忌醎物。圣惠：用苦壶卢瓢一两，微炒为末，每日粥饭服一钱。

通身水肿：苦瓠膜炒二两，苦葶苈五分，捣合丸小豆大。每服五丸，日三，水下止。　又，用苦瓠膜五分，大枣七枚，捣丸。一服三丸，如人行十里许，又服三丸，水出更服一丸，即止。（并千金方）

石水腹肿：四肢皆瘦削。用苦瓠膜炒一两，杏仁半两，炒去皮尖，为末，糊丸小豆大。每饮下十丸，日三，水下止。（圣济总录）

水蛊洪肿：苦瓠瓤一枚，水二升，煮至一升，煎至可丸，如小豆大。每米饮下十丸，待小便利，作小豆羹食，勿饮水。

小便不通：胀急者。用苦瓠子三十枚，炒。蝼三个，焙。为末，每冷水服一钱。（并圣济总录）

小儿闪癖②：取苦瓠未破者，煮令热，解开熨之。（陈藏器本草）

风痰头痛：苦瓠膜取汁，以苇管灌入鼻中，其气上冲脑门，须史恶涎流下，其病立愈除根，勿以昏运为疑。干者浸汁亦効，其子为末，吹入亦効。年久头风皆愈。（普济方）

鼻窒气塞：苦壶卢子为末，醇酒浸之，夏一日，冬七日。日日少少点之。（圣惠方）

眼目昏暗：七月七日，取苦瓠白瓤绞汁一合，以酢二升，古钱七文，同以微火煎减半。每日取沫纳眦中，神効。（千金）

弩肉血翳③：秋间取小柄壶卢，或小药壶卢，阴干，于紧小处锯断，内宛一小孔如眼孔大。遇有此病，将眼皮上下用手挣开，将壶卢孔合定，初虽甚痛苦，然瘀肉血翳皆渐下，不伤睛也。（刘松石经验方）

---

① 瘥 chài：病愈。
② 闪癖：指儿发不生，失音不语，或头发竖立，发黄，全身瘦弱等症状。
③ 翳 yì：眼疾，指眼珠所生的白膜。

齿䘌①口臭：苦瓠子为末，蜜丸半枣大。每旦漱口了含一丸，仍涂齿龂上，涎出吐去，妙。（圣惠方）

风虫牙痛：壶卢子半升，水五升，煎三升，含漱之。茎叶亦可。不过三度。（圣惠方）

恶疮癣癞：十年不瘥者。苦瓠一枚，煮汁搽之，日三度。（肘后方）

九瘘有孔：苦瓠四枚，大如盏者，各穿一孔如指大，汤煮十数沸，取一竹筒长一尺，一头插瓠孔中，一头注疮孔上，冷则易之，用遍乃止。（千金方）

痔疮肿痛：苦壶卢、苦荬菜煎汤，先熏后洗，乃贴熊胆、蜜陀僧、胆矾、片脑末，良。（摘玄方）

下部悬痈：择人神不在日，空心用井华水调百药煎末一碗服之。微利后，却用秋壶卢（一名苦不老，生在架上而苦者）切片置疮上，灸二七壮。萧端式病此连年，一灸遂愈。（永类钤方）

卒中蛊毒②：或吐血，或下血，皆如烂肝者。苦瓠一枚，水二升，煮一升，服，立吐即愈。又方，用苦酒一升煮令消，服之取吐，神验。（肘后方）

死胎不下：苦壶卢烧存性，研末。每服一钱，空心热酒下。（海上名方）

聤耳出脓：干瓠子一分，黄连半钱，为末。以绵先缴净，吹入半字，日二次。（圣惠方）

鼻中息肉：苦壶卢子、苦丁香等分，入麝香少许，为末，纸燃③点之。（圣惠方）

花　主治：一切瘘疮，霜后收曝，研末傅之。（时珍）

蔓　主治：麻疮，煎汤浴之即愈。（时珍）

附方：小儿白秃：瓠藤同裹盐荷叶煎浓汁洗，三五次愈。（总录）

---

① 䘌 nì：虫食病。
② 蛊毒：用毒药害人。
③ 纸燃：刘衡如、刘山永《本草纲目》校注本（华夏出版社2002年版）1139页作"纸捻"。

败瓢

集解：时珍曰：瓢乃匏壶破开为之者，近世方药亦时用之，当以苦瓠者为佳，年久者尤妙。

气味：苦，平，无毒。主治：消胀杀虫，治痔漏下血，崩中带下赤白。（时珍）

附方：中满鼓胀：用三五年陈壶芦瓢一个，以糯米一斗作酒，待熟，以瓢于炭火上炙热，入酒浸之，如此三五次，将瓢烧存性，研末。每服三钱，酒下，神劾。（余居士选奇方）

大便下血：败瓢，烧存性，黄连等分研末，每空心温酒服二钱。（简便方）

赤白崩中：旧壶卢瓢炒存性，莲房煅存性，等分研末。每服二钱，热水调服。三服，有汗为度，即止。甚者五服止，最妙。忌房事、发物、生冷。（海上方）

脑漏流脓：破瓢、白鸡冠花、白螺蛳壳，各烧存性，等分，血竭、麝香各五分，为末。以好酒酒湿熟艾，连药揉成饼，占在顶门上，以熨斗熨之，以愈为度。（孙氏集效方）

腋下瘤瘿：用长柄茶壶卢烧存性，研末搽之，以消为度。一府校老妪右腋生一瘤，渐长至尺许，其状如长瓠子，久而溃烂。一方士教以此法用之，遂出水，消尽而愈。（濒湖集简方）

汤火伤灼：旧壶卢瓢烧灰傅之。（同上）

明张时彻《摄生众妙方》卷九：

秋间取有柄小葫芦或小药葫芦，阴干，于吃紧小处锯断，内宄取一孔，如眼孔大，如眼有瘀肉血翳，将眼皮上下用手挣开，将葫芦孔合定。初虽甚痛苦，然瘀肉血翳皆渐下，不伤眼。

明孙文胤《丹台玉案》卷之五：

鼓胀门　胡芦酒，治单腹胀初起，一服立消。苦葫芦（一个。去蒂如盖，内盛老煮酒，原以蒂盖上。）隔水炖滚，乘热饮酒，吐利后即愈。

明徐春甫《古今医统大全》卷之十八：

如神散　治酒疸，积毒不散，发黄，久积流入清气道中，用此吹鼻。

苦葫芦子　苦瓜子（各七粒）　黄黍米（三百粒）　安息香（皂角子大，二粒）

上为细末，以一字吹入鼻内，滴出黄水一升，吹勿过多。

明徐春甫《古今医统大全》卷之三十一

《外台秘要》：治一切水肿，用红花二两，杵烂，入水半盏，取汁服之，不过三服便愈。又方：治水肿，用苦葫芦子炒为末，每服二钱，陈皮木通煎汤下。

明高濂《遵生八笺》卷三：

元日四更时取葫芦藤，煎汤浴小儿，终身不出痘疮。其藤须在八九月收藏。又云，在除夕葫芦煎汤亦可。

瓠子，江南名扁蒲，就地蔓生，处处有之。苗叶花俱如葫芦，结子长一二尺，夏熟。亦有短者，粗如人肘，中有瓤，两头相似，味淡可煮食，不可生啖。夏月为日用常食，至秋则尽，不堪久留。性冷无毒，除烦止渴，治心热，利水道，调心肺，治石淋，吐蛔虫，压丹石毒。

明高濂《遵生八笺》卷五：

七日取苦瓠，白瓤绞汁一合，以醋一升，古钱七个，和均以火煎之，令稀稠得所，点入眼眦中，治眼黑暗。

明朱橚《普济方》卷四十五：

吹鼻散：治风头痛及偏头疼

瓜蒂末、地龙末、苦瓠末、硝石末（各一两）　麝香末（一半钱）

右药末都研令匀，先含水满口，搐药末半匙，深入鼻中，当取下恶物，神效。

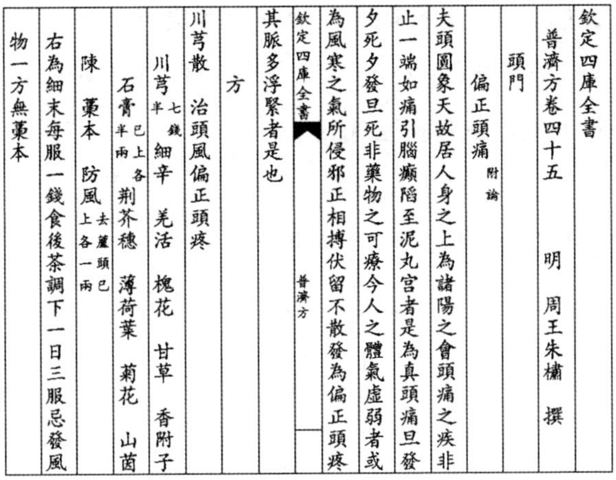

川芎散　治頭風偏正頭疼

川芎七錢　細辛　羌活　槐花　甘草　香附子

石膏半兩　荊芥穗　薄荷葉　菊花　山茵

陳　藁本　防風 去蘆頭已 上各一兩

右為細末每服一錢食後茶調下一日三服忌發風物一方無藁本

其脈多浮緊者是也

方

欽定四庫全書 普濟方

為風寒之氣所侵邪正相搏伏留不散發為偏正頭疼

夕死夕發旦死非藥物之可療今人之體氣虛弱者或

止一端如痛引腦顛陷至泥丸宮者是為真頭痛旦發

夫頭圓象天故居人身之上為諸陽之會頭痛之疾非

偏正頭痛 附論

頭門

普濟方卷四十五　　明　周王朱橚　撰

欽定四庫全書

图4-3

明朱橚《普济方》卷四十六：

治头风（出《圣惠方》）：用苦瓠搅碎取汁，苇管之属嘀入鼻，其药上冲脑门，须臾恶涎流下，如稠脓，其病立愈。可以除根，勿以昏晕为疑。

治头风方：用倒葫芦根一升，酒二升渍，眠汗出，立愈。

治头疼久而不愈痛甚者：用苦葫芦，不以多少，水一盏熬至三分，放冷，用箸①头或钗头点入鼻中，不可多蘸，些小立效。一方：用子为末，吹半匙于鼻中，其病立止。随左右用之。

明朱橚《普济方》卷五十四：

黄连散（《圣济总录》）：治聤（tíng）耳出脓水。

黄连（半两）　瓠子（干者一分）

右为散，以少许掺耳中。

明朱橚《普济方》卷五十六：

治鼻塞眼昏疼痛脑闷（出《圣惠方》）

用苦葫芦子碎以醇酒半升浸之，夏一日，冬七日，少少内鼻中。一方：用童子小便浸之。

————————

① 箸：筷子。

赤龙散（出《儒门事亲》）：治鼻中肉蝼蛄。

赤龙爪　苦丁香（各三十个）　苦葫芦子（不以多少）　麝香（少许）

右为末，用纸捻蘸药末用之。

明朱橚《普济方》卷五十八：

治口臭及䘌[1]齿肿痛（出《圣惠方》）：

用干瓠子捣，罗为末，蜜和丸，如半枣大，每日空心，净漱口了含一丸。兼取少许，涂在齿断上，亦妙。

明朱橚《普济方》卷六十七：

麝香生肌散：治大人小儿牙疳[2]。

麝香青黛（各一钱半）　乳香轻粉（各一钱）　五色龙骨（重研一两）　苦葫芦穰（一两）

右为细末后，与四味又研匀，如用时，将温水漱口，然后著疮药，临卧用，看疮大小用药。

一方（出《圣惠方》）：治龋齿疼痛。用葫芦子半升，水五升煮三升，去滓，含漱吐之。茎叶亦可，不过三剂，瘥[3]。

明朱橚《普济方》卷七十：

二圣散：治齿断，或退或肿，牙齿动摇疼痛。

甜葫芦（八两）　牛膝（四两）

右为粗散，每用五钱，水一盏半，煎至一盏，去滓，微热，漱多时吐之，误咽不妨。食后并临卧时，漱三四服。

明朱橚《普济方》卷九十四：

疎风汤：治半身不遂或肢体麻痹，筋骨疼痛。

麻黄（去节）　益智仁　杏仁（炒去皮各一两）　甘草（炙）升麻（各五两）

---

① 䘌 nì：虫食病。

② 牙疳：又名烂牙疳。牙龈溃疡出血。

③ 瘥 chài：病愈。

右㕮咀^①，每服一两，水一小盏，煎六分去滓，热服。脚登热水葫芦，取大汗。葫芦，冬月不可用。

明朱橚《普济方》卷一百三十四：

硼砂丸（出《圣惠方》）：治伤寒，舌紧强硬黑色，咽喉闭塞肿痛。

硼砂　马牙硝　郁金　苦葫芦子　川大黄（剉碎微炒）　鼠粘子（微炒）　白矾灰　黄药　栀子仁　甘草（生用）　黄芩（已上各半两）

右为末，炼蜜并沙糖和丸，如鸡头实大。每服一丸，用绵裹含化咽津，以差（病愈）为度。

明朱橚《普济方》卷一百四十二：

治伤寒鼻塞黄疸

右用苦瓠煎，取汁滴鼻中，出黄水，其塞遂通。

明朱橚《普济方》卷一百四十六：

駃^②豉丸：治伤寒后留饮，宿食不消。

黄芩（五两，一方二两）　大黄（五两）　栀子仁（十六枚）　甘遂（三两，泰山者）　黄连（五两去须，一方一两）　豉（一升，熬）麻黄（五两，去节）　芒硝（二两，研）　巴豆（一百枚，去皮，油研）

右捣筛为末，炼蜜和丸，如梧桐子大，每服三丸，以吐下为度。若吐利，更加二丸。忌猪肉、冷水、葫芦等物。

明朱橚《普济方》卷一百五十二：

灌顶散（出《圣惠方》）：治热病头疼不可忍。

马牙硝　苦葫芦子　地龙（干者）　瓜蒂（各一分）　麝香（半钱细研）

右为细散，入麝香同研，令匀，吹一字于鼻中，当下脑中恶滞水，便差^③。

---

① 㕮咀（fǔjǔ）：中医药学用语。将药料切细、捣碎、剉末，如经咀嚼，称为㕮咀。

② 駃：音 jué。

③ 差 chài：通"瘥"。病除，病愈。

明朱橚《普济方》卷一百六十一：

防己丸（出《圣惠方》）：治咳嗽不瘥，面目浮肿，宜服之。

汉防己（一两）　苦葫芦子（半两，微炒令黄色）　泽泻（三分）　陈橘皮（半两，汤浸去白）　甜葶苈（一两，隔纸炒紫色）

右为细末，炼蜜为丸，如梧桐子大。每服以粥饮下三十丸，日进三服。

明朱橚《普济方》卷一百七十五：

长葫芦万安散（王宵传此）：治酒积。

锦文大黄（四两）　槟榔（半两）　地扁蓄（半两）　小茴香（四钱）　麦芽（一两半）　瞿麦（半两）

右为细末，每服八钱重，酒调，临卧服，仰卧，夜半下。恶毒，小儿急惊，灯心淡竹叶汤下，二钱重。妇人血积，酒调下。肾气，川楝子汤下。淋疾，车前子汤下。疸疾，茵陈汤下。心热，眼疾，灯心山栀汤下。痔疾，枳壳汤下。渴疾，葛根汤下。

一方治风气膈上痰饮

右用不开口苦瓠，汤煮三五沸，以物裹，熨心上膈。

明朱橚《普济方》卷一百七十七：

水葫芦丸：生津液，止烦渴，利咽嗌。

紫苏叶　人参　干葛（各三钱）　木瓜　甘草　乌梅肉炙（各一两）

右为细末，炼蜜和丸，每两作三十丸。每用一丸，绵裹含化咽津，不拘时。或新汲水化服亦得。

明朱橚《普济方》卷一百九十一：

大戟芫花散（出《圣惠方》）：治十种水病^①，肿满喘急，不得卧。

大戟（一两微炒）　芫花（一两炒醋半）　苦葫芦子（二两炒）苦葶苈（一两炒）

---

① 水病：即水肿病。

右为散末,每服一钱,陈大麦面二钱,水一盏煎至四分。每日空心和滓温服,良久,腹内作雷声,更吃热茶投之,使大小肠通利,不过三服,効。

明朱橚《普济方》卷一百九十二:

木香丸:治皮水,身体面目悉浮肿。

木香(一分)　乳香(一分)　朱砂(半钱研)　甘遂(半钱炒微黄)　槟榔(二枚一生一炮熟)　苦葫芦子(一分炒)

右为末,以烂饭和作四十九丸,用面裹于铫子①内,以水煮熟,令患人和汁吞之,以尽为度。从早晨服药,至午时其小便即下,计数行②,水尽自止。

万灵丸(出《圣济总录》):治水气肿满。

苦葫芦(焙干五两)　苦葫芦瓢(焙干二两半)　牵牛子(三两一半生一半炒熟)

右为末,醋糊和丸,桐子大,每服三十九,空心,临卧各一服,煎桑根白皮汤下。

杏仁丸(出《圣济总录》):治石水四肢瘦腹肿

杏仁(汤浸去皮尖双仁炒)　苦瓠(取膜微炒各一两)

右为末,煮面糊和丸,如小豆大,每服十九,米饮下,日三服,水利为度。

明朱橚《普济方》卷一百九十三:

疗卒患肿满,曾有人忽脚跌肿渐上至膝足不得践地诸疗不差方:以葫芦茎叶埋热灰中,令极熟,以傅肿上,冷又易,一日夜消。

夺命丸:治水气肿满(出《圣惠方》)。

大戟(麸炒)　甘遂(炒各一分)　苦葶苈(半两一半生一半熟)　泽泻(一分半)

右为末,煮枣肉和丸,桐子大。若四肢肿者,名为顺水,温浆水

① 铫diào子:有柄有流的小型烧器。
② 计数行:明王肯堂《证治准绳》卷二十一作"不计行数",是。行xíng:量词。

下三丸，星月上时服，至天晓利下恶物。若四肢瘦腹肿者，名为逆水，煎苦葫芦子，陈曲汤下三丸，小便频快为劾。

明朱橚《普济方》卷一百九十三：

木通（剉） 苦葫芦（各一两半） 泽泻 防己（各三分） 猪苓（去皮） 海蛤（各一两研）

右捣筛，每服五钱，水七分，酒七分，入葱白，五寸切，煎至八分，去滓。食前温服，当下小便数升，肿消大劾。

明朱橚《普济方》卷一百九十三：

苦瓠丸：治大水头面遍身肿胀，又治卒肿忽觉脚肿渐至膝足不可践者。

苦瓠白穰实捻如大豆，以面裹，煮一沸，空腹吞一枚，至午出水一升，三四日水自出不止，大瘦乃瘥。三年内慎口味，苦瓠虽好，须拣择细理研净，不尔有毒不可用。崔氏子作馄饨，服二七枚。若虚者，牛乳服之。如此隔日作服，渐加至三十七枚，以小便利为度。小便若太多，即一二日停止。

明朱橚《普济方》卷一百九十四：

治肿腹重大，动摇有水声，皮肤黑色，名曰水蛊，宜服此方

青蛙（二枚干者涂酥微炙） 蝼蛄（七枚干者炒） 苦葫芦（半两炒）

右为细末，每日空心以温酒调下二钱，不过三服，差。

瓠瓢煎方（出《圣济总录》）：治水蛊遍体洪肿。

用瓠瓢一枚，以水二升煮一炊，顷去滓，煎堪丸，即丸如小豆大，每服米饮下十九，取小便利，利后作小豆羹食之，勿饮水。

明朱橚《普济方》卷一百九十五：

治黄疸，面目尽黄，昏重不能眠卧（《圣惠方》）

用苦葫芦瓢，如弹子大，以童子小便二合浸之，三两，食顷，取两酸枣许，分纳两鼻中，病人深吸气，及黄水出，良。

治黄疸大渴烦闷（《圣惠方》）

用苦瓠白瓢及子三两，炒令微黄，捣为细末。每服五分匕，不拘时候，以温粥饮调下。用瓠瓢有吐者，则当详之一方，每服五分匕，日一服，十日愈。

明朱橚《普济方》卷一百九十六：

气黄第十三

病人初得，先从两脚黄肿，大小便难，心中战悸，面目虚黄，不能食，宜服葫芦饮：用苦葫芦穰，不以多少，以水研，服少许，须臾吐出，瘥。

明朱橚《普济方》卷二百四十四：

凡有患腰脚肿气及虚肿者：用苦瓠甜瓠食之。

明朱橚《普济方》卷二百三十五：

咒法断伏连解法

右先觅一不开口葫芦埋入地，取上离日开之，煮取三匙脂粥内其中。又剪纸钱财将向新冢上，使病儿面向还道背冢坐，以纸钱及新综围冢，及病人使匝，别将少许纸钱围外，与五道将军[①]使人一手捉葫芦，一手于坐旁以一刀穿地，即以葫芦一手于穿地，及坐葫芦上，使一不病人捉两个镤[②]拍病人背，咒曰："伏连伏连解伏连，伏连不解刀镤解。"又咒曰："生人特地上，死鬼特地下，生人死鬼即各异路。"咒讫，令不病人即掷两镤于病人后，必取二镤相背，不背更取，掷取相背止，乃还，勿反顾。又取离日，令病人骑城外车辋，面向城门，以水三升、灰三重围病人。又作七个不翻饼于五道将军，咒曰："天门开，地户闭，生人死鬼各异路，今五离之日，放舍即归。"咒讫，乃还，莫回头，此法大良。

明朱橚《普济方》卷二百三十八：

小金牙酒（出《本草》）：治风痓百病，虚劳湿冷，缓不仁，不能行步，近人用之多效。

金牙　细辛　地肤子　莽草　干地黄　葫芦根　防风　附子

---

① 五道将军：也称五道神。东岳的属神，掌管人的生死。
② 镤 suǒ：同"锁"。

茵芋　续断　蜀椒　独活（各四两）

右以金牙先捣末，别盛练囊，余皆薄切，并金牙共内大练囊，以清酒四斗渍之，密封器口，四宿取酒，温服二合，三日渐增之。

明朱橚《普济方》卷二百四十：

治脚气

右用赤小豆五合，葫芦一个，生姜一块，商陆根一条，以水煮豆烂为度，去滓。细嚼豆子，空心食之，旋旋啜其汁咽下，肿立消便愈。

明朱橚《普济方》卷二百四十四：

凡有患腰脚肿气及虚肿者，用苦瓠甜瓠食之。

明朱橚《普济方》卷二百四十九：

救生丹（出《御药院方》）：治男子妇人小肠元气上攻心腹痛，并男囊偏肿痛，消积聚，补丹田。

荆三棱（三两）　干漆（二两半炒烟尽）　广茂　朱砂（各二两）　川茴香　破故纸（炒各一两）　葫芦（炒）　川苦楝　巴戟　红豆　碙砂仁　海蛤　当归　半夏（汤洗七次）　硇砂　没药　马蔺花（炒）　芫花（醋炒黄色　已上各半两）　水蛭（一钱炒烟尽）　蛤蚧（一个酥炙）　附子（一两半炮去皮脐）　红娘子（二钱粳米同炒，粳米黄色，去粳米不用）

右为末，醋面糊和丸，如梧桐子大，每服三五丸，空心食前温酒下。

明朱橚《普济方》卷二百五十三：

苦瓠汤（出《圣惠方》）：专治蛊毒吐血或下血如烂肝

用苦瓠一枚，切以水二大盏煎，去滓，以取一盏，空腹温服二服，吐下蛊即愈。《范注方》云：苦瓠毒，当临时量之。《肘后方》云：用苦酒一升煮，令温服之，神验。

明朱橚《普济方》卷二百六十四：

神仙造金玉浆法

以冬至日取葫芦，盛葱汁根茎埋于庭中，到夏至发之，尽为水，以渍金玉银赤石，合三分，自消。以曝干如饴，可休粮，服神仙，亦日金浆也。

明朱橚《普济方》卷二百七十五：

> 治恶疮千金方（出《百一选方》）
>
> 白敛　白芨　黄蘗　苦葫芦叶　赤小豆　黄蜀　葵花
>
> 右等分为细末，以津于手心内，调如膏药涂之。
>
> 又方（出《千金方》）：治恶疮肿痛不瘥。

以苦瓠或苦瓜，用一枚，㕮咀，煮取汁，洗之，日三度。又煎以涂癣甚良。当先以泔净洗乃涂，三日瘥。或为末敷之，疗恶疮尤良。

明朱橚《普济方》卷二百九十三：

> 治一切瘘（出《千金方》）
>
> 用霜下瓠花曝干，为末敷之。
>
> 苦瓠方（出《千金方》）：治一切瘘及蚁瘘大妙。

用苦瓠四枚，大如盏者，各穿一孔如指大，置汤中煮十数沸。取一竹筒，长一尺，一头内瓠孔中，一头注疮孔上，冷则易之，遍止。

明朱橚《普济方》卷二百九十五：

> 神效散：治洗痔。凡富贵之人，多嗜欲，酒色过度，喜怒不常，致生痔漏，或如鼠乳连珠，或粪门肠头肿，流脓漏血，其痛如割，不可忍者，但是诸种疮痔漏及肠风漏血，此药治之。
>
> 苦参　川椒　苦葫芦　鲜荽子　槐花　枳壳　荆芥　金银花　小茴香　白芷　连翘　独活　麻黄　牡蛎（煅）　威灵仙　椿树皮（各二两）　加老黄茄子二个（油炒）
>
> 右㕮咀，每服五钱，水六七碗，葱白二枝，煎五七服，沸去渣。以盆盛药水，上坐，先蒸后洗，却以乌龙膏贴之。卧时用，再以药渣熬水如前洗之，如此三五次，夜则以膏药贴之。常服葛花酒蒸香连丸，多有验。

明朱橚《普济方》卷二百九十六：

> 苦葫芦方（出《御药院方》）：治诸疼痛不可忍。

右用苦芦子，每服一钱，水一升，煎十余沸，滤去滓。薰疮，冷热得所，淋洗，隔一二日一次。

明朱橚《普济方》卷二百九十七：

玉屑散：治肠风痔漏。

右用葫芦壳烧灰出火气，研极细，清晨饮汤调下，治肠风痔漏。

明朱橚《普济方》卷三百六：

治蛇虫伤恶疮疥溪毒沙虱

用葫芦捣贴，熟醋浸之，经年者良。

明朱橚《普济方》卷三百七：

治蛇咬毒（出《圣惠方》）

用苦葫芦根烂捣，傅疮口上，立瘥。

明朱橚《普济方》卷三百八：

治射工中人寒热或发疮偏在一处有异于常者方

取鬼臼叶一把，渍苦酒中，熟捣绞取汁，服一升，日三。

又方：

取生吴茱萸茎叶一握，断去前后，取握中，熟捣，以水二升煮，取七合，顿服。又方：用葫芦切贴疮上，灸七壮[1]。

明朱橚《普济方》卷三百二十四：

治瘕[2]神妙妇人腹肚有块久不消，名曰瘕聚。

川乌（七钱）　附子（七钱）　木香（半两）　香附子（半两）丹参　陈皮（各三钱）　蓬莪　三棱　威灵仙　木贼草　桂心芍药　藁本　蒺藜　葫芦　甘草　延胡索　良姜（各半两）

右为㕮咀，每服四钱，水一盏半，生姜三片，煎服。

明朱橚《普济方》卷三百三十五：

鳖甲丸：治妇人水分肢体，肿满不消，因经水不通，宜先去水，后调经血。

---

① 壮：艾灸，一灼称为一壮。
② 瘕 jiǎ：腹中结块的疾病。

鳖甲（去裙襴醋炙）　杏仁（汤浸去皮尖双仁麸炒）　苦葫芦（用穰）　天门冬（去心焙各一两半）　巴豆（一分去皮心膜出油尽）　石菖蒲（微炒）　猪苓　皂荚（醋炒）　桂（去粗皮）　葶苈（隔纸炒）　甘遂（微煨）　苦参　大黄（剉碎醋炒）　茈胡（去苗）　当归（切焙）　羚羊角（镑各一两）　龙骨（烧三分）

右为末，炼蜜和丸，如小豆大，每服十九至十五丸。食前温水下，日三服。如一二服内水通利，即减丸数，及间日服。

明朱橚《普济方》卷三百五十一：

吹鼻方：治产后头痛

用苦葫芦子捣罗为末，吹半字入鼻中，其痛立止。偏痛者随左右吹之。

明朱橚《普济方》卷三百六十三：

治头风痛

用苦葫芦子为末，吹鼻即止。

明朱橚《普济方》卷三百七十九：

保生丸（出《圣惠方》）：治小儿五疳[1]，能充肌肤悦泽颜色，宜常服此。

干虾蟆（一枚于小礶子内以瓦子盖勿令透气烧灰）　蛈螂（微炒去翅足）　母丁香　麝香（研细）　夜明砂（微炒）　甜葶苈（隔纸炒令紫色）　葫芦子　胡黄连　熊胆（细研已上各半分）

右为末，以软粟饭和丸，如菉豆大，每服以粥饮下三丸，量儿大小，以意加减。

明朱橚《普济方》卷三百四十八：

治痛不可忍

取苦瓠芦未经开者，腹搅痛即开，去子讫以沸验酢投中蒸热，随痛即令熨，冷即换之，甚妙。

---

[1] 疳 gān：亦称疳积。因营养和消化不良或因寄生虫引起的小儿贫血症。

明朱橚《普济方》卷三百九十一：

治小儿闪癖①（《幼幼新书》）

用苦瓠，取未破者，令热，解开熨之。

明朱橚《普济方》卷四百二十三：

治悬痈

择人神不在日，早空心，先用井花水调百药煎末一碗服之，微利。却须得秋葫芦，亦名苦不老，生在架上而苦者，切皮片置疮上，灸二七壮②。昔有人患连年，一灸效验。

明徐用诚辑，刘纯续增《玉机微义》卷四十五：

取黄水法

苦瓠子（去皮）　苦葫芦子（去皮三七个）　黄黍米（三百粒）安息香（二皂子大）

右为末，以一字③搐入鼻中，滴出黄水一升。忌勿吹，吹或过多，即以黍穰烧灰，麝香末各少许，吹鼻内立止。

明徐谦撰，陈葵删定《仁端录》卷八：

面目虚浮，一身皆肿者，此表虚也。见风太早，风湿乘之，其治在肺，宜以五皮汤微汗之，平胃散加羌活防风，或五苓散去肉桂加赤芍，或胃苓汤合五皮饮治之。外以枳壳、葫芦煎汤浴之，或松叶、桑叶煎汤洗之。

明龚廷贤《寿世保元》卷五：

疝气肿痛，或大便闭结，或小便赤涩，或有寒有热，兼治之神方也。川楝子（酒蒸去复选肉）　葫芦（酒炒）　小茴香（盐酒炒）青盐　黑丑（捣碎）　木香　大黄　滑石　木通　吴茱萸（炒）乌药车前子上锉。水煎，空心服。

明孙一奎《赤水玄珠》卷二十七上：

---

① 闪癖：指儿发不生，失音不语，或头发竖立，发黄，全身瘦弱等症状。
② 壮：艾灸，一灼称为一壮。
③ 字：中医古药方称量单位名。

葫芦花汤

八月采葫芦花，不拘多少，阴干，入除夜蒸笼汤浴儿，或不出痘，纵出亦稀少。

明王大纶《婴童类萃》下卷：

治疝气 屋上葫芦经霜者，烧灰为末，空心酒服。

明王肯堂《证治准绳》卷十七：

鼻塞 皆属肺经，云肺气通于鼻，肺和则鼻能知香臭矣。……温卫补血汤、人参汤、辛夷散、增损通圣散、辛夷汤、醍醐散、通关散、防风汤、排风散、荜澄茄丸，皆治鼻塞之剂，宜审表里寒热而用之。

小蓟一把，水二升，煮一升去查①，温服。外治，通草散、菖蒲散、瓜蒂散、蒺藜汁、葫芦酒，或用生葱分作三段，早用葱白，午用葱管中截，晚换葱管末稍一截，塞入鼻中，令透里，方效。

明王肯堂《证治准绳》卷十九：

中风

麻黄（三两去节） 杏仁（炒去皮） 益智仁（各一两） 炙甘草 升麻（各半两）

右㕮咀，每服五钱，水一小碗，煎至六分，去查，温服。脚蹬热水葫芦，候大汗出，去葫芦。冬月忌服。

明王肯堂《证治准绳》卷二十一：

木香丸：木香 苦葫芦子（炒） 乳香（各二钱五分） 槟榔（二枚一生一炮） 甘遂（炒令黄） 朱砂（细研各半分）

为细末，以烂饭和，分作四十九丸，面裹于铫内，水煮熟，令患人和汁吞之，以尽为度。清晨服药，至午时其水便下，不计行数，水尽自止。

明王肯堂《证治准绳》卷二十五：

治偏头疼方

---

① 查 zhā：通"渣"。

郁金（一颗） 苦葫芦子（一合）

右为细末，用白绢子裹药末一钱，于新汲水内浸过，滴向患处鼻中，得黄水出即瘥。

明王肯堂《证治准绳》卷三十六：

葫芦酒：治鼻塞，眼昏疼痛脑闷。

右取苦葫芦子碎之，以醇酒半升浸，春三、夏一、秋五、冬七日，少少内鼻中。一方：用童便浸汁。

明王肯堂《证治准绳》卷三十八：

苦瓠汤：治蛊毒吐血或下血如烂肝。

右用苦瓠一枚，切，以水贰大盏，去滓，空心分温二服，吐下，蛊即愈。《范汪方》云："苦瓠毒当临时量用之。"《肘后方》云："用苦酒一升煮令消，饮之，神验。"

明王肯堂《证治准绳》卷一百十三：

脱疽

初发结毒焮赤肿痛者，以五神散及以紫河车、金线钓、葫芦、金鸡舌、金脑香捣烂敷及以汁涂傅，又以万病解毒丸磨醋煖涂之。

明王肯堂《证治准绳》卷一百十七：

凡一切风核疼痛，宜以大荞麦根及金线钓、葫芦根磨，半泔半醋煖涂之。

明王肯堂《证治准绳》卷一百十九：

葫芦方：治金疮得风，身体痉强①，口噤不能语，或因打破而得，及斧刀所伤得风，临死服此，并瘥②。

右取未开瓠芦一枚，长柄者，开其口，随疮大小开之，令疮大小相当。可绕四边闭塞，勿使通气。上复开一孔，取麻子油烛两条并燃，以葫芦口向下熏之，烛尽更续之，不过半日即瘥。若不止，亦可经

---

① 痉强：痉病。《集韵》："痉，风病。"《素问》："肺移热于肾，传为柔痉。"王冰注："痉，谓骨痉强而不随，气骨该热，髓不内充，故骨痉强而不举，筋柔缓而无力也。"

② 瘥 chài：病愈。

一两日熏之，以瘥为度。若烛长不得内葫芦，可中折用之。

明王肯堂《证治准绳疡医》第三部分：

　　附方五神散，搽一切瘴毒、蛇伤、蝎螫，大效。

　　金线钓葫芦　紫河车（各二钱）　续随子（去壳）　雄黄（各
一钱）　麝香（少许）

明张时彻《摄生众妙方》卷九：

　　秋间取有柄小葫芦或小药葫芦，阴干，于喫紧小处锯断，内它取
一孔，如眼孔大，如眼有瘀肉血翳，将眼皮上下用手挣开，将葫芦孔
合定。初虽甚痛苦，然瘀肉血翳皆渐下，不伤眼。

明罗浮山人《文堂集验方》卷二：

　　〔囊痒〕燥者，以油核桃取油润之。湿者，五加皮、千里光、明
矾、刘寄奴草煎汤洗之。猪窠草（生小猪时者）煎汤洗。陈壁土研末
扑上，愈。阴囊、肾茎、肛门瘙痒难忍，用陈葫芦烧灰存性，擦糁患
处，立愈。

明罗浮山人《文堂集验方》卷四：

　　〔肛门口痒疮〕葫芦（火烧存性）糁搽。生疮久不愈，用鸡内金
（即鸡肫皮）烧灰存性，研极细，干贴立效。

明赵宜真《外科集验方》卷上：

　　生痔，或如鼠乳连珠，或粪门肠头肿，流脓漏血，其痛如割不
可忍者。但是诸肿疮痔及肠风漏血，此药治之。

　　苦参　川椒　苦葫芦　芫荽子　槐花　枳壳　荆芥　金银花
白芷　连翘　独活　小茴香　麻黄　牡蛎　威灵仙　椿树皮（各
二两）

　　上㕮咀，每用五钱，水六七碗，葱白二茎，煎五七沸。

明吴正伦《养生类要》卷二：

　　多食动胃火，令人牙龈肿齿痛，又令阴湿痒生疮，发黄胆。九月
勿食。老人中其毒，至秋为疟痢。一切瓜，苦有毒，两鼻两蒂者害人。
瓠子滑肠冷气，人食之反甚。葫芦匏，有人小毒，多食令人吐，烦闷。

苦者不宜食。

明兰茂《滇南本草》第二卷：

葫芦，味甘淡，性寒阴也。冷胃，动寒疾，有寒疾食之，肚腹疼，发腹中风湿、痰积。

明楼英《医学纲目》卷之二十一：

治黄胆　用苦葫芦瓢如大枣许四枚，以童便浸三两，食顷，取两枣许，分纳两鼻中，黄水自出，效。令病患吸之。

明楼英《医学纲目》卷之三十四：

治血崩　用葫芦去子穰实，荆芥穗烧存性，饮汤服。

上二十一方，皆烧灰黑药。经云：北方黑色，入通于肾。皆通肾经之药也。

明武之望《济阴纲目》卷之二：

血崩门·血见黑则止·止崩杂方：一方，葫芦，去子穰实，荆芥穗烧存性，米饮调服。一方，香附子去毛，炒焦黑存性，为末，热酒调服二钱，不过两服，立止。

明孙志宏《简明医彀》卷之三：

蛊胀，用马鞭草锉晒，勿见火，或酒或水煎服。

又初感气实有痰，陈葫芦（一枚，去顶）入酒，竹箸松其籽，仍用顶封固，重汤煮数沸，去子饮酒尽，一吐几危，吐后腹渐宽，调理而愈。

明胡濙《卫生易简方》卷之四：

痔漏方书

用苦葫芦，霜打过，干菜叶共煎汤洗。又方，用明矾一小块，于锈铁上蘸陈米醋浓磨下，却将槐柳桑条朴硝煎汤温洗，挹干。

明胡濙《卫生易简方》卷之七：

鼻疾方书

治鼻中肉蝼蛄　用赤龙爪、苦丁香各三十个，苦葫芦子不以多少，麝香少许，为末。以纸捻治鼻中外渣瘤脓血出。

明施沛《祖剂》卷之一：

疏风汤　即麻黄汤，去桂枝加益智仁、升麻煎服，脚蹬热水葫芦，候大汗出去之。治表中风邪，半身不遂，语言微涩。季春初夏宜服，冬月忌用。

明缪希雍《先醒斋广笔记》卷二：

治蛊胀，由于脾虚有湿。

通血香（一钱），取小葫芦一个，不去子膜，入香在内，再入煮酒，仍以所开之盖合缝封之。以酒入锅，悬葫芦酒中，挨定，不可倾侧，盖锅密煮。以三炷线香为率。煮时，其香透达墙屋外。煮完，取葫芦内子膜，并药烘干，共为细末。每服一钱，空心酒送下。间五日服一钱，服尽葫芦内药约有五六钱之数，病已释然矣。通血香，陕西羊羧客人带来，苏杭有。

又方：徐文江夫人病蛊胀，张涟水治之百药不效。张曰："计穷矣！记昔年西山有一妪患此，意其必死，后过复见之，云遇一方上人得生。"徐如言访妪，果在也。问其方，以陈葫芦一枚，去顶入酒，以竹箸松其子，仍用顶封固，重汤煮，数沸去子，饮酒尽，一吐几[1]死，吐后腹渐宽，调理渐愈。

明官修《永乐大典》卷之二千二百五十九：

治龋齿疼痛，用葫芦半升，水五升，煮取三升，去滓，含嗽，吐之。茎叶亦可用，不过剂，差[2]。又方，治鼠瘘用瓠花，曝干为末，傅之。

清官修《医宗金鉴》卷六十九：

如子宫脱出，名为阴㿗[3]，俗名癫葫芦。由气血俱虚所致。宜补中益气汤，去柴胡，倍用升麻，加益母草服之，外以草麻子肉捣烂贴顶心，再用枳壳半觔煎汤薰洗。由思欲不遂肝气郁结而成者，必先于小便似有堵塞之意，因而努力久之随努而下，令稳婆扶正葫芦，令患妇仰卧以枕垫腰，吹嚏药收之，收入即紧闭阴器，随以布帛将腿缚定。

---

① 几：几乎，接近。
② 差 chài：同"瘥"，病愈。
③ 㿗 tuí：同"㿗"。阴部疾病。

内仍服补中益气汤,自愈。

清喻昌《医门法律》卷八:

水葫芦丸:治冒暑毒解烦渴。

川百药(煎三两)　人参(二钱)　麦门冬　乌梅肉　白梅肉
干葛　甘草(各半两)

右为细末,面糊为丸,如鸡头实大,含化。一丸,夏月出行,可度
一日。

按:孔明五月渡泸,深入不毛,分给此丸于军士,故名水葫芦。孟
德遥指前有梅林,失于未备耳。

清赵学敏《串雅内编》卷四:

单方外治门　腋下瘤瘿

黄葵花子研末,酒冲服,一粒则一头破,两粒则两头破,神效异常。

长柄葫芦烧存性,研末,搽之,以消为度。

清徐文弼《寿世传真》:

修养宜饮食调理第六

瓠瓜性平。长曰瓠瓜,短曰葫芦。〔宜〕除烦热,利水道,润心
脾。花、叶俱解毒。〔忌〕多食令人吐利。患香港脚、冷气者,食之永
不除也。

清丁甘仁《丁甘仁医案》卷四:

泽泻(五钱)　陈皮(一钱)　大腹皮(二钱)　水炙桑皮(五
钱)　淡姜皮(五分)　炒补骨脂(五钱)　冬瓜子皮(各三钱)
陈葫芦瓢(四钱)

济生肾气丸　清晨吞服三钱,四诊喘平肿消,腹胀满亦去
六七,而咳嗽时轻时剧,纳少形瘦,神疲倦怠。

清魏之琇《续名医类案》卷十二:

陆祖愚治潘巨源食量烦高,恣肆大嚼,因劳役失饥伤饱,每患
脾胃之症,或呕或泻,恬不介意,后成黄疸,用茵陈五苓散治之而
痊。仍前饮食不节,疸症复作,人传一方:以苦药葫芦酒煮服之即效,

试之果然。仍力疾生理，后试之，至再至三，周身熏黄，肚腹如鼓
而卒。

清魏之琇《续名医类案》卷十三：

徐文江夫人病蛊胀，张涟水治之，百药不效。张曰：计穷矣，记
昔年西山有一妪患此，意其必死，后过复见之云，遇一方上人得生，
徐如言访妪，果在也。问其方，以陈葫芦一枚去顶，入酒，以竹箸松
其子，仍用顶封固，重汤煮数沸，去子饮酒尽，一吐几死，吐后腹渐
宽，调理渐愈。盖元气有余，而有痰饮者也。

若肾虚脾弱者，宜用金匮肾气丸，十全大补汤去当归，加车前
子、肉桂（同上）。通血香一钱，取小葫芦一个，不去子膜，入香在
内，再入煮酒，以所开之盖，合缝封之。以酒入锅，悬葫芦酒中，挨定
不可倾倒，盖锅密煮，以三炷香为率。煮时其香透远墙屋外，煮完取
葫芦内药，约有五六钱之数，病已释然矣。

清魏之琇《续名医类案》卷二十六：

施笠泽治钱元一患疝气冲痛，盖有年矣。每抑郁则大作，呕吐痰
涎，不进饮食。已未春，病且浃旬①，诊得左关弦急而鼓，右关尺俱浮
大而无力。此命门火衰，不能生土，肝木乘旺，复来侮脾。用葫芦元
胡索等疏肝之剂以治其标，随用八味丸益火之原以消阴翳，间进参
术补脾之药以治其本。渐服渐安，数载沈痾，不三月而愈。（《朱氏
选》）

清魏之琇《续名医类案》卷五十五：

一老妪右腋下生一瘤，渐长至尺许，其状如长瓠子，久而溃烂。
一方士以长柄鲜葫芦烧存性研末搽之，水出消尽而愈。

清爱虚老人《古方汇精》卷一：

治腹胀水肿，用亚腰葫芦一个、莲子烧灰存性为末。每服一钱。
食前温酒下。不饮一方。

---

① 浃旬：一旬，十天。

清邹存淦《外治寿世方》卷一：

黄胆肿满　苦葫芦瓢如大枣许。以童便(二合)浸一时，取酸枣大二块，纳两鼻中。深吸气。　黄胆阴黄，及身面浮肿，甜瓜蒂、丁香、赤小豆(各七枚)为末。

清祁坤《外科大成》卷四：

疮毒塞鼻不通者。葫芦壳（烧灰），钟乳石胆矾冰片（等分）为末。吹入鼻内，出黄水。日吹三二次，三二日即通。

清顾世澄《疡医大全》卷十八：

凡一切风寒疼痛，用大荞麦根、葫芦根磨末，半泔半醋，暖涂之。

清丁尧臣《奇效简便良方》卷一：

鼻流臭水　即脑漏：干葫芦（焙研末），时时嗅入鼻内，并泡酒或调粥服，均妙。

阴囊肾茎肛门痒难忍：陈葫芦烧灰存性，擦掺患处。

清丁尧臣《奇效简便良方》卷二：

腹胀黄肿：葫芦（不去子烧存性），饭后温酒下，开水下亦可，每服一个。

清丁尧臣《奇效简便良方》卷四：

汤火伤灼：旧葫芦瓢烧灰敷。或蚬子壳末，湿者掺，干者香油调敷。

清叶桂原《种福堂公选良方》卷二：

解胀敷脐方：治一切臌胀肚饱发虚。

大田螺（一个）　雄黄（一钱）　甘遂末（一钱）　麝香（一分）先将药末同田螺捣如泥，以麝置脐，放药脐上，以物覆之束好，待小便大通去之。重者用此治中满臌胀：陈葫芦一个，要三五年者佳。以糯米一斗，作酒待熟，用葫芦瓢于炭火上炙热，入酒浸之。　治臌胀方：

雄猪肚子一个，入大蒜头四两，加小槟榔砂仁末三钱，木香二钱，砂锅内河水煮熟，空心服。　又，取旧葫芦一个，浸粪坑内一月，取起挂长流水中三日，炒黑为末，每两加木香末二钱。

清钱峻《经验丹方汇编》卷一：

腹胀黄肿,亚腰葫芦莲子烧存性。每服一个,食前温酒下。不饮酒者白汤下,十余日见效。(《简便方》)

清徐大椿《药性切用》卷之四中:

葫芦,一名苦瓢。苦寒微甘,利水宽胀,散热消肿。烧灰,治水臌尤良。

清王锡鑫《幼科切要》:

治肾肿症

熟地(二两) 白苓(一两五钱) 牛膝 肉桂 泽泻 车前 枣皮 怀山药 丹皮(各五钱) 附子(三钱) 炼蜜为丸。

一方,葫芦、牵牛煎水服。一方,土狗焙干为末,冲酒服。一方,鲤鱼入蒜满腹,煮服,大小便齐通后,用健脾丸服之。

清文晟《急救便方》:

治汤火伤急便方

又方:用多年陈酱宽宽涂之,但愈后自有黑。

又方:着人嚼生芝麻涂,随干止痛,如患处宽大,令众人共嚼涂之,即愈。

又方:旧葫芦瓢烧灰涂之(或以麻油调敷亦可)。

清陈杰《回生集》卷下:

汤火伤灼,旧葫芦瓢烧灰敷之。

烟熏欲死,白萝卜生者,嚼汁咽下立爽。

清程鹏程《急救广生集》卷八:

金刃致命伤

用坚实条炭二三寸,烧至红透,入铁皿内,或石臼中,加红糖二三两,捣至千杵如酱。

凡遇致命重伤,尚存一息者,急将此药敷于患处,再用或绸、或布包裹,七日即愈。如金刃透膜,及断指折足,血流不住等伤,先敷此药,外取葫芦肉白衣一层粘贴,其血即住。唯忌食生冷,不忌一切发物。至伤之大小,不拘定炭之二三寸,糖之二三两也。(《陶朴存方》)

清冯兆张《冯氏锦囊秘录》：

[杂症痘疹药性主治合参卷四十三\菜部] 瓠匏，长大如冬瓜者名瓠，圆矮似西瓜者名匏，腰细头锐者名葫芦，柄直底圆者名瓢子，为菜。惟取甜者入药。甜苦两用，苦能下水令吐，消面目四肢浮肿，甜可利水，通淋除心肺烦热，消渴。

清陈念祖《医学从众录》卷六：

葫芦糯米酒散：治中满臌胀。陈葫芦（一个，要三四年者佳） 糯米（一斗）作酒待熟，用葫芦瓢于炭上炙热，入酒浸之，如此五六次。

清赵学敏《本草纲目拾遗》卷五：

臌胀 《救生苦海》：通血香一钱，取亚腰葫芦一个，不去子膜，入香于内，再入酒煮，仍以所开之盖合缝封固，以陈酒安锅内，悬葫芦于酒中，挨定勿令倾倒。将锅盖密煮三炷线香为度，煮时，其香透屋墙之外，煮完，取出葫芦内子膜并药，烘干为末，每服一钱，空心时酒下，间五日再服一钱，服尽葫芦内药，服五六钱即愈。此方出《广笔记》，云治脾虚有湿者。

清邹存检《外治寿世方》卷三：

前阴肾茎肛门搔痒，陈葫芦烧存性，研细末，扑之效。

清鲍相璈《验方新编》卷一：

鼻流臭水

干葫芦（瓦上焙枯）研末，时时嗅入鼻内，并用此药兑酒饮，或调粥服，其效如神。又方：丝瓜藤（又名水瓜，又名线瓜）取近根下者一尺，瓦上焙枯研末，嗅之，并冲酒服。又方：老刀豆（焙枯研末），酒调服三钱，重者不过三服即愈。

清鲍相璈《验方新编》卷十七：

治乳结欲作疮并退回乳方：橘核，葫芦各三钱，焙研末，黄酒冲服。如一剂不能全消回退，再服三剂必愈。

疝气肿痛方：

大茴香，姜汁浸一宿晒干，荔枝核打碎盐水炒，等分研末，水煎服。或作丸，服之更佳。又方：霜打葫芦烧灰为末，好酒调服。

清鲍相璈《验方新编》卷二十二：

治一切跌打损伤、遍身青肿、瘀停作痛及堕扑内伤。

归尾一两三钱　滴乳香（去油）　洋没药（去油）　辰砂（水飞）　血竭（瓦上醋炒）　儿茶（研末，瓦上焙）各一钱五分。明随又方：并治金刃伤。鸡骨炭（即条炭，择坚而长者）、红糖上味，量伤大小，约用炭八两。如皮破出血不止，以败葫芦内白膜贴之，上再敷药。

清刘灏等《广群芳谱》卷十七：

瓠子　江南名扁蒲，就地蔓生，处处有之，苗叶花俱如葫芦，结子长一二尺，夏熟。亦有短者，粗如人肘，中有瓤，两头相似，味淡可煮食，不可生啖。夏月为日用常食，至秋则尽，不堪久留。性冷，无毒，除烦止渴，治心热，利水道，调心肺，治石淋，吐蛔虫，压丹石毒。

增：《本草》：壶卢，一名瓠瓜，一名匏瓜（圆者曰匏，亦曰瓢）

原：葫芦，匏也，一名藤姑。蔓生，茎长，须架起则结实圆正。亦有就地生者，大小数种，有大如盆盎者，有小如拳者，有柄长数尺者，有中作亚腰者。茎韧有丝如筋，叶圆有小白毛，面青背白，开白花。有甘苦二种，甘者性冷，无毒，利水道，止消渴；苦者有毒，不可食，惟可佩以渡水。

壶卢　（《本草》云：壶酒器，卢饮器，此物各象其形，故名。俗作葫芦。）

增：《本草》：壶卢，一名瓠瓜，一名匏瓜。（圆者曰匏，亦曰瓢。）

原：葫芦，匏也，一名藤姑，蔓生，茎长，须架起则结实圆正。亦有就地生者，大小数种，有大如盆盎者，有小如拳者，有柄长数尺者，有中作亚腰者。茎韧有丝如筋，叶圆有小白毛，面青背白，开白花。有甘苦二种，甘者性冷，无毒，利水道，止消渴。苦者有毒，不可食，惟可佩以渡水。陆农师曰：项圆者曰匏，亦曰瓢。短大腹曰瓠，（长如越瓜首尾如一者）细而合上曰匏（无柄而圆大形扁者，似匏而肥圆者曰壶，匏之有短柄大腹者）。

增：《本草》：李时珍曰：长瓠，悬瓠，（瓠之一头有腹长柄者，今人以为茶酒瓢细腰者）壶卢，瓠瓜，蒲卢（细腰者，今之药壶卢，《广志》谓之约腹壶，亦有大小二种），名状不一，其实一类各色也。处处有之，但有迟早之殊。并以正月下种，生苗引蔓延缘。其叶似冬瓜叶而稍团，有柔毛，嫩时可食。五六月开白花，结实白色，大小长短各有种色。瓢中之子，齿列而长，谓之瓠犀。

第二节　集部书药用史料

清彭定求等《全唐诗》卷八百二十八贯休《施万病丸》：

我闻昔有海上翁，须眉皎白尘土中。

葫芦盛药行如风，病者与药皆惺憁。

药王药上亲兄弟，救人急于己诸体。

玉毫调御偏赞扬，金轮释梵咸归礼。

贤守运心亦相似，不吝亲亲拘子子。

曾闻古德有深言，由来大士皆如此。

宋陆游《剑南诗稿》卷四十四《午坐戏咏》：

贮药葫芦二寸黄，煎茶橄榄一瓯香。

午窗坐稳摩痴腹，始觉龟堂白日长。

明庄昶《定山集》卷四《病眼》：

病眼今年病欲枯，山中长弄药葫芦。

谁为龙脑空青主，我自丘明子夏徒。

世事岂须求黑白，人间到处只模糊。

故人莫怪程文炳，不遣医方到老夫。

明邵宝《容春堂集》续集卷一《题买糕陈孝子卷》：

昨日一糕，今日一糕，明日又一糕，三年不为久，卅里不为遥。仙人不在杨泾桥，灵药不在葫芦瓢，苦哉孝子心，一念通神霄。

宋董嗣杲撰，明陈贽和《西湖百咏》卷下《炼丹井·和韵》：

葛翁昔此汲仙瓢，药满葫芦系在腰。

炼得丹成非一日，不知羽化是何宵。

青山人去烟霞秘，碧甃苔荒岁月遥。

缁侣斟①尝消宿恙，时闻僧梵出禅寮②。

---

① 斟 jū：酌，舀取。

② 禅寮 chánliáo：僧房。

第五章　葫芦工具器皿类

　　由于葫芦的自身特质，先民也就很自然地发现了它广泛的器用价值，它可以做浮水工具（腰舟）、农具（窍瓠）、文具（笔筒），可以做容器如水葫芦、酒葫芦、药葫芦、碗、勺、瓢，等等。游修龄先生在《葫芦的家世》（见游琪、刘锡诚主编《葫芦与象征》一书）中说的好："可以认为，葫芦是新石器时代（甚至更早）人们生活中几乎'不可一日无此君'的东西，没有什么作物像它这样具有多种的用途。"游先生说的是新石器时代及其以前，自此之后的数千年以至当代，可以说几乎家家都有葫芦器皿或葫芦形器物。

第一节　经部书工具器皿史料

　　《诗经·大雅·公刘》：

　　　　执豕于牢，酌之用匏。

　　《论语·雍也》：

子曰："贤哉回也！一箪①食，一瓢饮，在陋巷，人不堪其忧，回也不改其乐，贤哉回也！

《周礼·鬯人》：

鬯人掌共秬鬯②而饰之。凡祭祀，社壝用大罍③。禜门用瓢赍④。

《礼记·郊特牲》：

器用陶匏，以象天地之性也。

吴陆玑《陆氏诗疏广要》卷上之上：

《郊特牲》曰："器用陶匏，以象天地之性。"陶匏，盖取其质。《说文》曰："匏，瓠也。从包从夸，声包，取其可包藏物也。"《博雅》："匏，瓠也。"《埤雅》："长而瘦上曰瓠，短颈大腹曰匏。"传曰："匏谓之瓠，误矣。盖匏苦瓠甘，复有长短之殊，定非一物也。"《鹖冠子》曰："中流失舡⑤，一壶千金。"壶即匏也。其性浮，得之可以免沉溺，故当失船之时，其直⑥千金也。此亦如天竺涉水带浮囊之类。《尔雅翼》："河汾之宝，有曲沃之悬匏焉，良工取以为笙。"崔豹《古今注》曰："匏，瓠也。壶卢，匏之无柄者也。瓠有柄曰悬瓠，可为笙，曲沃者尤善，秋乃可用，用则漆其里。"匏在八音之一。《通典》曰："今之笙竽，以木代匏，而漆殊愈于匏。荆梁之南，尚存古制。南蛮笙则是匏，其声甚劣。"则后世笙竽不复用匏矣。匏既为乐器，又以为饮器。《诗》"酌之用匏"，孔子称"系而不食"者，良以待其坚而为用故也。

《礼记·郊特牲》：

器用陶匏，尚礼然也。三王作牢⑦，用陶匏。

---

① 箪 dān：竹编、苇编或草编容器。
② 鬯 chàng 人：官名。掌供酒。秬鬯：祭祀时灌地所用的以郁金草合黍酿造的酒。
③ 社壝 wéi：四周筑有矮土墙的社坛。大罍：瓦罍。
④ 禜门用瓢赍：见第13页注释②。
⑤ 舡 chuán：同"船"。
⑥ 直：通"值"。价值。
⑦ 牢：祭祀用的牺牲。

郑玄注：言大古无共牢①之礼，三王之世作之，而用大古之器，重夫妇之始也。

宋魏了翁《礼记要义》卷十一：

其祭天之器则用陶匏。陶，瓦器，以荐菹醢②之属。故诗《生民》之篇述后稷

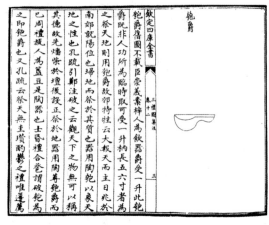

图5-1

郊天云"于豆于登"，注云：木曰豆，瓦曰登，是用荐物也。匏酌献酒，故《诗·大雅》美公刘云"酌之用匏"，注云：俭以质，祭天尚质，故酌亦用匏为尊。

宋聂崇义《三礼图集注》卷十二：

匏爵，旧图不载。臣崇义按，梓人为饮器，爵受壹升，此匏爵既非人功所为，临时取可受壹升，柄长五六寸者为之。祭天地则用匏爵，故《郊特牲》云："大报天而主日也。兆于南郊，就阳位也。扫地而祭，于其质也。器用陶匏，以象天地之性也。"

清官修《礼记义疏》卷八十：

礼器图三

《郊特牲》云："器用陶匏，以象天地之性也。"孔疏："祭天无圭瓒酌郁之礼，唯酌用匏爵而已。"聂氏崇义曰："匏制，遍检三礼注疏，诸家唯言破匏用匏片为爵，不见有漆饰之文。盖陶匏是太古之器，非人功所为，故贵全素自然，以象天地之性。《士昏礼》合卺谓破匏为之，即此匏爵，破为二片而已。

---

① 共牢：婚礼时，夫妇共食一牲。《礼记·昏义》："婿揖妇以入，共牢而食，合卺而酳，所以合体，同尊卑，以亲之也。"

② 菹醢 zūhǎi：肉酱。

第二节　子部书工具器皿史料

战国庄周《庄子·逍遥游》：

　　惠子谓庄子曰："魏王贻我大瓠之种，我树之成，而实五石，以盛水浆，其坚不能自举也。剖之以为瓢，则瓠落[1]无所容。非不呺然大也，吾为其无用而掊之。"庄子曰："夫子固拙于用大矣，子有五石之瓠，何不虑以为大樽而浮乎江湖，而忧其瓠落无所容，则夫子犹有蓬之心[2]也夫。"

战国韩非《韩非子·外储说左上》：

　　齐有居士田仲者，宋人屈榖见之曰："榖闻先生之义，不恃仰人而食，今榖有树瓠之道，坚如石，厚而无窍，愿献之。"仲曰："夫瓠所贵者，谓其可以盛也，今厚而无窍，则不可剖以盛物，而任重如坚石，则不可以剖而以斟，吾无以瓠为也。"曰："然！榖将以欲弃之。"今田仲不恃仰人而食，亦无益人之国，亦坚瓠之类也。

战国无名氏《鹖冠子·学问篇》：

　　贱生于无所用，中河失船，一壶千金，贵贱无常，时使物然。

汉桓宽《盐铁论·散不足》：

　　古者污尊抔饮，盖无爵觞樽俎。及其后，庶人器用，即竹柳陶瓠而已。

图5-2

图5-3

① 瓠 hù 落：空廓貌。
② 蓬之心：比喻浮浅，心无主见。

图5-4

此图录自董健丽《中国古代葫芦形陶瓷器》。图5-2为新石器时代马家窑彩陶葫芦纹壶；图5-3为战国原始瓷戳印纹匏壶；图5-4为西汉原始青瓷匏壶。

汉王充《论衡》卷三：

> 善器必用贵人，恶器必施贱者，尊鼎不在陪厕之侧，匏瓜不在堂殿之上，明矣。富贵之骨不遇贫贱之苦，贫贱之相不遭富贵之乐，亦犹此也。器之盛物有斗石之量，犹人爵有高下之差也。

图5-5   图5-6

图5-7　　　　　　　　　　　图5-8

此图录自董健丽《中国古代葫芦形陶瓷器》。图5-5为东汉青瓷五联罐；图5-6为东汉青釉堆塑九联罐；图5-7为东汉黑釉五联罐；图5-8为东汉褐釉五联罐。

汉刘安《淮南子·说山训》：

> 百人抗浮，不若一人挈而趋（高诱注：抗，举也。浮，瓠也。百人共举，不如一人持之走便也）。物固有众而不若少者，引车者二六而后之。

汉刘安《淮南子·说林训》：

> 尝被甲而免射者，被而入水；尝抱壶而渡水者，抱而蒙火，可畏不知类矣。

晋张华《博物志·物理》：

> 庭州瀸水，以金银铁器盛之皆漏，唯瓠芦则不漏。

北魏贾思勰《齐民要术》卷三：

> 种葱　收葱子，必薄布阴干，勿令浥郁①。其拟种之地，必须春种

---

① 浥郁：《辞源》释曰："潮湿气闷，不通风。"

绿豆，五月掩^①杀之。比至七月，耕数遍。一亩用子四五升，良田五升，薄地四升。炒谷拌和之。葱子性涩，不以谷和，下不均调；不炒谷，则草秽生。两耧重耩，窍瓠下之，以批契系腰曳之。

唐段成式《酉阳杂俎》卷第七"酒食"：

魏贾琳家累千金，博学善著作。有苍头^②善别水，常令乘小艇于黄河中，以瓠匏接河源水，一日不过七八升。经宿，器中色赤如绛，以酿酒，名昆仑觞。酒之芳味，世中所绝，曾以三十斛^③上魏庄帝。

唐陆羽《茶经·四之器》：

瓢，一曰牺杓，剖瓠为之，或刊木为之。

宋许洞《虎钤经·地听》：

令少睡者枕空葫芦卧，有人马行三十里外，东西南北皆响见于葫芦中。

宋欧阳修《归田录》：

陈康肃公尧咨善射，当世无双，公亦以此自矜。尝射于家圃，有卖油翁释担而立睨^④之，久而不去，见其发矢十中八九，但微颔^⑤之。康肃问曰："汝亦知射乎，吾射不亦精乎？"翁曰："无他，但手熟尔。"康肃忿然曰："尔安敢轻吾射？"翁曰："以我酌油知之。"乃取一葫芦，置于地，以钱覆其口，徐以杓酌油沥之，自钱孔入而钱不湿，因曰："我亦无他，惟手熟尔。"康肃笑而遣之。此与庄生所谓解牛、斫轮者何异？

宋王黼《宣和博古图》卷十六：

---

① 掩 yǎn：《汉语大词典》释曰："耕作中以土盖种、盖肥。北魏贾思勰《齐民要术·耕田》：'秋耕，掩青者为上。'石声汉注：'掩，应当是把地面的东西翻下去。'又：'凡美田之法，绿豆为上，小豆、胡麻次之。悉皆五六月中穊种，七月、八月犁掩杀之。'"

② 苍头：奴仆。

③ 斛 hú：十斗为一斛。

④ 睨 nì：斜视。

⑤ 颔 hàn：点头。

汉匏斗：

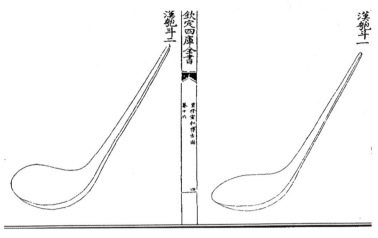

图5-9

前一器长一尺一寸五分，深一寸二分，口径三寸三分，容三合，重六两，有柄无铭。后一器长一尺一寸，深一寸一分，口径三寸六分，容三合，重六两有半，有柄无铭。右二器皆斗也，如匏而半之。乐之八音，匏居一焉。盖以象天地之性。今斗取象于匏，斯亦古人遗意欤。

宋王黼《宣和博古图》卷七：

匏尊

右高六寸三分，深六寸，口径一寸，腹径二寸二分，容六合，重一斤。上有两鼻，无铭。是器以口为流，置之则可立，若尊形焉。然旁设两鼻，所以安提梁，亦可挈之以行也。且饰以云雷之文，复以示其戒焉。其在上古，匏器而酌水，所以尚质，后世则之，于是乎有匏尊焉。此其遗法耳。（附"周匏尊图"）

元王祯《王祯农书》农器图谱集之十一：

匏樽 匏，瓠也。开以盛酒，故曰匏樽。《周礼注》云：取甘匏，割去柢为樽而酌之。王昭禹

图5-10

谓：门，出入所在，瓠，中虚象门，祭之，去其害门者。又"鬯人""禁门用瓢
赍①"注云：《春秋》鲁庄公二十五年秋大水，鼓用牲于门，故书作"剽"。
郑司农读"剽"为"瓠"，杜子春读"赍"为"粢"，瓢为瓠蠡也，粢，粢盛
也。郑玄谓"赍"读为"齐"，取甘瓠割去柢，以齐为尊也。

　　瓟柸（杯）　判瓢为饮器，与瓟樽相配。许由一瓢自随，颜子一瓢
自乐。今举瓟樽，倾瓢柸，何田家之有真趣也！韦肇赋，其略曰："当其
判饮器，配圆壶，虽人斯造制，而天与规模。柄非假操而直，腹非待剖
而刳，黄其色以居贞，圆其首以持重。匪憎乎林下，逸人何事而喧？可惜乎
樽中，夫子能拙于用。笙瓟同出，讵为乐音，以见奇牢卺合行，未谕婚姻之所
共。于是荐芳席，娱密座，动而委命，虽提挈之由君，用或当仁，信斟酌而在
我。把酒浆则仰惟北而有别，充玩好则校司南以为可。有以小为贵，有以约
为珍，瓠之生莫先于晋壤，杓之类奚取于梓人？昔者沧流，曾变蠡名而愿
测，今兹庙礼，请代龙号而惟新。勿请轻之掌握，无使辱在埃尘，为君酌人
心而不倦，庶返朴以还淳。"
附：刘尧汉《论中华葫芦文化》：

　　葫芦能成为原始人简单易制而又轻便的容器，这是它的形状和
性能决定了的。按照《本草纲目》的分类，葫芦基本上有五种。人们
对这五种葫芦以不同方式割截，便可制成各种形状的容器。

　　我国中原、东北、西北、东南和南方各地出土新石器时代的陶容
器如：壶、瓶、盂、缸、豆、盆、尊、罐、杯、碗、钵、瓮等等形状，皆
类似葫芦容器。其中，有些为便于提携或放置稳当，只是再加耳（单
耳、双耳）、添足（鼎、鬲三足）、置底（如圆底瓶等）而已。（录自游
琪、刘锡诚主编《葫芦与象征》，商务印书馆2001年出版）
宋苏易简《文房四谱》卷二收录唐《段成式寄温飞卿葫芦管笔往复二
首》：

　　桐乡往还，见遗葫芦笔管，辄分一枚寄上。下走②因于守拙，不能

---

① 禜 yǒng 门：祭国门之神。见第13页注释②。
② 下走：自称谦辞。

大用。瓠落之实，有同于惠施①，竖厚之种，本惭于屈穀②。然雨思茶器，愁想酒杯，嫌苦莱而不吟，持长柄而为赠。未曾安笔，却省岁书。八月断来，固是佳者，方知缘沈赤管，过于浅俗，求太白麦穗，获临贺石班，盖可为副也。飞卿穷素缃之业，擅雄伯之名，沿沂九流，订铨百氏，笔洒沥而转王③，纸囊绩而不供。或助操弹，且非玩好，便望审安承墨，细度覆毫，勿令仲宣等闲敢咏也。成式状。

温庭筠答　庭筠累日来洛水寒疝④，荆州夜嗽，筋骸莫摄，邪蛊相攻，蜗睆伤明，对兰缸而不寝，牛肠治嗽，嗟药录而难求。前者伏蒙赐葫芦笔管一茎，久欲含词，聊申拜貺⑤，而上池未效，下笔无聊，惭况沉吟，幽怀未叙。然则产于何地，得自谁人，而能絜以裁筠，轻同举羽。岂伊筹草⑥，空操九寸之长，何必灵芝，独号三株之秀。但曾藏戢册省，永贮仙居，供笑遗民，迁永⑦佳种，惟应仲履。忽压烦声，岂常见已堕遗犀。仍抽直干，青松所染。漆竹三珍，足使玑珺惭华，琉璃掩耀。一枝为贵，岂其陆生。三寸见称⑧，遂兼扬子。谨当刊于岩竹，置以郊翰，随纤刊⑨而为床，拟高云而作屋。所恨书裙寡媚，钉帐无功，实脑凡姿，空尘异貺。庭筠状。

宋陈敬《陈氏香谱》卷一：

---

① 典见《庄子·逍遥游》："魏王贻我大瓠之种，我树之成而实五石，以盛水浆，其坚不能自举也。剖之为瓢，瓠落无所容。"瓠 hù 落：空廓貌。陆德明《经典释文》："简文云：'瓠落犹廓落也。'"

② 典见《韩非子·外储左上》：韩子曰：齐有居士田仲者，宋人屈穀见之曰："穀闻先生之义，不恃仰人而食，今穀有树瓠之道，坚如石，厚而无窍，献之。"仲曰："夫瓠贵者，谓其可以盛也，今厚而无窍，则不可剖以盛物，而任重如坚石则不可以剖而以斟，吾无以瓠为也。"曰："然。"穀将弃之。今田仲不恃仰人而食，亦无益人之国，亦坚瓠之类也。①②二典皆喻无用之才。

③ 王：《全唐文》作"润"。

④ 寒疝：中医病名。症状：腹中拘挛，绕脐疼痛，恶寒肢冷而汗出。多为寒邪凝滞腹内所致。

⑤ 拜貺 kuàng：拜受赐与。貺：赐，赠送。

⑥ 筹草：《全唐文》作"蓍草"。占卜用。

⑦ 永：《全唐文》作"兹"。

⑧ 称：《全唐文》作"珍"。

⑨ 纤刊：《全唐文》作"纤管"。

笃耨^①香　叶庭珪云：出真腊国^②，亦树之脂也。树如松杉之类，而香藏于皮，树老而自然流溢者也。色白而透明，故其香虽盛暑不融，土人既取之矣。至夏月，以火环其树而炙之，令其脂液再溢。及冬月，沍寒其凝，而复取之，故其香冬凝而夏融。土人盛之以瓠瓢，至暑月则钻其瓢而周为孔，藏之水中欲其阴凉而气通，以泄其汗，故得不融。舟人易以磁器，不若于瓢也，其气清远而长。或以树皮相杂，则色黑而品下矣。香之性易融，而暑月之融多渗于瓢。故断瓢而爇^③之，亦得其典型，今所谓葫芦瓢者是也。

宋曾慥《类说》卷三十二：

葫芦贮骨灰：李卫公在朱崖郡，北有望阙亭，公题诗云："独上江亭望帝京，鸟飞犹是半年程。碧山也恐人归去，百匝千遭绕郡城。"南小禅院因步游之，见老僧壁内挂十余葫芦。公指曰："中有药物乎？"僧曰："非也，皆人骨灰耳。大尉当轴朝列为私憾黜于此者，贫道悯之，因取其骸焚之，贮其灰俟其子孙来访耳。"公怅然如失，返走，心痛，是夜遂卒。

宋祝穆《古今事文类聚》前集卷二十三：

许由一瓢　许由隐箕山，以手捧水饮之。人遗一瓢，得以取饮，饮讫挂于树上，风吹历历作声，尚以为烦，遂去之。（《逸士传》）

宋程大昌《演繁露》卷十五：

腰舟　庄子言：魏王大瓠，濩落无所用，何不以为大尊，而浮之水上。司马云：尊如酒器，缚之于身，浮于江海，所谓腰舟也。亦《鹖冠子》"中流失船一壶千金"者也。诗曰：匏有苦叶，济有深涉。瓠之苦者，不可食啖，则养使坚大，裁以为壶，而用之济水，则虽深涉无害也。

宋俞德邻《佩韦斋辑闻》卷四：

吾岂匏瓜也哉，焉能系而不食。先儒谓匏，瓠也。匏瓜系于一处而

---

① 笃耨 nòu：也作笃褥。香木名。树如杉桧，切破茎皮则流脂。树脂香气浓郁，可作香料或供药用。

② 真腊国：汉代的扶南，唐称真腊。新、旧唐书有传。明代，其国自称甘孛智，万历后改为柬埔寨。

③ 爇 ruò：烧。

不能饮食，人则不如是也。愚尝疑而惟其义，一日读《卫风》之诗曰"匏有苦叶，济有深涉"，乃知匏可系以济涉，所谓"中流失船一壶千金"者是也。又《庄子》："今子有五石之瓠，何不虑以为大樽，而浮乎江湖之上。"司马氏云：樽如酒器，缚之于身，浮于江湖，可以自渡。虑犹结缀也，所谓腰舟。然匏虽可系，而味苦，且其中呀然，故不可以食。

金张从正《儒门事亲》卷六：

大便少而频 太康刘仓使病，大便少而频，日七八十次，常于两股间悬半枚瓠芦，如此十余年载。人见之而笑曰：病既频而少，欲通而不得通也，何不大下之，此通因通用也，此一服药之力。乃与药大下二十余行，顿止。

元王祯《王祯农书》农桑通诀集之二：

凡下种之法，有漫种、耧种、瓠种、区种之别。漫种者，用斗盛谷种，挟左腋间，右手料取而撒之，随撒随行，约行三步许，即再料取，务要布种均匀，则苗生稀稠得所。秦晋之间，皆用此法。南方惟种大麦，则点种，其余粟、豆、麻、小麦之类，亦用漫种。北方多用耧种，其法甚备，《齐民要术》云："凡种，欲牛迟缓，行种人令促步，以足蹑陇底。"欲土实，种易生也。今人制造砘车，随耧种之后循陇碾过，使根土相著，功力甚速而当。瓠种者，窍瓠贮种，随行随种，务使均匀。犁随掩过，覆土既深，虽暴雨不至迫挞。暑夏最为耐旱，且便于撮锄。今燕赵间多用之。区种之法，凡山陵近邑，高危倾陂及邱城上，皆可为区田。粪种水浇，备旱灾也。

元王祯《王祯农书》农器图谱集之二：

瓠种，窍瓠贮种，量可斗许，乃穿瓠两头，以木箄贯之，后用手执为柄，前用作觜（瓠觜中草莛通之，以播其种），泻种于耕过垄畔（畔，田半也。恐太深，故种于垄畔也）。随耕随泻，务使均匀。又犂随掩过，遂成沟垄，覆土既深，虽暴雨不至迫挞，暑夏最为能（耐）旱，且便于撮锄，苗亦鬯茂。燕赵及辽以东多用之。《齐民要术》曰："两耧重耩，窍瓠下之，以批契系腰曳之。"此旧制，以今较之，颇拙于用，故从今法。寡力之家，比耕耙、耧砘易为功也。

诗云：休言瓠落只轮囷，一窍中藏万粒春。喙舌不辞输泻力，腹心元窦发生仁。农工未害兼匏器，柄用将同秉化钧。更看沟田遗迹在，绿云禾麦一番新。

图5-11 瓠种器

元胡古愚《树艺篇》疏部卷一

壶芦，匏也，似瓠而圆。有甘苦二种，甘者可食，苦者至秋坚实，可作器。《记》曰：器用陶匏。即此。《埤雅》：壶性善浮，要之可以涉水，谓之要舟。《古今注》曰："壶卢，瓠之无柄者也。今其形不一，有圆匾如盒者，有长柄如枸者，有细腰如浮屠顶者，有项颈如鹤者。野人剖为饮器，呼鹤瓢杯。"（《松江府志》）

明解缙等《永乐大典·琐碎录》：

大瓠至冬干硬，制成盒子，可贮毛衣、红紫缎子，经久不蛀，色亦不退。

明王圻、王思义《三才图会》器用卷一

匏斗图

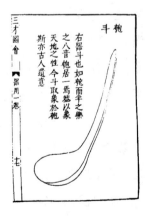

图5-12

明高濂《遵生八笺》卷八：

　　二宜床　式如尝制凉床，少阔，一尺长，五寸方，柱四立，覆顶。当做成一扇阔板，不令有缝。三面矮屏，高一尺二寸作栏，以布漆画梅，或葱粉洒金，亦可下用密穿棕簟①。夏月内张无漏帐，四通凉风，使屏少护汗体，且蚊蚋虫蚁无隙可入。冬月三面并前，两头作木格七扇，糊以布骨纸面，先分格数凿孔，俟②装纸格以御寒气。更以冬帐闭之，帐中悬一钻空葫芦，口上用木车顶盖，钻眼插香入葫芦中，俾香气四出。

　　酒尊　注酒远游，古名窑器甚佳，铜提次之，近以锡造者恶甚。余意磁者负重铜者有腥，不若蒲芦作具，内用坚漆，挟之远游，似甚轻便。山游当与已上三物束以二架，共作一肩，彼此助我逸兴。

　　提盒式

　　提炉式

　　匏樽式（见图）

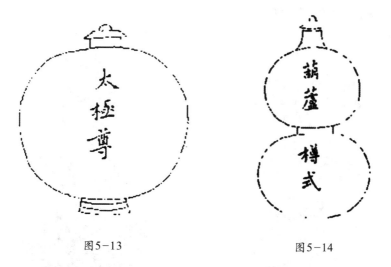

图5-13　　　　　　　　　　　　图5-14

五岳图四式具后

① 簟 diàn：席。

② 俟 sì：等待。

右五岳图二式,一出《道藏》,一出《唐镜》,模下不特制,为唐中玉圈,用之当以此。用黄素朱书裱作小卷,长可三四寸,饰以轴带,挂之杖头与葫芦作伴,山人持以逸游,谓非负图先生辈欤。其所当佩,说如《藏经》云。

明罗颀《物原·器原》:

燧人以匏济水。伏牺始乘桴。轩辕作舟楫。

明谷泰《博物要览》卷之四:

纪论壶瓶瓿等器

壶瓶,古用以贮酒。若古素温,壶口如蒜椰式者,俗名蒜蒲瓶,乃古壶也。极便贮滚水。插牡丹芍药之类,塞口最紧,惟质厚者为佳。他如粟纹四环壶、方壶、匾壶、弓耳壶,俱书室插花用。以花之多寡合宜,此器分置,若周之蟠螭瓶、螭首瓶。俗云观音瓶者,今之酒壶全用此式更变。汉之麐瓶,形如瓠子,稍弯,背有提靶。此瓶也,俗例为瓠子壶类,误矣。另有瓠壶,取诗云"酌之以匏"之义。今以此瓶注水,灌溉花草,雅称书室育蒲养兰之具。周有蟠虬瓿、鱼瓿、罂瓿,与上蟠螭、螭首二瓶俱可为插多花之具。

图5-15

图5-16

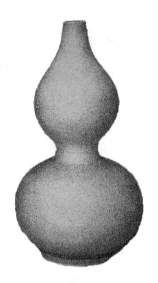

图5-17　　　　　　　　　　　　　图5-18

此图录自董健丽《中国古代葫芦形陶瓷器》元、明部分。图5-15为元钧窑天蓝釉葫芦形瓶；图5-16为元磁州窑白釉剔花缠枝牡丹纹葫芦形瓶；图5-17为明成化青花勾莲纹葫芦形瓶；图5-18为明彭城窑划花勾莲纹葫芦形瓶。

明谷泰《博物要览》卷之五：

> 柴汝官哥窑。柴，则余未之见，且论制不一，有云青如天、明如镜、薄如纸、声如磬，是薄磁也。或云柴窑足多黄土，何相悬也。汝窑，余尝见之，其色卵白，汁水中眼隐若蟹爪，底有芝麻花细小挣钉。余藏一蒲卢大壶，圆直，光如僧首，圆处密排细小挣钉数十。上如吹埙，收起嘴若笔帽，仅二寸，直樂向天，壶口径四寸许，上加罩盖，腹大径尺，制亦奇矣！

明屠隆《游具雅编》：

> 太极尊，以区匏为之。竖起，上凿一孔，以竹木旋口，粘以竹足，坚以漆布。内以生漆灌之，凡二次，酒贮不朽，且免沁漏，以络携游便甚。

明屠隆《考槃余事》卷四：

瓢

　　有瘿瓢，形如芝如瓠者，山人携以饮泉，大不过四五寸，而小者半之。惟以水磨其中，布擦其外，光彩如漆，明亮烛人，虽水湿不变，尘污不染，庶入精鉴。有小匾葫芦，可作瓢，须摸弄莹洁方妙。

清曹庭栋《养生随笔》卷三：

　　《山居清供》曰："截大竹整节，以制便壶。"半边微削，令平作底，底加以漆，更截小竹作口，提手亦用竹片黏连。又有择葫芦扁瓢，中灌桐油浸透，制同于竹。此俱质轻而具朴野之意，似亦可取。

清陈淏子《花镜》卷四：

　　壶芦，一名瓠瓜（俗作葫芦开），正二月下种，生苗引蔓而上，叶似冬瓜而稍团，有柔毛，五六月开白花，结实，初白，霜降后老而色黄。一种圆而大者，曰匏，亦名瓠。因其可以浮水，如泡如漂也。亦可做藏酒之器。一种下大上小腰细口细者，曰壶芦，可盛丹药。大可为瓮，小可为冠樽。小儿用以浮水，乐人用以作笙。盖肤瓢养家，犀瓣浇烛。实初结时，剖藤附押巴豆，二三日后柔弱可细，随去豆即活。以笔蘸芥辣界瓢上，其界处永不长。欲去内瓢，开瓠顶纳巴豆水食之，瓢出即空。

清官修《广群芳谱》卷九十《七言古诗》：

　　明陈继儒《芦花歌》：芦花作主我作客，芦花点头我拍膝。白鸥衔住揉蓑衣，使我欲行行不得。我醉欲倩芦花扶，芦花太懒可奈何。不如呼出青天月，大家跃入金葫芦。

清陈元龙《格致镜原》卷六十四：

　　余在燕市中见瘿杯有大如斗者，后在一宗室见以瘿木为浴盆，此以大为贵也。南方磊块百状，或有自然耳，可执小仅如鸡子者，此以小为贵也。政如北人卖大葫芦种谓可以为舟，而南人乃取如粟大者为扇坠，人之好尚不同如此。

清顾禄《桐桥倚棹录》：

　　从（葫芦）初结时，在枝上即扶令端正。待其长大，然后剪下，以丝绳系之，悬风中候干，雕为万眼罗及花卉之属。中挖一窍，四旁或作四穴，各嵌象牙、骨、角、玻璃为门。喜蓄秋虫之人，笼虫于内，置怀间珍玩，俗呼"叫哥哥笼"。（录自刘庆芳《葫芦的奥秘》，山东教育出版社1999年出版）

清卫杰《蚕桑萃编》：

  无声车 旧法以竹筒贯一铁条，或用木辊贯铁环内，转动沉滞，响甚聒耳，犹未为善。今制一不响之车，其法用一木椿，削方，径寸半，高过缫盆五六寸，插在盆边地上，近头处安一横桄，亦削方，径一寸三分，长与盆齐。其横桄当盆之中竖安两小柱，高四寸。两柱相去三寸余，在近上横安一细竹条，如籰干状，贯一轻𩊚辊𩊚，即葫芦皮。其制，用𩊚二圆片，径寸余，两片相去三寸，近边一周俱插细扫竹干，亦好籰干状，成一圆笼样。两𩊚片当中钻一孔，栖一竹筒，贯于细竹条上，令其滚转，活动无滞。轴下木桄当中钻一孔，内栖一小竹筒，孔如豆大，桄下露出三四分。此车不用钱眼，缫时将丝头用扫竹篠子从孔中引过，上轴掬交。此丝车概无铜铁，滚转最轻，快利无比，亦无响声。

徐珂《清稗类钞》第一册《园林类·公园》：

  园内路曲折，入二门，有憩息所，次为八角茅亭，在竹院中，以铁丝为槛，豢各鸟，再次为鹤亭，东有吸水机一部，张以风车，车动引水而上，至一大柜，柜底通铁管，直至池中。池心设浮木，上有李拐仙像，背负葫芦，司铁笅者扳其机，则水自葫芦涌出。

第三节 史部书工具器皿史料

春秋左丘明《国语·晋语》：

夫苦匏不材,于人共济而已。

汉班固《汉书·郊祀志》:

臣闻郊柴飨帝之义,扫地而祭,上质也。歌大吕舞《云门》以
竢天神,歌太蔟,舞《咸池》以竢地祇,其牲用犊,其席槀稭,其
器陶匏,皆因天地之性,贵诚上质,不敢修其文也。以为神祈功德
至大,虽修精微而备庶物,犹不足以报功,唯至诚为可,故上质不
饰,以章天德。紫坛伪饰女乐、鸾路、骍驹、龙马、石坛之属,宜皆
勿修。

南朝范晔《后汉书·班固传》:

于是圣上睹万方之欢娱,久沐浴乎膏泽,惧其侈心之将萌而怠
于东作①也。乃申旧章,下明诏,命有司班宪度,昭节俭,示太素,去
后宫之丽饰,损乘舆之服御,除工商之淫业,兴农桑之上务。遂令海
内弃末而反本,背伪而归真,女修织纴,男务耕耘,器用陶匏,服尚
素玄。耻纤靡②而不服,贱奇丽而不珍,捐金于山,沉珠于渊。于是百
姓涤瑕荡秽而镜至清,形神寂寞,耳目不营,嗜欲之原灭,廉正之心
生,莫不优游而自得,玉润而金声。

南朝宋范晔《后汉书》卷十六:

瓦鼎十二,容五升。匏勺一,容一升。

唐房玄龄等《晋书·礼志》:

郊丘之祀,扫地而祭,牲用茧栗,器用陶匏,事反其始,故配以
远祖。明堂之祭,备物以荐,三牲并陈,笾豆③成列,礼同人理,故
配以近考。

梁萧子显《南齐书》卷七:

陵冒雨雪,不避坑穽,驰骋渴乏,辄下马解取腰边蠡④器,酌水

---

① 东作:春耕生产。
② 纤靡:细巧华丽。
③ 笾豆:祭祀的礼器。笾:祭祀燕享时用以盛果脯的竹编食器。豆:食器,木制,形似高足盘。
④ 蠡:葫芦瓢。

饮之。

宋王质《绍陶录》卷上：

> 粟里杯觞及壶罇（见饮酒等诗） 酒杯宜用猫头竹根或松根柏根，坚老者亦佳。筜[①]竹筒、柘木马盂马瓢、长颈葫芦、扁腹葫芦，以轻稳为良。

宋岳珂《金佗稡编 金佗续编》卷十一《绍兴十一年令措置四太子人马分路作过省札》：

> ……正月初五日，会合诸路军马连老小一发起奔向南前来，及说一路兵取庐州，奔马家渡过江；一路取泗州濠州，要来扬州屯大寨，取润州过江；一路取海州；一路奔汉上去。及见，说四太子指挥每一个千户要闷葫芦三千个，要过淮南，敌人过淮后，降底人便掳，不降底都杀。

元脱脱等《宋史·乐志八》《绍兴朝日十首·酌献嘉安》：

> 匏爵斯陈，百味旨酒。勺以献之，再拜稽首。钟鼓在列，灵方安留。眷然加荐，惟时之休。

清张廷玉等《明史》卷二百六十二：

> 当是时，自成已据有河南、湖北十余郡，自号新顺王，设官置戍，营襄阳而居之。将由内浙窥商雒，尽发荆襄兵会于氾水荥泽，伐竹结筏，人佩三葫芦，将谋渡河。传庭分兵防御。

清于敏中、窦光鼐等《日下旧闻考》卷一百五十：

> 补：琉璃厂原为烧殿瓦之用，瓦有黄、碧二种。明代，各厂俱有内官司之。如殿瓦之外，所制一曰鱼瓶，贮红鱼杂翠藻于中。一曰琉璃片，以五色渲染人物花草炼成，嵌入窗户。一曰葫芦，小者寸计，大或至径尺，其色紫者居多。一曰响葫芦，小儿口衔，嘘吸成声，俗名倒掖气。一曰铁马，悬之簷以受风戛者也。
>
> 补：凡为葫芦，先得提，后得腹，接处为腰。凡为鱼瓶，先得口，

---

① 筜 guì：竹名。

次得腔。凡为响器，先得下口，后得上口。凡为灯碗，先得圆毬，吸其下，按其上，断其脐而坐之，上反为底，下反为面。凡为鼓璫，先得葫芦，旋烧其底而凹流之以均其薄，欲平而不平，使微槬焉，以随气之动乃得鸣。鼓铛者，响葫芦也。（《颜山杂记》）

增：乾隆十二年御制咏壶卢器诗　壶卢器者，出于康熙年间，皇祖命奉宸取架瓠而规模之，及熟遂成器焉，盌盂盆盒惟所命。盖其朴可尚，而巧亦非人力之所能为也。爰令园人仿为之，既成，题以句而识其源如是。累在栗薪炁，陶人岂藉凭？玉成原有自，瓠落又何曾？纳约传遗制，随圆泯锐棱。爰兹淳朴器，更切木从绳。

清黄叔璥《台海使槎录》卷五：

诸番与汉人贸易，家中什物亦有窑器釜铛之属，近亦间置桌椅，又制葫芦为行具，大者容数斗，出则随身，旨蓄毡衣悉纳其中，遇雨不濡，遇水则浮。

饮食无碗箸，用匏斗，状如葫芦，口小腹大，可藏米数斗，各社皆有，大武垅礁吧年二社尤多。贮物用筐及藤篮，耕种则用刀斧斫伐树根，栽种薯芋。亦有填筑薄岸为田播插稻秧者。

清黄叔璥《台海使槎录》卷七：

汲水用大葫芦曰大蒲仓，近亦用木桶，……衣粮多贮葫芦内，远出亦担以载行。

清黄叔璥《台海使槎录》卷八《番社杂咏》二十四首之一《渡溪》：

外沿大海内深溪，浮水葫芦每自携。惟有土官乘筏过，众擎如蚁两行齐。

清丁绍仪《东瀛识略》卷六：

制葫芦为行具，大者容数斗，遇雨不濡，涉水则浮。

清吴秋士《天下名山记钞》：

扉可掬为客煮茗，初不得冰，以葫芦系腰至洞里取水，曳之出入。寻缚枯藤为炬，鳞次而进，第一洞犹隐隐见影，二洞以内即黯黑无光，三洞是一小窦，围可三四尺，深五六丈，伏地匍匐，束身蛇行，即僧所曳葫芦处也。

清官修《万寿盛典初集》卷五十四：

　　万寿紫金葫芦献寿同山岳花　万寿蟠桃葫芦寿鼎　银晶万年葫芦洗

　　玛瑙万年葫芦杯　万年葫芦瓶（宣窑）

清官修《国朝宫史》卷十八：

皇太后大庆恭进

　　谨按乾隆十六年辛未十一月二十五日恭遇，皇太后六十大庆于年例恭进外每日恭进。

（说明：每日恭进品类较多，兹只选录以葫芦命名的器物）

十八日恭进：

　　珠光现瑞楠木葫芦龛一座

　　华严法界楠木葫芦龛一座

　　法藏光华楠木葫芦龛一座

　　青莲宝品楠木葫芦龛一座

二十一日恭进：

　　蓬壶仙种葫芦器九九

二十六日恭进：

　　春壶对捧天然双葫芦一件

　　六瑚焕采葫芦六方瓶一对

　　壶天日永葫芦双陆瓶一对

　　丹台珍器葫芦扁罐一件

　　壶洲挹秀葫芦靶碗一对

　　蓬山瑞种趷踏葫芦一件

二十八日恭进：

　　壶天送喜红玛瑙双喜葫芦鼻烟瓶一件

二十九日恭进：

　　瑞捧仙匏象牙葫芦鼻烟壶一件

三十日恭进：

　　壶峤盘龙碧玉蟠螭葫芦洗一件

　　附：董健丽《中国古代葫芦形陶瓷器》

　　该书由江西美术出版社2010年出版。内容分为"新石器时代的葫芦形陶器""夏商周时期的葫芦形陶瓷器""战国秦汉时期的葫芦形陶瓷匏器""东汉三国两晋时期的葫芦形陶瓷器""隋唐五代时期的葫芦形瓷器""宋代葫芦形瓷器""辽代葫芦形瓷器""金代葫芦形瓷器""元代葫芦形瓷器""明代葫芦形瓷器""清代葫芦形陶瓷器"等章。为配合上条"皇太后六十大庆恭进"内容，兹仅选"清代葫芦形陶瓷器"章中乾隆时期的部分器皿。

　　　　图5-19　　　　　　　　图5-20　　　　　　　　图5-21

　　图5-19为乾隆青花八仙过海图葫芦形瓶；图5-20为乾隆粉彩镂空花卉纹葫芦形转心瓶；图5-21为乾隆仿黑纱鱼皮嵌时钟表葫芦形壁瓶。

第四节　集部书工具器皿史料

　　明梅鼎祚《西汉文纪》卷二十三：

　　　　帝王之义莫大于承天，承天之序莫重于郊祀。祭天于南，就阳位，祀地于北，立阴义。圆丘象天，方泽则地，圆方因体，南北从位。燔燎升气，瘗埋就类，牲欲茧栗，味尚清玄。器成匏勺，贵诚因质，天地神所统，故类乎上。

明张溥《汉魏六朝百三家集》卷六十六谢灵运《君子有所思行》：

> 总驾越钟陵，还顾望京畿。踟蹰周名都，游目倦忘归。市廛无陋室[①]，世族有高闬[②]。密亲丽华苑，轩甍饰通逵[③]。孰是金张乐，谅由燕赵诗。长夜恣酣饮，穷年弄音徽。盛往速露坠，衰来疾风飞。余生不欢娱，何以竟暮归。寂寥曲肱子。瓢饮疗朝饥。所秉自天性，贫富岂相讥。

明张溥《汉魏六朝百三家集》卷一百十三收录王褒《和赵王隐士》：

> 兔鹄均长短，鹏鹦共逍遥。清襟蕴秀气，虚席满风飙。
>
> 断弦唯续葛，独酌止倾瓢。菖蒲九重节，桑薪七过烧。

北周庾信《庾子山集》卷三《拟咏怀二十七首》（其二十五）：

> 怀抱独昏昏，平生何所论。由来千种意，并是桃花源。
>
> 縠皮两书帙，壶卢一酒樽。自知费天下，也复何足言。

唐韦应物《韦苏州集》卷三《寄释子良史酒》：

> 秋山僧病冷，聊寄三五杯。应泻山瓢里，还寄此瓢来。

《重寄》：

> 复寄满瓢去，定见空瓢来。若不打瓢破，终当费酒材。

《答释子良史送酒瓢》：

> 此瓢今已到，山瓢知已空。且饮寒塘水，遥将回也同。

清彭定求、杨中讷等《全唐诗》卷八十六收录张说《咏瓢》：

> 美酒酌悬瓢，真淳好相映。蜗房卷堕首，鹤颈抽长柄。
>
> 雅色素而黄，虚心轻且劲。岂无雕刻者，贵此成天性。

清彭定求、杨中讷等《全唐诗》卷三百十一收录郑审《酒席赋得匏

---

① 市廛 chán：也作"市鄽"。市场存货的屋舍。陋 ài 室：矮小狭窄的居室。
② 高闬：高大的宫门。借指高大的府第。
③ 轩甍 méng：高高的屋脊。通逵：犹通途。

瓢》：

华阁与贤开，仙瓢自远来。幽林尝伴许，陋巷亦随回。

挂影怜红壁，倾心向绿杯。何曾斟酌处，不使玉山颓。

宋李昉等《文苑英华》卷七十二收录唐李程《匏赋》：

自然之器，匏也可睹。宜标名于曲沃[①]，竟入用于乐府。将以验遗声，追淳古。听自分乎雅郑，事有动于三五。俾夫继《咸池》而嗣《六英》，越《大章》而跨《大武》。观其发徵含宫，设商分羽。泊清角而杂奏，合五色而相辅。笙磬愔愔而在听，鸟兽跄跄而率舞。其为器也尚质，其感人也则深。类韶乐之和，自当忘味。耻齐竽之滥，讵可同音。伊昔哲匠未顾，伶官未临。分瓜瓞以为伍，将葛藟而是寻。空思谐于音律，宁望齐于瑟琴。愿以刳心，去苦叶而展用；宁无滋蔓，惧甘瓠之见侵。今则规模有制，清浊不惑。受天和而乃圆其象，生土德而再黄其色。不患大而拙用，奚能系而不食。道无自满，我则虚受而持盈。物有混成，我则不宰而为德。是知察清音而匪匏孰可，含雅韵而匪匏不克。矧国家大乐既备，万邦允怀。惟异域钦和而内向，君子勤礼而外谐。至哉！听斯匏之音也，可以知太平之阶。

宋李昉等《文苑英华》卷一百八收录唐崔曙《瓢赋》：

送子清酤，挹兹瓢杓。杓为器用，势本天作。生也绵绵，长非瓠落[②]。工虽能而莫骋，宾有量而是度。外象招摇，中虚橐籥[③]，泛然无系。似为客之漂流；浮而不沉，如从事之鸣跃。许何挂而厌喧？颜何饮而为乐？传一杯之引满，更百壶之竭涸。倘遇主人之深恩，敢忘此堂之斟酌。

清陈元龙《历代赋汇》卷八十八收录唐韦肇《瓢赋》：

器为用兮则多，体自然兮能几？惟兹瓢之雅素，禀成象而瓌伟。安

---

① 曲沃：地名，春秋晋地。故城在今山西闻喜县东北。

② 瓠 huò 落：空廓，廓落无用。

③ 橐籥 tuóyuè：《汉语大词典》释曰："古代冶炼时用以鼓风吹火的装置，犹今之风箱。《老子》：天地之间，其犹橐籥乎？虚而不屈，动而愈出。"

贫所饮，颜生何愧于贤哉！不食而悬，孔父尝嗟夫吾岂！离方叶，配金壶，虽人斯造制，而天与规模。柄非假操而直，腹非待剖而刳。静然无似于物，谿尔虚受之徒。黄其色以居贞，圆其首以持重。匪憎乎林下逸人，何事而喧？可惜乎罇中夫子，宁拙于用。笙瓠同出，讵为乐音以见奇。牢醴各行，用谢婚姻之所共。受质于不宰，成形而有待。与箪食而义同，方抔饮而功倍。省力而易就，因性而莫改。岂比夫尔戈尔矛，而劳乎锻乃砺乃？于是荐芳席，娱密坐。动而委命，虽提挈之由君。用或当仁，信斟酌而在我。把酒浆则仰惟北而有别，充玩好则校司南以为可。有以小为贵，有以约惟珍。瓠之生莫先于晋壤，杓之类奚取于梓人？昔者沧流，曾变蠡名而愿测，今兹庙礼，请代龙号而惟新。勿谓轻之掌握，无使辱在埃尘。为君酌人心而不倦，庶反朴以还淳。

宋黄庭坚《山谷集·山谷词·渔家傲》：

予尝戏作诗云："大葫芦掣小葫芦，恼乱檀那得便沽。每到夜深人静后，小葫芦入大葫芦。"又云："大葫芦干枯，小葫芦行沽。一住金仙宅，一往黄公垆。有此通大道，无此令人老。不问恶与好，两葫芦俱倒。"或请以此意倚声律作词，使人歌之，为作《渔家傲》：

踏破草鞋参到老，等闲拾得衣中宝。遇酒逢花须一笑，重年少，俗人不用嗔贫道。　　是处青旗夸酒好，醉乡路上多芳草。提着葫芦行来到，风落帽，葫芦却缠葫芦倒。

宋李之仪《姑溪居士前集　后集》后集卷十《失题九首》（其三）：

君方陵愈我惭郊，大瓠为舟浪自要。

老矣独期云𫘝①便，归与长负桂丛招。

峥嵘红橘迎风密，点滴安榴掠望烧。

多谢□萌滋味永，便思飞步到杨寥。

宋李之仪《姑溪居士前集　后集》后集卷十二《再和观画三首》：

欲问船师觅宝洲，须将大瓠作腰舟。

---

① 𫘝：一音 jué，指良马。一音 kuài，同"快"。

掀天白浪蛟龙吼，才得随流一点头。

宋欧阳修《文忠集》卷三《居士集三·古诗三十一首·啼鸟》：

雨声潇潇泥滑滑，草深苔绿无人行。

独有花上提葫芦，劝我沽酒花前倾。

宋苏轼《苏东坡全集》卷十四《蒜山松林中可卜居，余欲僦其地，地属金山，故作此诗与金山元长老》：

魏王大瓠无人识，种成何翅实五石。不辞破作两大尊，只忧水浅江湖窄。我材濩落本无用，虚名惊世终何益。东方先生好自誉，伯夷子路并为一。杜陵布衣老且愚，信口自比契与稷。暮年欲学柳下惠，嗜好酸咸不相入。金山也是不羁人，早岁闻名晚相得。我醉而嬉欲仙去，旁人笑倒山谓实。问我此生何所归，笑指浮休百年宅。蒜山幸有闲田地，招此无家一房客。

宋苏轼《苏东坡全集》卷三十三《赤壁赋》：

驾一叶之扁舟，举匏尊以相属。寄蜉蝣于天地，眇沧海之一粟。哀吾生之须臾，羡长江之无穷。挟飞仙以遨游，抱明月而长终。

宋梅尧臣《宛陵集》卷十五《五月七日见卖瓠者》：

老圃夺天时，马通为煦妪，四月彼种瓜，五月此卖瓠。阳陂与粪壤，功力且异趣。瓜迟瓠何早，岂不同雨露，速利乃在人，争先无晚暮。

宋陆游《剑南诗稿》七十五《家有两瓢，分贮酒药，出则使一童负之，戏赋五字句》：

长物消磨尽，犹存两大瓢。药能扶困惫，酒可沃枯焦。

童负来山店，人看度野桥。画工殊好事，传写入生绡①。

唐圭璋《全金元词》上册金王喆《临江仙》（咏葫芦）：

一只葫芦真个好，朝朝长是随予。腹中明朗莹中虚。贮琼浆玉液，滋味胜醍醐。　日日饮来依旧有，自然不用钱沽。杖头挑起入云衢。三清前面过，参成黍米珠。

————————————

① 生绡 xiāo：生丝，没有漂煮的丝织品。古以生绡作画，故也借指画卷。

元王恽《秋涧集》卷二十五《匏瓜亭》：

> 君家匏瓜尽樽彝，金玉虽良适用齐。
>
> 为报主人多酿酒，葫芦从此大家题。

元张之翰《西岩集》卷八《同王简卿赋莱石瓢杯》：

> 秀气凭凌老瓦盆，玲形追配古洼尊。
>
> 圣清透骨香无累，颜乐传心篆有痕。
>
> 半破匏瓜余玉蒂，一凹琥珀断云根。
>
> 莱山便是壶天路，几度春风引醉魂。

明郑真《荥阳外史集》卷九十四《赋鹤瓢杯用方参政韵》：

> 仙骥云深早蜕胎，谁将霜骨镂崔嵬。
>
> 香流玉液风生座，影浸金波月上台。
>
> 诗客莫夸椰子榼，山翁何美水精杯。
>
> 醉来傲睨乾坤阔，仿佛瑶池赐宴回。

清顾嗣立《元诗选》初集卷四十二谢宗可《诗瓢》：

> 雨蔓霜藤老翠壶，吟边不是酒葫芦。
>
> 剖开架上轮囷玉，著尽胸中错落珠。
>
> 满贮苦心留宇宙，深藏精气付江湖。
>
> 谁家半腹能千首，为问山人果在无。

明郑潜《樗庵类稿》卷二《存瓢诗》：

> 乱后惟存此一瓢，许由世远孰能招。
>
> 思亲恨酌南溟水，忧国愁翻北海潮。
>
> 松下无声何用弃，壁间有影莫相邀。
>
> 富沙春色浓如酒，与尔寻芳过野桥。

明吴宽《家藏集》卷二十一《谢石田送匏砚复次前韵》：

> 园官惊见匏壶肥，肯信良工自范围。
>
> 物在要论真与假，谱亡空较是耶非。
>
> 出门合辙何从合，逃墨归儒始是归。
>
> 不是痴翁多玩好，平生有号更谁依。

明谢晋《兰庭集》卷上《赋得酒瓢送陆玘》：

形质非雕琢，天成贮玉浆。匏尊宜作伴，椰榼每同将。

和月悬吟杖，随人入醉乡。最怜临别处，花底泻来香。

明高启《凫藻集》卷四《鹤瓢赋》：

宁真馆李高士遇青城黄老师，遗一瓢，其形肖鹤，刳为饮器，名曰鹤瓢。尝出以饮，启因为之赋。

月华子夜，宿玄馆，梦游太微，见一古士，其状实希，长颈密齿，不臞而肥，苦叶被体，服非羽衣，翩然来前，自称庖氏。少生魏园，长入吴市[①]，慕高躅于烟霞，离旧根于泥滓，云翼未成，海路空指，不食穷年，濩落[②]而已。握手终欢，愿托于子。觉而占之，既喜且惊，当得异物，莫测其名，匪胎以化，乃实而成。不解飞骞，历历善鸣，未足御仙客之举，但可挹圣人之清者欤。案未敛策，户响剥啄[③]，起逢老翁，曳杖矍铄，远有携而见遗，乃质刳而形鹤。月华子掀颟而笑曰：尔青田[④]之族，赤壁之侣，竟混草木而零落耶。畴昔之夜，吾与尔有约矣。于是扫苔轩，启松阁，分半壁以留棲，命一壶以对酌，不扃怨夜之笼，不贮回春之药，誓将共浮沈于沧溟，同上下于寥廓。青丘生过之，出以为乐，生诮之曰：夫道贵无累，始能有得此，盖许由弃之以全名，卫公好之而丧国，吾谓子遗身而超世，尚何留意而玩物。月华子耳若不闻，引满欲醺，拊之而歌曰：昂藏兮支离，尔生兮何奇，行则佩兮，饮则持与，翱翔兮千岁，期唯游无何兮，余非吾之所知。

清陈焯《宋元诗会》卷一百收录元释明本《咏葫芦》：

秀结团圞[⑤]带晚秋，偏从根本易绸缪。

---

① 魏园：典实参见本书 28 页《庄子·逍遥游》。吴市：典实参见本书 186 页晋葛洪《神仙传》。

② 濩 huò 落：空廓，廓落无用。

③ 剥啄：叩击门声。

④ 青田：山名。在浙江青田县西北。山有泉石之胜，道教称三十六洞天之一。以产鹤闻名，故也借指鹤。

⑤ 团圞 luán：也作"团栾"。圆貌。也借指月宫。

墙头恍忽悬明月，架上依稀缀碧旒①。

密贮神仙三岛药，稳乘罗汉五湖游。

他年剖破成双器，半赠颜回半许由②。

清官修《御制诗集》初集卷四十四收录爱新觉罗·弘历《咏壶卢器》：

壶卢器者，出于康熙年间，皇祖命奉宸取架瓠而规模之，及熟遂成器焉。碗盂盆盒，惟所命。盖其朴可尚，而巧亦非人力之所能为也。爰令园人仿为之，既成，题以句而识其源如是。

累在粟薪烝，陶人岂藉凭。玉成原有自，瓠落又何曾。

纳约传遗制，随圆泯锐棱。爱兹淳朴器，更切木从绳。

清官修《御制诗集》二集卷七十九收录爱新觉罗·弘历《咏葫芦笔筒》：

葫芦笔筒，予向日书几上日用物也，弅③置廿余年，今偶见之，如遇故人，因成是什，亦言志之意云尔。

苦叶甘瓠祇佐餐，纵然为器乃壶樽。岂知贮笔成清供④，陡忆含饴拜圣恩（是器乃皇祖所赐也）。巧是鸿钧⑤能造物（匏蒂初生，函以木范，迨落实时，各肖形成器，此制创自康熙年间，而此筒尤为天质完美），训垂燕翼见铭言（筒上有阳文铭，用成公绥经纬天地错综群艺之句）。错综不易穷理境，经纬何曾达治源。顿觉廿年成梦幻，那忘十载伴朝昏。犹然我也如相待，惭愧休为刮目论。

清代《御制诗集》四集卷八十七爱新觉罗·弘历《咏葫芦笔筒》：

作器必归圣，葫芦器古无。可知心造化，即此示猷谟⑥。

---

① 旒 liú：帝王礼帽前后的玉串。碧旒：青绿色的玉串。
② 典用《论语》所记颜回"一箪食一瓢饮"及本书199—200页《古今事文类聚》所记"古人有许由，有晁错，争一葫芦，由曰由葫芦，错曰错葫芦"。
③ 弅 jǔ：藏。
④ 清供：清雅的供品。旧俗凡节岁、祭祀等每用清香、鲜花、膳食等为供品。如新岁以松、竹、梅供几案，谓之岁朝清供。
⑤ 鸿钧：鸿，大；钧，陶钧，制造器用的转轮。喻上天的造化。
⑥ 猷 yóu 谟：谋划，谋略。

地宝何曾爱，天然宛就模。裴钟①看巧制，毛颖②得安区。

布景图犹活，临池帖可摹。兰亭同逸少，愧我少工夫。

按：张照《跋芦膜帖》有"曾见皇祖于芦膜上临兰亭"语，"膜"字于义无取，盖"模"字之误。康熙年间有葫芦器，皆以木模夹持成形。今司圃者亦仿为之，然大不如旧时者矣。

清官修《御制诗集》五集卷十六收录爱新觉罗·弘历《恭题壶卢碗歌》：

壶卢碗逮百年矣，穆如古色含表里。摩挲不忍释诸手，康熙御玩识当底。昔时未审赐何人，其家弗守鬻之市。展转兹复充贡琛，是诚珍胜其它耳。辞尘世仍入西清，碗如有知应自喜。敬思当日圣意渊，不贵异物祛奢靡。园开丰泽重农圃，蔬瓟尔时种于此。就模中规成诸器，神枢即契造物理。对碗可悟见诸羹，幻海浮沉宁论彼。

清官修《御制诗集》五集卷十七收录爱新觉罗·弘历《咏壶卢瓶》：

壶卢模器始康熙，苑监相承法种之。（壶卢模器者，皇祖命苑监于初生时制印模以规之，及成文理宛然，瓶碗诸器，惟意所命。至今御园内监尚存其法，种之每得佳器）。胜木从绳无斧凿，肖金在冶有炉锤。明雕漆异果园局，宋制磁赢修内司。踵事则然增华否，慎言敦朴每廑思。

清代《御制诗集》五集卷二十五收录爱新觉罗·弘历《咏壶卢合子》：

悬瓟何尝有定容，规之成器在陶镕。外模设矣得由已，中道立而能者从。绎义有符铸人法，摛词③无匪慕前踪（壶卢器自皇祖命苑监创制，至今遵奉成规，每得佳器，屡经题咏，以志率由前典）。苑丞

---

① 裴钟：晋王献之的笔筒名。

② 毛颖：毛笔的别名。

③ 摛 chī 词：抒发文辞。即遣词作文。

种出呈盘覆，贮水沉堪佐静供[1]。

清代《御制诗集》五集卷四十五收录爱新觉罗·弘历《咏壶卢瓶》：

碗盘富有印成模，似此花瓶新样殊。大小壶卢连蔓缀，（瓶之纹复缀以壶卢）物毋忘本若斯夫。

清代《御制诗集》五集卷八十二收录爱新觉罗·弘历《恭咏壶卢罐》：

器高五寸，径三寸，通体蟠螭二，有盖，当底有"康熙赏玩"四字。制是器者，瓠始生时，以木模束之，迨其长成，花纹字体，俨若天造，命意甚巧，而形制浑朴，较金玉之品似转胜之。

成器已将百岁余，康熙赏玩识当初。

置之白玉青铜侧，华朴之间意愧如。

清沈季友《槜李诗系》卷二十三收录明曹溶《匏杯歌》：

酌酒当用黄金樽，近年以来贵陶瓦。物巧生新定莫穷，易以坚匏更淳雅。尚象恒思谋始难，西楚东吴无作者。禾里遗风差不俗，逸客栽匏满原野。累累结实饱霜雾，夏秀秋贞互倾写。巨者尝闻济险津，酒易溺人此其亚。鉴古足藉息流湎，目前寓意在杯斝[2]。光瑜粟玉谢雕镂，岁月摩挲贱聊且。我里鲂鱼尾頳[3]赤，甲乙之间嘶战马。故家筐篚[4]无一存，插羽征求到松槚。犹余匏器侑曲蘖[5]，宾筵秩秩见潇洒。小制翻为四海珍，凤凰鹦鹉徒土苴[6]。乃知治器等治国，群材精牺趋良冶。不然弃掷老田庐，虫吟雀啄谁能把。

明曹溶《后匏杯歌》：

郡中攻匏始王氏，其后模效纷然多。各能推择尚坚朴，八月九月留霜柯。宣武平生诮形似，精微以往皆淆讹。石佛群生称好手，工惟

---

① 静供：当为"清供"。注见 125 页。

② 杯斝 jiǎ：酒器，泛指酒杯。

③ 頳 chēng：红色。

④ 筐篚 fěi：竹器。方曰筐，圆曰篚。

⑤ 蘖 niè：同"糵"。酒曲。

⑥ 土苴 jū：泥土和枯草。比喻微贱的东西。

急就亏揩磨。流传空复遍燕粤，贱售祗辱幽人薖①。东郊周生最晚出，家无尺帛颜常酡②。思穷莽苍得奇窍，尽刷诡怪还中和。终年黯惨与神遇，欻③起奏刀如掷梭。不规而成妙天质，因物纤巨无偏颇。瓶罍满眼总适用，譬若圣教陈四科。其间卓绝首觞器，琴轩书榻光相摩。捧之宜侯偓佺④辈，侍坐可斥妖秦娥。愚也好古彻骨髓，周生之室曾经过。持赠不惜倒筐篚，皛若片月来烟萝。南滞闽埭北沙塞，尘坌戛击催沉疴。糟邱已隤谢欢伯，不饮奈此匏者何。

清朱彝尊《静志居诗话》卷十九：

巢鸣盛，字端明，嘉兴人，崇祯丙子举人，有《永思草堂集》。

孝廉肥遁深林，绝迹城市，时群盗四起，镠铁银镂之器无得留者。于是绕屋种匏，小大凡十余种，长如鹤颈，纤若蜂腰。杯杓之外，室中所需器皿，莫非匏者。远迩争效之，檇李匏樽不胫而走，海内孝廉作长歌咏焉。兹录其五言一律云：

回也资瓢饮，悠然见古风。剖心香自发，刮垢力须攻。

不识金银气，何知陶冶工。尼邱疏水意，乐亦在其中。

剖心刮垢，盖自喻也。

巢孝廉手制匏尊铭（孝廉讳鸣盛，嘉兴人，名注复社。崇祯丙子举于乡，乙酉后，屏迹不入城市）：巢五孝廉焚公车，绕屋第⑤种青葫芦。截为杯杓与俗殊，巨罗凿落吾舍诸。物微奚足贵，难得高人制。

（《曝书亭集》卷六十一）

清李苞《巴塘诗钞》卷上《以葫芦为花瓶》：

如胆瓶难得，葫芦倩尔为。腹圆能受水，腰细可缠丝。

挂壁添家具，无花插果枝。邻僧傥来借，汲涧胜军持。

---

① 幽人薖 kē：幽人，隐士。薖，饥饿。

② 酡 tuó：饮酒面红的样子。

③ 欻 xū：忽然。

④ 偓 wò 佺：仙人名。司马迁《史记·司马相如列传》："偓佺之伦，暴于南荣。"刘向《列仙传·偓佺》："偓佺者，槐山采药父也，好食松食，形体生毛，长数寸，两目更方，能飞行逐走马。"

⑤ 弟 dì：同"第"。既有"次第"义，又可表示范围，相当于"只""仅仅"。

清郑燮《葫芦壶诗》：

嘴尖肚大耳偏高，才免饥寒便自豪。

量小不堪容大物，两三寸水起波涛。

（录自刘庆芳《葫芦的奥秘》，山东教育出版社1999年出版）

清颜光敏《颜氏家藏尺牍》卷二《瓠》：

瓠实向秋侵，咢然系夕林。不材留苦叶，槁死亦甘心。

偶伴嘉蔬植，还依旧圃寻。削瓜输上俎，剥枣逊清斟。

卫女河梁迥，泾师野渡深。未须惊五石，应信直千金。

作器疑无用，随流谅不沈。试充君子佩，聊比国风吟。

第六章 葫芦工艺类

葫芦，天生就是艺术品，溜圆的，长柄的，亚腰的，嫩时翠绿，老而金黄，人见人爱。若作人为加工，便如清人李光地《月令辑要》所言"若须为器，以模盛之，随人所好"，可以完成各种造型，可以做成多种乐器、饰品等等。刘庆芳《葫芦的奥秘》云："葫芦工艺品，称为'葫芦器'，又称'匏器'或'蒲器'。其制作方法大致有3类：一是拼接；二是范制；三是表面加工，包括削画、刻画、彩绘、镂雕、砑花和烙烫等。样样出神入化，巧夺天工。"

第一节 葫芦乐器史料

一 经部书

《周礼·春官·大师》：

大师掌六律六同，以合阴阳之声。阳声：黄钟、大蔟、姑洗、蕤宾、夷则、无射。阴声：大吕、应钟、南吕、函钟、小吕、夹钟。皆文之以五声,宫、商、角、征、羽。皆播之以八音,金、石、土、革、丝、木、匏、竹。

汉戴圣《礼记·郊特牲》:

> 歌者在上,匏竹在下,贵人声也。

清秦蕙田《五礼通考》卷七十七:

> 笙于古为匏器,其制攒众管于一匏,而共一吹口,每管设簧以取音,开出音孔,以别长短之度,而音之高下以生。复设孔于匏外,按某孔则某簧应。故《诗》曰:"吹笙鼓簧。"近世易匏以木,各管但以竹径相做者通其节,约略其长短,而无一定之制。至于簧数之多寡,则传注所纪,其说不一。郑氏《诗注》曰:"笙十三簧,或十九簧,而竽三十六簧。"《周礼注》郑众曰:"竽三十六簧,笙十三簧。"簧者,于管侧贴以薄铜叶,气至则战动成音。

附:商承祚《长沙古物见闻记》:

> 二十六年,季襄得匏一,出楚墓,通高约二十八公分,下器高约十公分,截用葫芦之下半。前有斜曲孔六,吹管径约二公分,亦为匏质。口与匏衔接处,以丝麻缠绕而后漆之。

附:孟昭连《葫芦模制工艺始于唐代说》:

> 上世纪70年代末,湖北随州曾侯乙墓出土葫芦笙四件,形状与仿葫芦笙相似。笙斗以天然葫芦制成,笙管以苦竹制成。从残留的插孔看,有十二管、十四管、十八管之分。(录自游琪主编《葫芦·艺术及其他》,商务印书馆2008年出版)

附:刘庆芳《葫芦的奥秘》:

> 1959年,云南省博物馆发掘了云南晋宁县石寨山西汉古墓群,出土了三件青铜葫芦笙,其中一件有7个插管孔,分两排排列。另一件为长柄直管,顶端开有吹孔,柄上有插孔6个,或许是葫芦笙的一种,其制今已亡佚。
>
> 1972年,于云南江川李家山第24号墓出土的两件青铜葫芦笙,是迄今发现的最古老的葫芦笙。这两件葫芦笙均为曲管球状,曲管顶端

（即葫芦柢部）有一吹孔；球体上插管的孔洞，一件有5个，另一件有7个。特别值得一提的是编号为M24：40a的葫芦笙，弯弯的越来越细的曲管上铸有立牛一具，造型优美，制作精细，既是乐器，又是一件不可多得的艺术珍品。此墓为春秋中晚期，距今已有2600多年了。

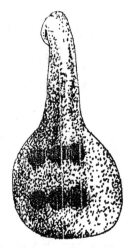 

图6-1　石寨山葫芦笙　　　　　　图6-2　立牛葫芦笙

《尔雅·释乐》：

大笙谓之巢，小者谓之和。

晋郭璞注，宋邢昺疏《尔雅注疏·释乐》：

"大笙谓之巢"注：列管瓠中，施簧，管端大者十九簧。"小者谓之和"注：十三簧者。《乡射记》曰："三簧一和而成声。"《世本》云："随作笙。"《礼记》曰："女娲之笙簧。"《释名》曰："笙，生也，象物贯地而生。"《说文》云："笙，正月之音。物生，故谓之笙。有三[①]簧，象凤之身。"其大者名巢。巢，高也。言其声高。小者名和。李巡云："小者声少，音相和也。"孙炎云："应和于笙。"瓠，匏也。以匏为底，故八音谓笙为匏。簧者，笙管之中金薄鍱[②]也。笙管必有簧，故或谓笙为簧。《诗·王风》云"左执簧"是也。大者十九簧，以时验而

①　"三"前脱"十"字，当为"十三簧"。
②　鍱 yè：轧成的金属片。

言也。云"十三簧"者，郑司农注《周礼》亦云"十三簧"，相传为然。

宋罗愿《尔雅翼》卷八：

河汾之宝，有曲沃①之悬匏焉。邹鲁之珍，有汶阳之孤条②焉。良工取以为笙。崔豹《古今注》曰："匏，瓠也。壶卢，匏之无柄者也。瓠有柄曰悬瓠，可为笙，曲沃者尤善。秋乃可用，用则漆其里。"匏在八音之一。古者笙十三簧，竽三十六簧，皆列管匏内，施簧管端。《通典》曰："今之笙竽以木代匏，而漆，殊愈于匏。荆梁之南尚存古制。（南蛮笙则是匏，其声甚劣。）"则后世笙竽不复用匏矣。

魏张揖《广雅》卷八：

笙以瓠为之，十三管，宫管在左方。

汉刘熙《释名》卷七：

笙，生也。象物贯地而生也。竹之贯匏，以匏为之，故曰匏也。竽亦是也，其中空，以受簧也。

宋聂崇义《三礼图集注》卷五：

笙　旧图云：笙长四尺，诸管参差，亦如鸟翼。《礼记》云：女娲之笙簧。《尔雅》云：大笙谓之巢，小者谓之和。郭注云：列管匏中，施簧管端，大者十九簧，小者十三簧。

明朱载堉《乐律全书》卷八：

匏音之属总序

臣谨按：匏者瓠属，大者可以为瓢，小者可以为笙，今之圆葫芦是也。壶亦瓠属，大者可以盛酒，小者可以盛药，今之亚腰葫芦是也。太古之世，民醇而愚，仪物未备，是故用匏以为笙，用壶以为尊。轩辕以来至于三代，圣王迭出，智巧滋彰，乃用胶漆角木之制以代匏，金锡模范之作以代壶。礼有壶尊，乐有匏笙，盖象其本形，存其旧名耳，实非真用匏及壶也。夫既不用匏壶，而犹谓之匏壶，何也？不忘本也。其名古雅未可废也，譬如麻冕虽不用麻而犹谓之麻冕，皮

① 曲沃：地名，春秋晋地。故城在今山西闻喜县东北。
② 孤篠 xiǎo：《书叙指南》曰："作笙之竹曰孤篠。"

弁虽不用皮而犹谓之皮弁，琴尾非焦而曰焦尾，书首非简而曰简首，此类众多，难尽举也。姑以《诗》《礼》二经证之，"八月断壶"之壶则真壶也，"清酒百壶"之壶则未必真壶也。"匏有苦叶"之匏则真匏也，"匏竹在下"之匏则未必真匏也。然先儒之惑者，疑今之笙非真匏音，谓必用匏而后八音备，噫！是岂知麻冕从众之义哉。盖臣初亦疑焉，尝命良工列簧匏中而吹之，终不如代匏之为妙也。由是始悟，匏之为言，即今笙斗之别名耳，谓之匏是也，谓之斗非也。木代匏者，其制甚精，其来亦远，非三代之圣人决不能为。先儒以为世俗之制，误矣。闻今溪洞诸蛮犹用匏以为笙，穴管之间鹽①而漏气，其音终不若中国之笙也。凡为雅乐，笙竽属者，刻木作匏形以代之可也。不作匏形，而作长底，则与俗笙无异，斯不可也。必欲仍用真匏，斯亦理之不通者也。以木代匏，其法有二，或用真匏为质者，或不用真匏只像匏形，亦可也。臣尝取世俗所吹十七簧笙，截去笙斗之下段，削去笙嘴及周遭之漆，而后截去葫芦之上段，将削过笙斗陷于葫芦中，用胶漆灰布以固其口缝，惟匏不漆，尚质故也。此是一法。又一法，用桐木旋作匏身，取其轻也，用枣木钻作匏面，取其硬也，中间实处亦同常笙，若不实则费气而难吹也。匏外安笙嘴，名曰味，形如鹅项，代匏并味，皆髹②以黑漆也。笙管曰修挝③，用紫竹为之。中挝最长，余挝渐短，各于按孔上刻律吕之名。俗笙周遭之管有阙不连，而向内者二孔，指入其中按之。雅笙则不然也，周遭之管如环无端，孔皆向外，指不入内，此其异也。若夫铜簧响眼之制亦如世俗常法，而笙匠所共晓，不必细述。然与俗笙异者，惟若匏之形，音律不同耳。是故，雅乐笙箫诸器皆须吹。《律议定传》曰"匏竹尚议"，此之谓也。（附：匏笙图）

---

① 鹽 gǔ：不坚固。
② 髹 xiū：上漆。
③ 挝 zhuā：笙两侧之管。

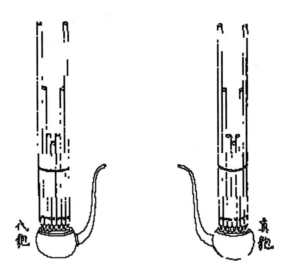

图6-3

清官修《律吕正义后编》卷六十五：

《明会典》：笙十二攒，用紫竹十七管，下施铜簧，参差攒于黑漆木匏中，有觜，项有黑漆。

《稗编》：笙八音属匏，截紫竹为之。十有七管，搆如鸟翼，插于匏中。管里各制以簧，簧以响铜为之。里外各有小孔，管上用竹篾作箍箍之，令管不散。匏用黑漆，以木为项，势如壶嘴，亦黑漆。匏端边有短嘴，以项插其中，但呼吸则簧动而声发。

匏音之属曰竽曰笙，先儒以为大竽三十六簧，小竽二十四簧，大笙十九簧，小笙十三簧，其说尚矣。然除《周礼》外，《诗》《书》及《仪礼》惟有笙而无竽。《尔雅》所谓"大笙十九簧"者，疑即竽乎？所谓"小笙十三簧"者，疑即笙乎？然则先儒所谓"三十六簧长四尺二寸"者，恐无此理。何以知其无此理也？簧多必用大匏，不惟吹气有限不能遍及，而手亦难持也。窃疑十九簧者，其名曰竽，又名曰巢。十三簧者，其名曰笙，又名曰和。盖此二器各有二名故也。二十四簧竽，首四管长二尺四寸，次四管长一尺八寸，次四管长一尺三寸五分，次四管长一尺，次四管长七寸五分，次四管长五寸五分。十九簧笙，首三管长一尺九寸,次四管长一尺四寸,次四管长一尺,次四管长七寸,次四管长五寸。十三簧笙,首三管长一尺三寸,次四管长九寸,次四管长六寸,次二管长四寸。管下削去竹皮之处,名为插脚,凡言尺寸,皆除插脚在外。

清官修《律吕正义后编》卷六十八:

戏竹[①]一对,朱红油攒竹,柄下钉贴金铜箍,上安贴金木葫芦,内栽红油竹丝五十,茎柄长六尺四寸八分,为十倍太蔟之度。葫芦长七寸二分九厘,为黄钟之度。竹丝长三尺六寸四分五厘,为五倍黄钟之度。葫芦上系彩线流苏,二人执之,立丹陛上,举以作乐,偃以止乐。

清载武《乐律明真解义》:

锁呐之管与铜口葫芦,苇哨长短,铜碗喇叭甚有相关。如先有铜口,欲配木管,必择取长者,吹以考之,如上孔之音微低,可将上口稍去其短,下孔微低,可将管之下口稍去其短。如先有木管,欲配上下铜口,亦必取其各皆微长,以稍去短而合其音其调,欲微高微低只在哨子软硬。

二 子部书

汉扬雄《太玄经》卷九:

棘木为杼,削木为柚,杼柚既施,民得以燠[②],㨑拟[③]之经纬。删割苞竹,革木土金,击石弹丝,以和天下,㨑拟之八风。

汉班固《白虎通德论》卷二:

八音者,何谓也?《乐记》曰:土曰埙,竹曰管,皮曰鼓,匏曰笙,丝曰弦,石曰磬,金曰钟,木曰柷敔[④],此谓八音也。法易八卦也,万

---

① 戏竹:指挥奏乐的用具。参见本书 149 页"戏竹图"。
② 燠 yù:暖,热。
③ 㨑 nǐ 拟:比拟,模拟。㨑,通"拟",比拟,模拟。
④ 柷敔 zhùyǔ:乐器名。乐开始时击柷,乐终止时刷敔。

物之数也。

晋崔豹《古今注》：

> 瓠有柄者悬瓠，可以为笙，曲沃者尤善。

元李衎《竹谱》卷七：

> 舍利王斑竹干有虺[1]文　《六帖》云：昔西域舍利王献乐，有大小匏琴，皆以虺文斑竹为之。而取声于匏，以合律。道州斑竹生高岩，小于箭，文如螺旋，不杂。

元陶宗仪《说郛》卷一百：

> 凤头箜篌、卧箜篌，其工颇奇巧，三头鼓铁拍板。葫芦笙舞有骨尘舞、胡旋舞，俱于一小圆球子上舞，纵横腾踏，两足终不离于球子上，其妙如此也。

清昭梿《啸亭杂录》卷九：

> 自鸣葫芦　康熙中，吾邸辽东，庄头某家植蔬菜，篱间结一巨葫芦，中能作音乐之声。献于先修王，修王异之，因进于仁庙，上甚为爱惜，日置养心殿中，后随殉景陵。

三　史部书

先秦无名氏《世本·作篇》：

> 巫咸作筮，倕作钟，无句作磬，女娲作笙簧。

春秋左丘明《国语》卷三：

> 声应相保曰龢，细大不踰曰平，如是而铸之金，磨之石，系之丝木，越之匏竹，节之鼓（节其长短小大）而行之，以遂八风，于是乎气无滞阴，亦无散阳。

汉司马迁《史记·三皇本纪》：

> 女娲氏亦风姓，蛇身人首，有神圣之德，代宓牺立，号曰女希

---

① 虺 huǐ：毒蛇。

氏，无革造，惟作笙簧。

晋皇甫谧《帝王世纪》：

　　女娲氏，承庖牺制度，始作笙簧。

唐刘恂《岭表录异》卷中：

　　葫芦笙　交趾[①]人多取无柄老瓠割而为笙，上安十三簧，吹之音韵清响，雅合律吕。

宋耐得翁《都城纪胜》：

　　小乐器只一二人[②]合动也，如双韵合阮咸，稽琴合箫管，鏊琴合葫芦琴，单拨十四弦，吹赚动鼓板《渤海乐》，一拍子至于拍番鼓子、敲水盏锣板和鼓儿皆是也[③]。今街市有乐人，三五为队，专赶春场看潮，赏芙蓉，及酒坐，祗应与钱，亦不多，谓之荒鼓板。

宋欧阳修等《新唐书》卷二十一：

　　燕乐。高祖即位，仍隋制设九部乐……《高丽伎》，有弹筝、搊筝、凤首箜篌、卧箜篌、竖箜篌、琵琶，以蛇皮为槽，厚寸余，有鳞甲。楸木为面，象牙为捍拨，画国王形。又有五弦、义觜、笛、笙、葫芦笙、箫、小觱篥[④]、桃皮觱篥、腰鼓、齐鼓、檐鼓、龟头鼓、铁版、贝、大觱篥。胡旋舞，舞者立球上，旋转如风。

宋欧阳修等《新唐书》卷二百二十二下：

　　骠古传

　　有大匏笙二，皆十六管，左右各八，形如凤翼。大管长四尺八寸五分，余管参差相次，制如笙管，形亦类凤翼。竹为簧，穿匏达本。上古八音，皆以木漆代之。用金为簧，无匏音，唯骠国得古制。又有小匏笙二，制如大笙，律应钟商。

----

① 交趾：地名。本指五岭以南一带的地方。汉置交趾郡。相传其地人卧时头外向，足在内而相交，故称交趾。

② 一二人：《梦梁录》卷二十作"三二人"。

③ 此句，《梦梁录》卷二十作"一拍子至十拍子。又有拍番鼓儿、敲水盏、打罗板、和鼓儿，皆是也。"

④ 觱篥 bìlì：一种管乐器。以竹为管，以芦为首，状似胡笳。

有大匏琴二，覆以半匏，皆彩画之，上加铜瓯。以竹为琴，作虺文横其上，长三尺余。头曲如拱，长二寸，以绦系腹，穿瓯及匏本，可受二升。大弦应太簇，次弦应姑洗。有独弦匏琴，以班竹为之，不加饰，刻木为虺首。张弦无轸，以弦系顶，有四柱，如龟兹琵琶，弦应太蔟。有小匏琴二，形如大匏琴，长二尺，大弦应南吕，次应应钟。

附：刘庆芳《葫芦的奥秘》：

广西南部和越南境内如今尚有一种独弦琴，又称"瓢琴"，与《新唐书》所述形制有别。这种琴的琴身为桐木做成，长形无底，张金属弦一根，一头系于琴尾，另一头穿过喇叭形的葫芦，扎在插于琴头的小竹柄上。演奏时，左手控制小柄以改变音高，右手用竹片拨奏。值得注意的是，这种琴所用的葫芦，不是从中间一剖为二的半匏，而是切去大腹下部，使葫芦呈喇叭状，通过拨动金属弦，起到谐振扩音的作用。

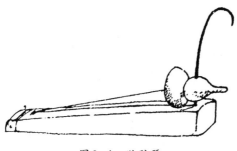

图6-4　独弦琴

明宋濂等《元史》卷六十八：

巢笙四，和笙四，七星匏一，九曜匏一，润余匏一，皆以斑竹为之，玄髹[1]底，置管匏中，施簧管端，参差如鸟翼。

宋吴自牧《梦粱录》卷二十：

合动小乐器，只三二人合动尤佳，如双韵合阮咸，稽琴合箫管，鼗琴合葫芦琴，或弹拨十四弦[2]，独打方响，吹赚动鼓《渤海乐》，一

---

① 髹 xiū：漆。

② 十四弦：《丛书集成》初编本《梦粱录》作"下四弦"。

拍子至十拍子。又有拍番鼓儿、敲水盏、打罗板、和鼓儿,皆是也。

宋乐史《太平寰宇记》卷一百六十五:

> 风俗　岭外邑居犹有冠冕之风,其姓陆者绩之遗嗣,尚有银章青绹(guā)铜虎符,乡宗重之,皆云绩物也。《说文》云:"绹,青绶也。"其俗有礼会,击皮鼓吹葫芦笙以为乐。

宋乐史《太平寰宇记》卷一百六十七:

> 《十道志》云:獠人杂居,鼻饮跣足,好吹葫芦笙,击铜鼓,习射弓弩。无蚕桑,缉蕉葛以为布。不习文学,呼市为庐,五日一集,人惟刚悍,重死轻生。

宋朱辅《溪蛮丛笑》:

> 葫芦笙:潘安仁《笙赋》:曲沃悬匏,汶阳孤篠,皆笙之材。蛮所吹葫芦笙,亦匏篠余意,但列管六,与《说文》十三簧不同耳,名葫芦笙。

元马端临《文献通考》卷一百六十五:

> 乐器五　匏之属　笙　《律吕正义》曰:笙于古为匏器,其制攒众管于一匏,而共一吹口,每管设簧以取音(簧者,于管侧贴以薄铜叶,气至则鼓动成音),开出音孔,以别长短之度,而音之高下以生。复设孔于匏外,按某孔则某簧应。故诗曰"吹笙鼓簧"。近世易匏以木,各管但以竹径相做者通其节,约略其长短而无一定之制。至于簧数之多寡,则传注所记,其说不一。今礼部太常所用,俱十七管。有全用者,有空二管或三管不设簧,而用十五管或十四管者。俗部所用,亦十七管或十五管,而止用十三管,其余皆不设簧。盖去其重复,但取一均之声以备用也。又礼部太常所用笙,体大而空,径亦大,其出音孔至簧度分反短。俗部所用笙,体小而空,径亦小,其出音孔至簧度分反长。盖因取声于容积之分,故径与长相为盈缩焉。按十七簧大笙径约二分上下,每一笙之内各管空径不一,其自簧口至出音孔分最长,第一管七寸五分余,二管七寸余,三管亦七寸余,视二管微歉,四管六寸五分余,五管六寸余,六管五寸二分余,七管四寸五分余,八管四寸二分余,九管十管十一管皆四寸上下,十二管三寸八分余,十三管

三寸六分余,十四管三寸三分,微歉,十五管三寸二分余,此两管亦相同,十六管三寸余,十七管二寸六分余。此皆工人约略为之,初未有一定之真度也。审其音最长,一管应笛之尺字,二管应最低工字,三管应低工字,四管应低凡字,五管应低六字,六管应低五字,七管应最低乙字,八管应低乙字,九管应低上字,十管应高上字,十一管应上字尺字之间为勾字,十二管应高尺字,十三管应高工字,十四管应高凡字,十六管应高六字,十七管应高五字(此高低字音皆以体之倍半而言,非清浊二均之分)。其取声之法,一管合六管,或一管合十二管,为低尺字,二管合七管,为最低工字(太常乐工省此二管不用,故止十五簧),三管合八管为低工字,四管合九管为低凡字,五管合十二管为低六字,六管合十三管为低五字,七管合十四管为最低乙字(太常乐工亦多不用),八管合十五管为低乙字,九管合十六管为低上字,十管独用为高上字,十一管独用为勾字,十二管合十七管为高尺字,十三管独用为高工字,十四管独用为高凡字,十六管独用为高六字,十七管独用为高五字,此十七簧大笙立体取音之大概也。

十三簧小笙径约一分有余,每一笙之内各管径亦不一,其自簧口至出音孔分最长,第一管八寸余,二管七寸余,三管六寸五分余,四管六寸余,五管五寸五分余,六管五寸余,七管四寸五分余,八管四寸五分不足,九管四寸余,十管三寸五分余,十一管三寸三分余,十二管三寸余,十三管三寸不足。审其音,一管低尺字,二管低工字,三管低凡字,四管低六字,五管低五字,六管低乙字,七管低上字,八管高上字,九管高尺字,十管高工字,十一管高凡字,十二管高六字,十三管高五字。其取声之法,一管合五管或合九管为低尺字,二管合六管为低工字,三管合七管为低凡字,四管合九管为低六字,五管合十管为低五字,六管合十一管为低乙字,七管合十二管为低上字,八管合十二管为高上字,九管合十三管为高尺字,十管独用为高工字,十一管独用为高凡字,十二管独用为高六字,十三管独用为高五字,此十三簧小笙立体取音之大概也。

大笙之十五簧于十七簧已为减二，而小笙又少勾字、凡字二簧，盖勾为低尺，可以相代，而凡字重出，嫌其易淆，故复减耳。其一笙之内，管体长者设簧，亦大管体短者设簧，亦小易其簧，而更施之，则或咽或揭，皆不成声。至于簧之硬者，应声微高，点以蜡珠则可少；下簧之软者，应声微低，不施蜡珠，或易以硬簧，则可以高。然所差不过半音，未若管体长短之分音晰也。今欲明制笙之法，辨笙之体，详笙之用，必一其径，纍其积，考其度，正其音，一一本之于律吕，而后笙之理数可明焉。一其径者，使一笙各管之空径皆同如十二律吕之同径也。纍其积者，定众管之积，或用律吕之全，或用律吕之半，或用律吕几分之一也。考其度者，察某管得某律吕相和之分，或得某律吕相和之倍，某律吕相和之半也。正其音者，详某管之应某律吕某声字，与某管设簧则应某律吕某声字也。盖笙之大小虽殊，而为用则一。大笙之空径二分上下者，乃黄钟八分之一又加此一分之四分之三之管径也（以通分约之，乃黄钟三十二分之七）。小笙之空径一分有余者，乃黄钟八分之一之管径也。其管之长者，用本体律吕之倍，管之短者，用本体律吕之正或本体律吕之半。其半管比正管每下一音，亦如律吕之正与倍半之理也。其相和取声，无论体之大小，管之多寡，要皆以本声立宫而征声和之，或以正声为主而少声和之，取二声相济，抑扬中听也。其两管同一声字而相和者，乃宫与少宫、商与少商、工与高工、凡与高凡为两声子母相应者也。其两管不同声字而相和者，乃宫与征、商与羽、工与乙、凡与上之类，是两声得其相生之序而相和者也。若夫两管之断不可和者，如宫与商、商与角、工与凡、凡与六之类，是两声相比必甚乖谬而不可和者也。是故笙之低尺字以低五字和之者，乃浊变征立宫，而宫声为征以和之也。低尺字以高尺字和之者，即倍变征以正变征和之也。低工字以低乙字和之者，乃下征立宫而商声为征以和之也。低凡字以低上字和之者，乃下羽立宫而角声为征以和之也。低六字以高尺字和之者，乃倍变宫立宫而正变征为征以和之也。低五字以高工字和之者，乃宫声立宫正用征声以和之者也。

低乙字以高凡字和之者，乃商声立宫而羽声为徵以和之也。低上字以高六字和之者，乃角声立宫而少变宫为徵以和之也。高上字仍以高六字和之者，亦角声立宫而少变宫为徵以和之也。高尺字以高五字和之者，乃少变徵立宫而少宫为徵以和之也。高声与低声相和者，乃首音与第八音相和所谓隔八相生也。徵之可以和宫者，所谓宫生徵也。羽之可以和商者，所谓商生羽也。若夫商之可以和徵者，又为徵之生少商皆为首音与第五音相和者也。盖各管之径既同，则声字之度分可定，声字之度分既定，则各管之相旋为用，自有协和之妙焉。夫箫笛之体起于黄钟之加倍，而笙之体则起于黄钟之减分。加倍者或加八倍或加四倍，其所制之管皆与黄钟一均之声相应。减分者或用黄钟四分之一或用黄钟八分之一，所制之管亦皆与黄钟一均之声相应。若应大吕一均者，大笙则取黄钟八分之一，又加此一分之四分之二之管为本（即三十二分之六），小笙则取黄钟六十四分之七之管为本，或不易其体，但用点簧之法以高其音，亦可备阴吕一均之用。然其声虽协于大吕，而其数并起于黄钟，此黄钟所以尤为竹音之本也。

十七簧大笙以黄钟八分之一又加此一分之四分之三之管为本，其十七管之径皆一分六厘五毫，其黄钟之分四寸三分九厘二毫，大吕之分四寸一分一厘三毫，太簇之分三寸九分零四毫，夹钟之分三寸六分五厘六毫，姑洗之分三寸四分七厘，仲吕之分三寸二分五厘，蕤宾之分三寸零八厘四毫，林钟之分二寸九分二厘八毫，夷则之分二寸七分四厘二毫，南吕之分二寸六分零二毫，无射之分二寸四分三厘七毫，应钟之分二寸三分一厘三毫。此黄钟八分之一又加此一分之四分之三之管，声应无射之律羽声。上字于笛为凡字设簧，则应姑洗之律角声。六字于笛为上字以之和大吕之分，得四寸二分五厘二毫，仍应姑洗之律角声。六字乃此笙第九管，低上字之分也。长于此者用倍数，而短于此者用正数矣。其第九管低上字之分倍之得八寸五分零四毫，乃应蕤宾之律变徵。五字而为此笙之最长，第一管低尺字之分焉。太簇夹钟相和之分三寸七分八厘，声应蕤宾之律变徵。五字为第十二管，高尺字之分倍之得七寸五分六厘，乃应夷则之律征声。乙字为第三管，低工字之分焉。姑洗仲吕相和之分三寸三分六厘，声应夷则之律征声。乙字为第十三管，高工字之分倍之得六寸七分二厘，乃应无射之律羽声。上字为第四管，低几字之分焉。蕤宾林钟相和之分三寸零六毫，声应无射之律羽声。上字为第十五管，高凡字之分倍之得六寸零一厘二毫，乃应半黄钟之律变宫。尺字为第五管，低六字之分焉。夷则南吕相和之分二寸六分七厘二毫，声应半黄钟之律变宫。尺字为第十六管，高六字之分倍之得五寸三分四厘四毫，乃应黄钟之律宫声。工字为第六管，低五字之分焉。无射应钟相和之分二寸三分七厘五毫，声应黄钟之律宫声。工字为第十七管，高五字之分倍之得四寸七分五厘，乃应太蔟之律商声。凡字为第八管，低乙字之分焉，其第二管之最低工字，即第三管之分，其第七管之最低乙字，亦即第八管之分。不过微长分余。或簧少软，使之声字稍下而已。其十管之高上字，仍如九管之分，但九管以下至最长第一管设簧，皆长而软。十管以上至最短第十七管设簧，皆微短而硬，是以九管因簧长而声低为低上字，十管因簧短而声高为高上字。此又管体一而因簧以别高下者也。若夫第十一管之勾字，则取上字与尺字之间为度。第十四管之高凡字，亦与十五管高凡字之分同，不过微长少低，以配八管之乙字，相和而取声耳。至于十五簧比十七簧减两管者，二管之最低工字，七管之最低乙字，嫌其与三管工字八管乙字相淆，故不用独留。十四管之凡字以和十管之高上字为高凡字，即四管凡字和九管上字之理也。十七簧十五簧其声字度分本出一体，但用管有多寡之分。《尔雅》"大笙谓之巢"注："大笙十九簧。"此十七簧十五簧盖做十九簧之制者也。

十三簧小笙以黄钟八分之一之管为本，径皆一分三厘七毫（乃黄钟径之半）。其黄钟之分三寸六分四厘五毫，大吕之分三寸四分一厘三毫，太蔟之分三寸二分四厘，夹钟之分三寸零三厘四毫，姑洗之分三寸八分八厘，仲吕之分二寸六分九厘六毫，蕤宾之分二寸五分六厘，林钟之分二寸四分三厘，夷则之分二寸二分七厘五毫，南吕之分二寸一分六厘，无射之分三寸零二厘二毫，应钟之分一寸九分二厘，此黄钟八分之一之管，即应正黄钟之音为低工字，于笛为低五字设簧，则应夷则之律徵声。乙字于笛为工字以之和大吕之分，得三寸五分二厘九毫，仍应夷则之律徵声。乙字乃此笙第十管高工字之分也，长于此者用倍数，短于此者用正数矣。其第十管高工字之分倍之得七寸零五厘八毫，乃应无射之律羽声。上字而为此笙第三管，低凡字之分焉。其太簇夹钟相和之分三寸一分三厘七毫，声应无射之律羽声。上字为第十一管，高凡字之分倍之得六寸二分七厘四毫，乃应半黄钟之律变宫。尺字为第四管，低六字之分焉，姑洗仲吕相和之分二寸七分八厘八毫，声应半黄钟之律变宫。尺字为第十二管，高六字之分倍之得五寸五分七厘六毫，乃应黄钟之律宫声。工字为第五管，低五字之分焉，蕤宾林钟相和之分二寸四分九厘五毫，声应黄钟之律宫声。工字为十三管，高五字之分倍之得四寸九分九厘，乃应太簇之律商声。凡字为第六管，低乙字之分焉，夷则南吕相和之分二寸二分一厘七毫，声应太簇之律商声。凡字于此笙为高乙字之分，因笙所用声字止于高五字，故不用此分，而倍之得四寸四分三厘五毫，乃应姑洗之律角声。六字为第七管低上字之分焉，第八管亦仍用此七管之分，设以短簧高其音，为此笙之高上字焉。其无射应钟相和之分，一寸九分七厘一毫，声应姑洗之律角声。六字于此笙为高上字之分，今亦不用，而倍之得三分九分四厘二毫，乃应蕤宾之律变徵。五字为第九管，高尺字之分焉。至于最长之第一管，复以第七管低上字之分，倍之得八寸八分七厘，声应蕤宾之律变徵。五字而为此笙之第一管，低尺字之分焉。第二管则以第九管高尺字之分，倍之得七寸八分八厘四毫，声应夷则之律徵声。乙字而为此笙之第二管，低工字之分焉。夫十三簧小笙比十五簧大笙减两管者，以勾字与低尺字声音易淆，故减之。复因十五簧笙重一凡字，亦嫌其相淆，故亦减之。止用十三簧，而声字已备，即可相兼以和声也。十三簧小笙得黄钟八分之一之体，故其声字度分尤为简明。《尔雅》"小笙谓之和"注："小笙十三簧。"今十三簧小笙即其制也。

《律吕正义后编》曰：大笙十七簧，以黄钟三十二分积之七之管为体，径一分六厘五毫，下接紫檀为管本，窍其中，而有底长一寸六分二厘五毫，入管三分，径二分四厘五毫治管之内，径使足相受，底径与管径等环植匏中，而阙其右。中管最长，两边渐短，以众凤翼。右首第一管长四寸三分九厘二毫，本管黄钟之分，以次左旋。第二管长六寸零一厘二毫，本管蕤宾林钟相并之分。第三管长八寸零一厘七毫，本管大吕太蔟相并之分。第四管长一尺零六分八厘八毫，本管倍夷则、倍南吕相并加倍之分。第五管长一尺三寸八分八厘，本管四倍姑洗之分。第六管与第四管等，第七管与第三管等，第八管与第二管等，第九管与第一管等，第十管以后复如第一管，依次参差。至第十七管，与第二管等管本近，底八分，削半露窍，以薄铜叶障之。开簧口如舌，舌端点以蜡珠。自簧口而上，按本管律吕之分于管之里面开出音孔，长七分二厘九毫，宽得长十之一。又于管端开气孔，第三管第四管第十七管在管里面，余俱在管外面。第十一管第十二管距管本八分五厘，余俱四分五厘。匏代用木，面径二寸三分七厘五毫，底径一寸一分八厘七毫，高二寸一分九厘六毫，刳其周遭而存其中。中心实径九分五厘，圆环空径六分零九毫，深一寸二分一厘八毫，周厚一分零三毫，底厚九分七厘八毫，面厚与管径等。匏面开十七孔以受管，管本出匏面上六分九厘四毫，入匏九分三厘一毫。凡两管相切，则削其两旁，外广内狭，使之相比，总以竹籀束之。本丰末锐，以象凤身。匏腰安短嘴，形如长圆而昂其末，横径九分一厘四毫，直径一寸二分一厘八毫，上距匏面下距匏底各四分八厘九毫，长距匏面外周一寸二分一厘八毫。嘴面外直形成尖圆，直径一寸五分零三毫，上与匏面平，中开方孔，径四分三厘九毫。短嘴末安长嘴，形如凤颈，长七寸二分九厘。颈本后安方管，贯于短嘴方孔中，其末为吹口，人气从吹口入匏盈簧，启按某管之气孔，则气从出音孔随呼吸往来，鼓簧成音。

笙之制，经无明文，汉魏诸儒皆云十三簧，晋郭璞乃曰大笙十九簧小笙十三簧，宋书则曰十九簧至十三簧，唐南蛮笙有十六簧。宋陈旸始言宋大乐笙并十七簧，旧外设二管，谓之义管。又言唐乐图所传有十七管笙十二管笙，后周郑译献十六管笙，李照作二十四管笙，蜀孟进三十六管笙，而宋史乃曰巢笙十九簧和笙十三簧，皆用十九数。十三簧者曰闰余匏，九簧者曰九星匏，七簧者曰七星匏。《元史》与《宋史》同。《明会典》笙十七管，《律吕精义》疑十九簧者名竽，又名巢。十三簧者名笙，又名和。而谓十七管者，为隋以来俗乐之误。大抵古人制器，必当于理而适于用，然后可以达天下而垂万世，不然，则虽一人作之，一时用之，而天下万世勿从也。今观笙制，诸说虽有不同，而小笙十三簧则未之有异，其为古制无疑矣。然今小笙十三簧，实亦十七管，独四管无簧耳。大笙十七管，而四管不用，实亦十三簧耳。或汉魏以前据其实用而指为十三，或自晋以后取其美观而增为十九欤，非可以臆定也。明制十七管信而有征，《精义》乃执郭璞十九簧之说，以为上下相生不可增减，信斯言也，则竽之三十六簧和之十三簧，又何说耶？且所贵乎乐器者，以声藉此而成也。苟能成声，欲减不能，苟声不成，虽增无用，今之大笙十七簧而止用十三簧者，以声止十三而无十七也。其管之必以十七者，则所谓参差象凤翼者也。假使将大笙之最长者加二管而为十九，或将小笙之无簧者去四管而为十三，未为不可。但管多则匏过大，管少则匏过小，无当于理而不适于用，又何必改作为耶！至笙管圆径之大小，出音孔分之长短，乃声音高下之所由生，然自古无言之者。工人约略为之，而无一定之制。上编黄钟加分减分，同形管既按积以审音，下编又按分以制器，诚极声音之妙理，而万世莫能易矣。

元马端临《文献通考》卷三百十：

高宗绍兴二十一年，行都豪贵竞为小青盖，饰赤油火珠于盖之尊，出都门外，传呼于道，国朝以火德兴赤火，祥也。……又都市为戏，加篦巾，披卧辣，执藤鞭，群吹鸺鸹笛，拨葫芦琴，效北人为礼，长跪献酒。时金患仅定，上念境土未复，将请河南地命有司禁止之。

明巩珍《西洋番国志》：

婚丧之礼，锁里人、回回人各以类，亦有衒衒①弹唱，以葫芦壳为乐，红铜丝为弦，唱番歌相和，而弹唱甚有音韵可听。国王位不传子，传与外甥，若王无姊妹，则传于弟，无弟则传与有德之人，世代相仍如此。国法无鞭笞之刑，轻则截手断足，重则罚金诛戮，甚则抄封灭族。人犯法到官则称冤不伏者，则于王前或大头目前，以铁锅煮油令滚，先以树叶爆裂有声，乃命其人以右手二指浸滚油内，片时取出，用布包裹封记，监留在官，过三日聚众开封视之，若手溃烂，则不枉，遂加以刑。其不烂者，则头目人等以鼓乐送此人回家，诸亲邻友皆贺，相与饮酒作乐。国王其年以赤金五十两，令匠抽丝如发，结绾成片，以各色宝石珍珠厢成宝带一条，遣头目及那进贡中国。

清陆次云《峒谿纤志》中卷：

葫芦笙　笙大如盂，长二尺，止六管，此六律初起六同未备之制也。以依歌曲，韵颇悠扬，古穆澹宕②，可于此求元音之始。

清官修《续文献通考》卷一百十：

臣尝取世俗所吹十七簧笙，截去笙斗之下段，削去笙嘴及周遭之漆，而后截去葫芦之上段，将削过笙斗陷于葫芦中，用胶漆灰布以固其口缝。惟匏不漆，尚质故也。

葫芦乐器：明马欢《瀛涯胜览》曰：古里国以葫芦壳为乐器，红铜丝为弦，唱番歌相和而弹，音韵堪听。

清官修《皇朝礼器图式》卷八：

本朝定制，朝会丹陛大乐戏竹，析竹为之，髹以朱③。凡五十茎，

---

① 衒衒 hángyuàn：也作衒院。金元时指妓女。《改骈四声篇海·行部》："衒衒，上杭，下院，俗呼为衒衒，乐人也。"也指妓院。

② 古穆：古朴凝重。澹宕 dàng：舒缓荡漾。

③ 髹 xiū：赤黑漆；漆。髹以朱：以红色漆漆之。

长三尺六寸四分五厘，承以涂金葫芦，垂五采流苏①。柄亦髹朱，长六尺四寸八分。二人执之，立丹陛②上，合则乐作，分则乐止。燕飨丹陛大乐戏竹同。（见图）

清官修《皇朝礼器图式》卷九：

乾隆二十五年，钦定凯旋铙歌乐，得胜鼓木匡，冒革面，径一尺六寸一分，中围五尺七寸八分，厚五寸八分，座为四柱，葫芦顶，铜镮悬之。柱高三尺一寸五分，匡髹以朱，通绘云龙。鼓衣红緤③绿垂幨，并销金云龙。

朝會丹陛大樂戲竹

图6-5

清朱一新《京师坊巷志稿》第二部分：

一曰葫芦，大或至径尺，其色紫者居多。一曰响葫芦，小儿口衔，嘘吸成声，俗名倒披气。

附：谢昌一《葫芦在民俗中的内涵》：

用葫芦制成的乐器芦笙，是苗族喜爱的乐器，多数苗族男子均会使用。苗家村寨前有葫芦坪，逢年过节或农闲时，苗家人聚集一起举办芦笙比赛或芦笙晚会，欢歌伴舞。

（录自游琪主编《葫芦·艺术及其他》，商务印书馆 2008 年出版）

---

① 流苏：以五彩羽毛或丝线制成的穗子。

② 丹陛：宫廷台阶。因漆红色，故称丹陛。

③ 緤 xié：同"鞋"。

第二节　葫芦造型史料

宋苏轼《格物粗谈》卷上：

　　种细腰壶卢一颗，旁种全红大苋菜几颗，待壶卢牵藤时，将壶卢梗上皮刮破些须，再将苋菜梗亦刮破些须，两梗合为一处，以麻叶裹之，不可摇动，结时俱是红葫芦，甚妙。

　　长颈壶卢结成，趁嫩时，将根下土挖去一边，劈开根桩，入巴豆肉一粒在根内，仍以土掩，俟二、三日软敝欲死，任意作成条环式，取去根中巴豆，培养数日，依然生发。

　　葫芦上以巴豆捣烂，将笔一楞楞画之，则起楞。

明方以智《物理小识》卷六：

　　结瓠法，根以竹根分之，实多。瓢结时，剖藤跗巴豆，二三日后瓢柔可纽，随去巴豆，瓢复鲜活。

　　长柄葫芦，合草麻子煮，乘软结其柄，干之如生成。

《墨娥小录》卷八：

　　　细瓢令颈曲

　　于瓢藤根头切开，嵌去壳巴豆一粒在内，三二日后，其叶尽瘿，而瓢亦柔软，随意细作，巧相缚定，却于根头取出巴豆，三二日后，叶与瓢皆复旧，且鲜活也矣。

（录自宋兆麟《葫芦的功能与栽培技术》一文。文载游琪、刘锡诚主编《葫芦与象征》，商务印书馆2001年出版）

明谢肇淛《五杂俎》：

　　余于市场中见葫芦多有方者，又有突起成字为一首诗者，盖生时板夹使然，不足异也。

清李光地等《月令辑要》卷五：

　　种大葫芦　若须为器，以模盛之，随人所好。

徐珂《清稗类钞》：

刻葫芦　禁城园御旷地遍植葫芦，当结实之初，斫[1]木成范，其形或为瓶，或为盘，或为盂，镌以文字及各种花痕，纳葫芦于其中，及成熟时，各随其范之方圆大小，自为一器，奇丽精巧，能夺天工。款识隆起，宛若甎文。乾隆朝所制者，尤朴雅。

《陈行乡土志》：

套板葫芦　当葫芦初结时，套之以板，霜降实坚，摘下去皮，色如象牙。式则四方长方，六角八角。纹则篆隶花鸟，细若刻镂。贵游子弟，购置书斋，珍逾拱璧。（录自秋翁《葫芦集》120页）

清张廷济《葫芦缘》（二首）：

绾结壶，伸之可长丈余。自明时来止庵，未有图之咏之者。嘉庆年间，壶入王氏对山阁，后归儿子邦梁。昔岁壬辰之冬，江苏何一琴铨貌其全身。余即系诗其上。兹复属受之辛缩图为册。嘉兴七十二岁老者张廷济叔未甫。

何人缘结长柄壶，传自西域颠浮屠。止止庵屋几易主，痴儿依样还成图。此是化人真手段，形摹不就凡人腕。若使人人绾辄成，百千万结应无算。

昔见双壶双结联，欲购厂肆囊无钱。何如一壶长壁挂，长房梦入壶中天。壶中人与壶难老，到处结缘到处好。凭他醉汉向东吴，一笑葫卢真绝倒。（录自秋翁《葫芦集》）

清吴士鉴《清宫词》：

匏卢秋老结深青，范合方圆各异形。款识精镌题御玩，瓬陶[2]而外有新铭。

园御旷地，遍植匏卢。当结实之初，斫木成范，其形或为瓶，或为盘，或为盂，镌以文字及各种花纹，纳匏卢于其中。及成熟时，各随其范之方圆大小自成一器，奇丽精巧，能夺天工。款识隆起，宛若

① 斫 zhuó：砍削。
② 瓬 fǎng 陶：黏土捏制的陶器。

砖文。乾隆间所制者尤为朴雅,此御府文房之绝品也。(录自秋翁《葫芦集》)

第三节　葫芦雕刻史料

一　葫芦雕刻(含雕塑、砑花)

明罗炌修,黄承昊撰《嘉兴县志》:

王应芳,字太朴,少为诸生,有文名;以贡入成均(太学),考授州判,不就而归,植梅以自适。生平喜刻匏为器,无不精巧。

清嵇曾筠、沈翼机等《浙江通志》卷一百二:

匏杯　《秀水县志》:邑人周五峰制,近日乡人多用之。曹溶《匏杯歌》:"郡中攻匏始王氏,其后模效纷然多。各能推择尚坚朴,八月九月留霜柯。宣武平生诮形似,精微以往皆淆讹。石佛群僧称好手,工惟急就亏揩磨。流传空复遍燕粤,贱售只辱幽人蔄[1]。东郊周生最晚出,家无尺帛颜常酡[2]。思穷莽苍得奇窍,尽刷怪诡还中和。终年黯惨与神遇,欻[3]起奏月如掷梭。不规而成妙天质,因物纤巨无偏颇。瓶罍满眼总适用,譬若圣教陈四科。其间卓绝首觞器,琴轩书榻光相摩。捧之宜侯偓佺[4]辈,傍坐可斥妖秦娥。愚也好古彻骨髓,周生之宝曾经过。持赠不惜倒筐箧,皭若片月来烟萝。南潘闽堧[5]

---

① 幽人:隐士。蔄 kē:美貌。一说为"饥饿"。
② 酡 tuó:饮酒面红貌。
③ 欻 xū:忽然。
④ 偓 wò 佺:仙人名。
⑤ 堧 ruán:余地,隙地。

北沙塞，尘坌夏击催沉疴。糟丘已赜谢欢伯，不饮柰[1]此匏者何。"
清官修《大清一统志》卷一百五十七：

花口葫芦：安阳出。《唐书地理志》：相州土贡花口瓢。

附：刘庆芳《葫芦的奥秘》：

以葫芦为题材的雕塑艺术品，目前所见最早的，产生于距今7000年以前的新石器时代早期，自此在人类文明历史的长河中层出不穷。

葫芦瓶：甘肃省泰安县五营乡大地湾原始文化遗址，曾出土一批7000年前的陶器，其中以葫芦瓶和人首瓶最为罕见。葫芦瓶整体为葫芦状，人首瓶的瓶口部分为人头状，而瓶身也呈葫芦形。值得注意的是，这些葫芦瓶的出土地点正是黄土高原上西边那条葫芦河河畔。

葫芦裸妇：1979年在辽宁西部喀喇沁左翼蒙古族自治县境内的红山嘴红山文化遗址发现大型石砌祭坛，出土两件泥质红陶胎孕妇塑像。这两尊塑像残高分别为5厘米和5.8厘米，均为裸体，大腹圆突，头部缺失，如加上头部，正好是丫腰葫芦形。据专家研究，葫芦裸妇当是新石器时代所崇拜的生育神或农神，为母系氏族社会象征物。

狮子葫芦：晋南地区是尧的故乡，也是帝尧建都的地方。这一带人民性善情美，渴望平安吉祥，追求世昌人顺，对未来充满美好的憧憬，又嫉恶如仇，不畏强暴。出自晋南的陶塑《狮子葫芦》，正表现了该地区人民的这种传统心态和秉性。

刘庆芳《葫芦的奥秘》谈"砑花葫芦"引清徐康《前尘梦影录》云：

道光中叶有徐某居城北，用玛瑙厚刀押胡卢阳文。尝见所制有三小儿斗蟋蟀图册子，凡虫及牵草小儿作注视状，一垂髫，一作小髻，一双髣，面目各异。而阳文突起极，勾勒不见一毫斧凿痕，如天生成花纹者。其盖即用本身之顶，或海棠，或葵花瓣，刀削之稍仄，揿上提携不坠。闻其性情孤僻，终身不娶。嗜酒，不与人共饮。偶

---

[1] 柰 nài：同"奈"。

制一枚成，携出即为人购去，大率一金一枚。得直即沽酒独酌，须酒尽再制。室无长物，囊无余资，绝不干人，品亦高矣！唯胡卢须北产方佳，每北客来，多购备用。生平不肯收徒，故无门弟子得其传。惜哉！

二 葫芦玺印

明汪砢玉《珊瑚网》卷二《濯烟帖》：

濯濯烟条拂地垂，城边楼畔结春思。请君细看风流意，不是灵和殿里时。

按明昌有七印，其一曰内府葫芦印，其二曰群玉秘珍，其三曰明昌宝玩，其四曰明昌御览，其五曰御府宝绘，其六曰明昌中秘，其七曰明昌御府。

明汪砢玉《珊瑚网》卷四十三《宣和帝御绘稻雀》：

徽庙好书画，兴学较艺，如取士法，由其天纵之妙，得晋唐风韵，尤注意花鸟。是册稻穗垂垂，寒雀啄食，点睛以墨漆，隐然豆许，高出缣素，几欲活动。一云用李廷珪墨，所谓百年如石，一点如漆也。押字用天水葫芦小玺。御画此幅亦功，甫物先君用兼金得之。

明张丑《清河书画舫》卷三下：

韩存良太史藏展子虔《春游图》卷，绢本青绿，细山水笔法，与李思训相似。前有宋徽宗瘦金书御题双龙小玺，政和宣和等印，及贾似道悦生葫芦图书曲脚封字方印。至元时，其题识者三人，冯子振、赵岩、张珪也。而宋濂亦尝奉旨和诗在其右，皆绝品云。第其布景，与《云烟过眼录》中所记不同，未审何故。

清李光暎《金石文考略》卷三：

宋末贾似道执国柄，不知何许复得四行七十四字，欲续于后，则与九行之跋自相乖忤，故以绍兴所得九行装于前，仍依绍兴以小玺款之，却以续得四行装于后，以悦生葫芦印及长字印款之耳。

清王士祯《渔洋诗话》卷下：

唐杜牧之《张好好诗并序》真迹卷用硬黄纸，高一尺一寸五分，长六尺四寸。末阙六字，与本集不同者二十许字。卷首楷书"唐杜牧《张好好诗》"，宣和御笔也。又御书葫芦印、双龙小玺、宣和连珠印，后有政和长印、政和连珠印、神品小印、内府图书之印。董其昌跋云："樊川此书深得六朝人气韵。"

清官修《佩文斋书画谱》卷七十五：

右杨少师《神仙起居法》八行，《南宫书史》《东观余论》《宣和书谱》皆不载。余验有绍兴小玺及内殿秘书诸印，盖思陵故物。后有米友仁审定跋尾及译文四行。按绍兴内府书画并令曹勋、龙大渊等鉴定，其上等真迹。降付米友仁跋，而曹、龙诸人目力苦短，往往剪去前人题识。此帖缝印十余，皆不全，是曾经剪拆者，其源委授受莫可得而考也。标绫上有曲脚封，并阅生葫芦印，是尝入贾氏，盖似道枋国御府珍秘，多归私家。（《甫田集》）

清官修《祕殿珠林》卷十：

宋人画《应真图》一卷　素笺本墨画，卷末有耿昭忠信公氏，一字在良，别号长白山长。收藏书画印记印一，押缝有信公鉴定珍藏印，凡六半。古轩书画印一。又葫芦半印，不可识。后隔水有珍秘宜尔子孙二印。笺高一尺有奇，广一丈五尺。

清卞永誉《式古堂书画汇考》卷三十八：

泰昌纪元八月之望，获观韩氏送子天王图，为唐吴生笔，是天下第一名画，存良太史故物也。卷尾瑞应经语为李伯时小楷，伯时画师道子，宜其珍重，乃尔前后用乾卦图书绍兴小玺，出宋思陵睿赏，曲脚封字印悦生葫芦。图书实贾秋壑之秘藏，中间慧辨、此山、魏国、朱芾四印。慧辨乃子固老友，此山则子昂硕交，皆方外名流也；魏国属仲穆所用，朱芾系孟辨之章，皆艺林宗工也。

又云：悦生葫芦印，贾相似道所用。都玄敬云：悦生乃其堂名也。

清卞永誉《式古堂书画汇考》卷四十一：

《书画舫》云：王齐翰《挑耳图》卷前有徽庙宸翰曰勘书图，又有睿思东阁大印、御书葫芦印，后有宸翰曰王齐翰妙笔。又有御书方印、建业文房之印、秘府葫芦印。所画屏障间细，山水全做王摩诘。至人物衣纹，宛然吴道子法也。后有眉山两苏及王晋卿跋，不能悉录。今在锡山。安氏《妮古录》云李伯时笔，非也。

第四节　葫芦绘画史料

明曹学佺《石仓历代诗选》卷四百八十一收录严嵩《赐葫芦画五对》：

殿里皆高手，丹青绘事奇。宛疑临水石，春色上花枝。

明彭贻孙《题黄谷仙人壶卢浮海图》：

滇黄谷死十余载，人物妙理无人传。我开废篑得此画，展轴未半先飘然。尘坌触去海起色，纸上茫茫成万里。笔所不到皆波涛，汹洞胡为在屋里。二人出没波中流，共踏大瓠同浮舟。天风萧萧发覆耳，铁笛下有蛟龙吼。大瓠半没人不动，非仙哪得轻于鸥。人间画手徒突兀，俗笔焉知尘外物。（录自秋翁《葫芦集》，濮阳市老干部葫芦文化艺术研究会2012年印）

明汪砢玉《珊瑚网》卷三十七《许由弃瓢图》：

一物有一累，吾形犹赘然。区区此勺器，亦合付长川。浩浩天地间，吾亦一瓢耳。吾哉与瓢哉，大观何彼此。

元遗山《掷瓢图》云：不知黄屋不知尧，喧寂何心寄一瓢。我是许由初不尔，只将盛酒杖头挑。较石田诗更进一筹。绣水汪砢玉鉴藏并识。

清官修《佩文斋书画谱》卷八十五《元赵雍药王像》：

赵仲穆用龙眠法写药王像，坐藤竹床，手执葫芦在芭蕉林中，喻是身之非坚也。脚下靡靡细草,俯觑^①之,喻大地皆药草也。倪迂作精楷赞曰:"耆婆大医王,能疗诸疾苦。视虚实表里,施补利汗吐。设或有心病,非针砭能愈。世尊安心法,一弹指病去。"是画者赞者,俱解入深法者也。(《六研斋二笔》)

清李斗《扬州画舫录》:

> 黄秀才文,字时若,号秋平,居天心墩。工诗古文词。得古钱数百品,自上古至今,一一摹之而系以说,为《古金通考》六卷。辨安阳、平阳为战国钱,识神农钱为倒文,皆极精细。又录金元以来杂剧院本,标其目而系以说,为《曲海》数卷。又《隐怪丛书》十二卷,《丙官集》数卷。好葫芦,门庭墙溷^②皆有之,长短大小,累累如贯珠,壁上画水墨葫芦无数,著《葫芦谱》,阐阴阳消长之精,《糖霜》、《百菊》不足比也。妻张净因,名因,工诗画,著《淑华集》。子无假,名金,得庸人绝句法。江北一家能诗者,黄氏其一焉。

清高士奇《金鳌退食笔记》卷下:

> 万寿宫在西安门内迤南大光明殿之东,明成祖潜邸也。殿东西有永春、万春诸宫翼,而前为门者三,或曰即旧仁寿宫。明世宗晚年爱静,常居西内。勋辅大臣直宿无逸殿,日有赐赉^③,如玲珑雕刻玉带,金织蟒服,金嵌宝石,斗牛绦环,彩绒护膝,独角兽补子,貂鼠煖耳,彩装松竹梅鸾带,花线绦青油雨笠,金镶伽楠香带,刻花合香牌子,葫芦景画……。

吴昌硕《题画葫芦》:

> 葫芦葫芦,尔安所职。剖为大瓢,醉为斗室。(录自秋翁《葫芦集》,濮阳市老干部葫芦文化艺术研究会2012年印)

马骀《铁拐李画题》:

> 垢面蓬头跛一脚,遍行天下真快乐。神仙本有长生术,岂知葫芦

---

① 觑 jiān:看。
② 溷 hùn:厕所;猪圈。
③ 赐赉 lài:赏赐。

藏甚药。(录自秋翁《葫芦集》,濮阳市老干部葫芦文化艺术研究会2012年印)

齐白石《题葫芦画》四首:

　　山翁心事却非顽,岁岁垂藤尺幅间。因喜葫芦能解笑,笑人新鲜出根难。

　　风吹晨雾日出生,喜见葫芦叶底生。春夏雨调侵五谷,跑来蝗虫庆丰登。

　　点灯照壁再三看,岁岁无奇汗满颜。几欲变更终缩手,舍真作怪此生难。

　　形骸终未了尘缘,饿殍还魂岂妄传。抛却葫芦与铁拐,人间谁信是神仙。

(录自秋翁《葫芦集》,濮阳市老干部葫芦文化艺术研究会 2012 年印)

图6-6

第五节　葫芦装饰史料

清赵宏恩、黄之隽等《江南通志》卷一百七十四:

　　元柏子庭能诗,浪迹云游,乞食嘉定村落,语杂谐调。一日偶触某官驺,从缚至知为子庭,命赋所张盖。应声云:"百骨攒来一线收,葫芦金顶盖诸侯。一朝撑出马前去,真个有天无日头。"某官笑而释之。

明文震亨《长物志》卷七:

　　瓢　得小扁葫芦,大不过四五寸,而小者半之。以水磨其中,布擦其外，光彩莹洁，水湿不变，尘污不染，用以悬挂杖头及树根禅椅之上俱可。更有二瓢并生者，有可为冠者俱雅，其长腰鹭鹚曲项俱不可用。

明文震亨《长物志》卷九：

> 冠　铁冠最古，犀玉琥珀次之，沉香葫芦者又次之，竹箨瘿木者最下。制惟偃月高士二式，余非所宜。

明戚继光《纪效新书》卷十六：

> 清道二旗，军行，持众之前以清途路。排营则遇掌号笛，执在马路引官哨队回营。旗杆长八尺，仍领送官哨队回营。旗杆长八尺，用木葫芦或葫芦，上加以枪头亦可。方四尺，蓝色，边用红色。

> 角旗八面，高大俱同五方旗，用木红葫芦头或云枪头，行则夹五方神旗。

> 八卦正旗，高大式杆俱照五方真形，旗上用金木葫芦头，各以八卦方向为色。四正方者，色纯。

> 四奇方者，照角旗各得一半，上画本方之卦于旗之中央。（见图6-7）

明俞汝楫《礼部志稿》卷二十：

> 纳吉、纳征[①]、告期礼物：……四珠葫芦环一双，八珠环一双，排环一双。

> 供用器皿：……葫芦盘盏一副。

明俞汝楫《礼部志稿》卷六十六：

> 凡官员伞盖，不得用金绣朱红装饰；公侯及一品二品，银葫芦顶，黑色茶褐罗表青绢里，三檐雨伞油绢。三品四品，黑葫萝顶，余同二品。五品，黑葫萝顶，青罗表青绢里，两檐雨伞油绢。六品至九品，黑葫萝顶，青绢表青绢里，两檐雨伞油

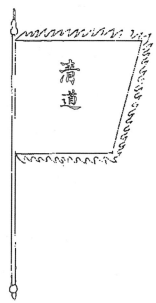

图6-7

---

① 纳吉：古代婚礼六礼之一。纳币之前，男方卜得吉兆，备礼通知女家，决定缔结婚姻。纳征：即纳币。纳吉之后，择日具书，送聘礼至女家，女家受物复书，婚姻乃定。

纸。军民不得用罗绢凉伞,止用油纸雨伞。

明王圻、王思义《三才图会》"仪制"卷四:

伞盖图

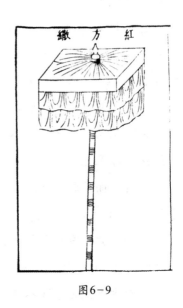

图6-8 图6-9

明汪砢玉《珊瑚网》卷三十五:

余又有《瑶岛群真图》,亦元人。卷后女真数队,一秉耒一挑大葫芦作队,一荷篑一束芝艹一倚鹿一控鹤作队,一拥巨笠一种芝盆中作队,一跨凤一乘青鸾在海天云际作队,俱作毛女妆束焉。客阅而咤之曰:"毛女一而已矣!"

明屠隆《考槃余事》卷四:

葫芦 有天生一寸小葫芦,用以缀为衣纽,又可悬于念珠,有物外风致。若用杖头挂带盛药,二三寸葫芦亦妙。其长腰鸳鸯葫芦,可悬药篮左畔,又可为鸳瓢吸饮。有小匾葫芦,可为冠及瓢,俱以生相周匝,摸弄精神,无汗气方妙。

明李善长《大明令》:

职官,一品二品银葫芦,茶褐罗表红里;三品四品红葫芦,茶褐罗表红里,以上皆三檐。五品红葫芦,青罗表红里;六品以下惟用青绢,皆重檐。雨伞通用油绢。

明官修《明会典》卷一百四十八：

工部二　仪仗一

紫方伞四把，每把伞骨面阔并顶五尺五寸，伞柄并贴金葫芦头共长一丈一尺五寸九分。其面冒以紫罗，垂紫三檐。凡伞柄俱用竹，加红油，间缠以藤。惟曲柄伞朱红漆，攒竹为之。

红曲柄绣伞四把，每把伞骨面阔并顶四尺二寸五分，伞柄并贴金葫芦头共长一丈一尺二寸九分。其面冒以红罗绣彩云，垂红三檐，上檐云龙，下二檐瑞草文。当曲柄处，用铁心贴金龙头承伞。

红直柄华盖绣伞四把，每把伞骨面阔并顶四尺七寸五分，伞柄并贴金葫芦头共长一丈一尺二寸九分。其面冒以红罗，垂红三檐，皆绣云花文。

黄直柄绣伞四把，每把伞骨面阔并顶四尺二寸五分，伞柄并贴金葫芦头共长一丈一尺二寸九分。其面冒以黄罗绣彩云文，垂黄三檐，云龙文。

黄曲柄绣伞二把，抹金银铃，每把伞骨面阔并顶五尺一寸五分，伞柄并贴金葫芦头共长一丈二尺一寸九分。其面冒以黄罗绣彩云文，垂黄三檐，云龙文。当曲柄处，用铁心贴金龙头承伞。

青销金伞三把，伞骨面阔并顶五尺一寸五分，伞柄并贴金葫芦头共长一丈二尺一寸九分。其面冒以青罗销金云文，垂青三檐，云龙香草文。

黄油绢销金雨伞一把，伞骨面阔并顶七尺八寸，伞柄并贴金葫芦共长九尺二寸九分。伞面销金宝珠龙文，边如意龙文。

明官修《明会典》卷一百五十：

工部四　仪仗三

紫方伞二把，伞骨面阔并顶五尺五寸，伞柄并贴金木葫芦共长一丈一尺五寸九分。其面冒以紫罗，垂紫三檐。伞顶四角抹金铜凤头。凡伞柄俱用竹，加红油，间缠以藤。惟曲柄伞朱红漆，攒竹为之。

红方伞二把，伞骨面阔并顶五尺五寸，伞柄并贴金木葫芦共长一丈一尺五寸九分。其面冒以红罗，垂红三檐。伞顶四角抹金铜凤头。

黄销金伞一把，伞骨面阔并顶四尺二寸五分，伞柄并贴金木葫芦共长一丈一尺二寸九分。其面冒以黄罗，销金云文，垂黄三檐，销金云凤文。

黄绣曲柄伞二把，伞骨面阔并顶四尺二寸五分，伞柄并贴金木葫芦共长一丈一尺二寸九分。其面冒以黄罗绣云文，垂黄三檐，绣云凤文。当曲柄处，用铁心贴金龙头承伞。

红绣伞一把，伞骨面阔并顶四尺二寸五分，伞柄并贴金木葫芦共长一丈一尺二寸九分。其面冒以红罗绣云文，垂红三檐，上檐云凤，下二檐瑞草文。

红素圆伞二把，伞骨面阔并顶四尺二寸五分，伞柄并贴金木葫芦，共长一丈一尺二寸九分。其面冒以红罗，垂红三檐。

明官修《明会典》卷一百五十一：

工部五　仪仗四　洪武初定东宫仪仗

青方伞二把，伞骨面阔并顶五尺五寸，柄并葫芦头共长一丈一尺五寸九分。其面冒以青罗，垂青三檐。金顶四角，加抹金铜龙头。凡伞顶葫芦皆木质，贴金饰。柄俱用竹加红油，间缠以藤，惟曲柄伞朱红漆，攒竹为之。

红方伞二把，伞骨面阔并顶五尺五寸，柄并葫芦头共长一丈一尺五寸九分。其面冒以红罗，垂红三檐。伞顶四角加抹金铜龙头。

红销金伞一把，伞骨面阔并顶四尺二寸五分，伞柄并葫芦头共长一丈一尺二寸九分。其面冒以红罗，垂红三檐，销金宝珠龙文，边香草文。

红绣直柄圆伞一把，伞骨面阔并顶四尺二寸五分，伞柄并葫芦头共长一丈一尺二寸九分。其面冒以红罗，绣云文。垂红三檐，上檐云龙，下二檐瑞草文。

红绣曲柄圆伞二把，伞骨面阔并顶四尺二寸五分，伞柄并葫芦头共长一丈一尺二寸九分。其面冒以红罗，绣云文。垂红三檐，瑞草文。

当曲柄处，用铁心贴金木龙头承伞。

红绣花直柄伞二把，伞骨面阔并顶四尺二寸五分，伞柄并葫芦头共长一丈一尺二寸九分。其面冒以红罗，绣云文。垂红三檐，宝相花。抹金银铃全。

红圆伞二把，伞骨面阔并顶四尺二寸五分，伞柄并葫芦头共长一丈一尺二寸九分。其面冒以红罗，垂红三檐。

青圆伞二把，伞骨面阔并顶四尺二寸五分，伞柄并葫芦顶共长一丈一尺二寸九分。其面冒以青罗，垂青三檐。

红油绢销金雨伞一把，伞骨面阔并顶七尺，伞柄并葫芦头共长九尺二寸九分。其面销金宝珠龙边云龙文。

清官修《大清会典则例》卷六十五：

顺治二年，定举人官生贡生监生冠用金雀顶，带用银瓖明羊角圆版四。生员冠用银雀顶，带用银瓖乌角圆版四。外郎耆老冠用乌角葫芦顶。

清官修《皇朝通典》卷七十八：

大帅旗以黄布为之，方幅广一丈八寸，长一丈四尺。两面大书"帅"字。加号带长一丈五尺，广一尺，竿长一丈六尺，刻木葫芦为顶。其先锋旗、督阵旗、门旗、令旗、禀事旗，均随营异制。

清官修《大清律例》卷十七：

条例　公侯文武各官应用帽顶束带及生儒衣帽，照品级次第，不许僭越。官员越品僭用及民间违禁擅用者，照律治罪。……举人官生贡监生金雀顶，高二寸，带同八品，青袍蓝边，披领同。生员银雀顶，高二寸，带同九品，蓝袍青边，披领同。外郎锡葫芦顶，衣及披领皆纯青。耆老用锡顶，不用披领，余与外郎同。

伞盖　职官一品二品银葫芦，杏黄罗表红里。三品四品红葫芦，杏黄罗表红里。以上皆三檐（佥事道亦同）。五品红葫芦，蓝罗表红里。六品以下八品以上惟用蓝绢，皆重檐，雨伞通油绢。庶民不得用罗绢，凉伞许用油纸雨伞。

清于敏中、窦光鼐等《日下旧闻考》卷三十二：

山半有方壶殿。……少西为吕公洞，尤为幽邃。洞上数十步为金露殿。由东而上为玉虹殿。殿前有石岩如屋，每设宴必温酒其中，更衣。玉虹金露，交驰而绕层栏。登广寒殿，殿皆绕金珠琐窗，缀以金铺，内外有一十二楹，皆绕刻龙云，涂以黄金。左右后三面，则用香木凿为祥云数千万片，拥结于顶，仍盘金龙。殿有间玉金花玲珑屏台床四，列金红连椅，前置螺甸酒桌，高架金酒海。窗外出为露台，绕以白石花阑。旁有铁竿数丈，上置金葫芦三，引铁练以系之，乃金章宗所立，以镇其下龙潭。

清李斗《扬州画舫录》：

三世佛殿上，仿永明寺塔式，铸铜塔二座，设于两楹。用紫檀木做托泥、圭角、方色、巴达马、束腰、穿带、托桄、月牙座，用铜做葫芦宝顶、火焰狻、花岔角、羚羊、狮、象、西洋阑杆、净瓶。

清刘廷玑《在园杂志》卷四：

明宫中小葫芦耳坠，乃真葫芦结就者，取其轻也。内监于葫芦初有形时，即用金银打成两半边小葫芦形，将葫芦夹住缚好，不许长大，俟其结老，取其端正者，以珠翠饰之，上奉嫔妃。然百不得一二焉，因其难得，所以为贵也。

清陈观国修，李保泰纂《民国甘泉县续志》：

日与诸老友饮茗城南，手焦公竹杖，挂小葫芦数枚，白发飘然，疑为神仙中人，年七十有三卒。著有《冬青林文集》，皆竹楼诗集，藏于家。

清郝玉麟、谢道承等《福建通志》卷六十五：

弘治四年，漳平盗，温文进寇，安溪陷，县治副使司马垔讨平之。六年七月初三日，大风雨，自卯至申，扬沙走石，开元寺西塔葫芦倾覆，折林木无数，城铺粉堞颓，十之九坏。

唐圭璋《全宋词》第二册收录宋张继先《点绛唇》：

小小葫芦，生来不大身材矮。子儿在内，无口如何怪。 藏得乾坤，此理谁人会。腰间带，臣今偏爱，胜挂金鱼袋。

第七章　葫芦礼俗民俗类

古人以葫芦为礼器，如《诗经》"酌之用匏"、《郊特牲》"器用陶匏，以象天地之性"、《宋书》"太祝令跪执匏陶，酒以灌地"等记载，证明匏器是古人十分珍重的礼器。民俗当中，祈福、避邪的观念，合卺、念珠的应用，投壶、射柳、摸秋游戏的广为流传，以及《太平寰宇记》"其俗有礼会，击皮鼓吹葫芦笙以为乐"、《钦定日下旧闻考》"除夕门窗贴红纸葫芦，收瘟鬼"等记述，证明葫芦文化与广大民众的习俗息息相关。

第一节　经部书礼俗民俗史料

汉戴德《大戴礼记》卷十二《投壶第七十八》：

投壶之礼：主人奉矢，司射奉中，使人执壶。主人请曰："某有枉矢哨壶，请乐宾。"宾曰："子有旨酒嘉肴，又重以乐，敢辞。"主人曰："枉矢哨壶，不足辞也，敢以请。"宾曰："某赐旨酒嘉肴，又重以乐，敢固辞。"主人曰："枉矢哨壶，不足辞也，敢固以请。"宾对曰："某固辞，不得命，敢不敬从。"宾再拜受，主人般还曰避。主人阼

阶上再拜送，宾般还日避。已拜，受矢，进即两楹间，退，反位，揖宾，就筵。（附济源泗涧沟汉墓出土的投壶用壶图）

汉郑玄注，唐贾公彦疏《仪礼注疏》卷二：

尊于房户之东，无玄酒。篚①在南，实四爵合卺。注：无玄酒者，略之也。夫妇酌于内尊，其余酌于外尊。合卺，破匏也。四爵两卺凡六，为夫妇各三酳②。一升曰爵。

汉郑玄注，唐孔颖达疏《礼记正义》卷六十一《昏义》：

父亲醮子而命之迎，男先于女也。子承命以迎，主人筵几于庙，而拜迎于门外。婿执雁入，揖让升堂，再拜，奠雁，盖亲受之于父母也。降出，御妇车，而婿授绥，御轮三周，先俟于门外。妇至，婿揖妇以入，共牢而食，合卺而酳，所以合体同尊卑，以亲之也。注：酌而无酬酢曰醮。醮之礼，如冠醮与？其异者，于寝耳。婿御妇车，轮三周，御者代之，婿自乘其车，先道之归也。共牢而食，合卺而酳，成妇之义。疏：……卺，徐音谨。破瓢为卮也。……合卺而酳者，酳，演也。谓食毕饮酒，演安其气。卺，谓半瓢，以一瓠分为两瓢，谓之卺。婿之与妇各执一片以酳，故云合卺而酳。

宋聂崇义《三礼图集注》卷二：

先郑云：容谓幨车者，以其有童容者，必有幨，故谓之为幨车也。惟妇人之车为然也。王后始乘重翟，王女下嫁诸侯，乘厌翟，服则褕翟。后郑云：重翟，重翟雉之羽，厌翟次其羽，使相迫也。谓相次厌其本以蔽车也。皆有容盖，旧图以下著合卺，破匏为之，以线连柄端，其制一同匏爵，故不重出。

宋程颢、程颐《二程文集·河南程氏文集·遗文·禘说》：

曰昔者周公郊祀后稷以配天，宗祀文王于明堂以配上帝。不曰武王者，以周之礼乐出于周公制作，故以其作礼乐者言之。犹言鲁之郊禘非礼，周公其衰，是周公之法坏也。若是成王祭上帝，则须配以武

---

① 篚 fěi：竹器。方曰筐，圆曰篚。
② 酳 yìn：献酒。也指食毕用酒漱口。

王。配天之祖则不易，虽百世惟以后稷，配上帝则必以父。若宣王祭上帝，则亦以厉王。虽圣如尧舜，不可以为父。虽恶如幽厉，不害其为所生也。故《祭法》言"有虞氏宗尧"，非也。如此则须舜是尧之子，苟非其子，虽授舜以天下之重，不可谓之父也。如此，则是尧养舜以为养男也。禅让之事蔑然矣。以始祖配天，须在冬至，一阳始生，万物之始，祭有圜丘，器有陶匏稾秸，服用大裘。而祭宗祀九月，万物之成，父者我之所自生，帝者生物之祖，故推以为配，而祭于明堂也。

清鄂尔泰、靖道谟等《贵州通志》卷七：

花苗，在贵阳大定遵义，所属皆无姓氏，衣用败布，缉条以织衣，无衿窍而纳诸首。男以青布裹头，妇人敛马鬃尾杂发为髻，大如斗笠，以木梳。裳服，先用蜡绘花于布，而后染之，既染，去蜡则花见，饰袖以锦，故曰花苗。每岁孟春，合男女于野，谓之跳月。择平壤地为月场，鲜衣艳妆，男吹芦笙，女振响铃，旋跃歌舞，谑浪终日，暮挈所私而归，比晓乃散。

清阎若璩《四书释地》三续卷中：

文身 《留青日札》（明田艺衡撰）曰：某幼时及见会城住房客名孙禄者，父子兄弟各于两臂背足刺为花卉葫芦鸟兽之形。因国法甚禁，皆在隐处，不令人见。某命解衣，历历按之，亦有五彩填者，分明可玩。及询其故，乃曰业下海为鲜者，必须黥体，然后能辟蛟龙鲸鲵之害也。方知揣发文身，古亦有自。按《汉·地理志》于粤已云录此者，见今犹信耳。

第二节 子部书礼俗民俗史料

唐王焘《外台秘要方》卷十三：

崔氏断伏连解法：先觅一不开口葫芦埋入地，取上离日开之，煮取三匙脂粥内其中。又剪纸钱财将向新冢上，使病儿面向还道，背冢坐，以纸钱及新综围冢，及病人使匝，别将少许纸钱围外与五道将军[1]，使人一手捉葫芦，一手于坐傍以一刀穿地，即以葫芦坐所穿地，及坐葫芦了，使一不病人捉两个镤[2]拍病人背，咒曰："伏连伏连解伏连，伏连不解刀镤解。"又咒曰："生人持地上，死鬼持地下。生人死鬼即各异路。"咒讫，令不病人即掷两镤于病人后，必取二镤相背，不背更取掷，取相背止。乃并还，勿反顾。

宋曾慥《类说》卷四：

长安市人语各不同，有葫芦语、镤（suǒ）子语、纽语、练语、三摺语，通名市语。

明王汇征《壶谱·重刻壶谱引》：

投壶之礼，原于古人，宴饮之余，用是以为乐宾之具。是虽一艺，而是以观德。夫临壶握矢，揖逊相投，让斯形焉。心平体直，密固爰发，敬斯昭焉。疑畏不存，疎慢是警，义斯寓焉。随几达变，得心应手，哲斯见焉。偏陂则乖，顺逆适节，中斯著焉。胜负既分，酬酢必举，得之不骄，失之不慑，斯又谓之和焉。揔是众善，而广大悉备。兹艺也，寔不专于艺者矣，用是以聚乐，则德性熏陶，情意浃洽，心因之以约于中，又岂可以艺而轻之邪！《壶谱》，司马公衍之以图，敬所子饰之以仪，法度条理，既详且密，所以斥侥幸之胜而欲归之正也。余子暇曰：默思古人矩度，引伸触类，间有所得，乃作谱以广其义，因额以立名，因名以绘象，因象以著诀，凡百三十有二。壶虽未获礼之全体，亦得以窃余绪以自庆也。不敢自私，镂梓以传崇雅，高贤当共宴赏。

---

[1] 五道将军：东岳的属神，掌管人的生死。
[2] 镤 suǒ：同"锁"。

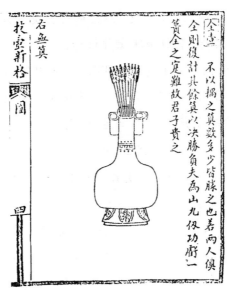

图7-1

明冯时化《酒史》：

　　若乃州闾之会，男女杂坐，行酒稽留，六博投壶，相引为曹，握手无罚，目眙不禁。前有堕珠，后有遗簪，髡窃乐此，饮可八斗而醉。二参日暮，酒阑合尊促坐，男女同席，履舄交错，杯盘狼藉，堂上烛灭，主人留髡而送客，罗襦襟解，微闻芗泽，当此之时，髡心最欢，能饮一石。

明高濂《遵生八笺》卷四：

　　蒲人艾虎　端午日，以菖蒲根刻作小人，或葫芦形，佩以辟邪。王[①]诗"旋刻菖蒲要辟邪"。五日，以艾为小虎，或剪彩为小虎，贴以艾叶内，人争相戴之。故章[②]诗云："玉燕钗头艾虎轻。"

明高濂《遵生八笺》卷八：

　　念珠　以菩提子为上，近有检匀细子琢磨加工，持念轻便，甚可人意。有玉制者，有龙充造者，云是龙鼻骨磨成，色黑，嗅之微有腥香。……珠上记念有宋做玉降魔杵五供养[③]，天生小葫芦一寸长

---

①　王：指宋代王曾，字孝先，青州人。其诗曰："明朝知是天中节，旋刻菖蒲要辟邪。"
②　章：指宋代章得象，字希言，建州浦城人。
③　五供养：佛教指涂香、供花、烧香、饭食、灯明等五种供养物。

者为奇，鹅眼、钱海巴、五台灵光石、白定窑烧豆大葫芦、玉制界刀、斧子、鳌鱼、转轮子，皆挂吊珠上作记念，千万数也。

葫芦　有天生一寸小葫芦最可人意，用以缀为衣纽，又可悬于念珠，价高，不甚多见，惟京师有之。若用杖头挂带乘药者，二三寸葫芦亦妙。其长腰鹭鹚葫芦，可悬药篮左畔，似不可少。

清陈元龙《格致镜原》卷二十二《风土记》：

荆楚社日，以猪羊肉调和其饭，谓之社饭，以葫芦盛之相遗送。

清姚之骃《元明事类钞》卷十八：

剪柳　明周宾《所识小编》：永乐时，禁中有剪柳之戏，即射柳也。陈继儒云：“以鹌鹑贮葫芦中，悬柳上，射中辄飞出，以飞高为胜。”会于清明端午日，名射柳。

清刘灏等《广群芳谱》卷八十八：

《岁时杂记》：端午以菖蒲或缕或屑泛酒。章简公《端午帖子》：“菖华泛酒尧樽绿，蒜叶萦丝楚粽香。”端午刻菖蒲为小人，或葫芦，戴之辟邪。

清丁晏《投壶考原》：

《淮南子》：敦六博，投高壶。葛洪《西京杂记》：武帝时，郭舍人善投壶，以竹为矢，不用棘也。古之投壶，取中而不求还，故实小豆为其矢，跃而出也。郭舍人则激矢令还，一矢百余反，谓之为骁。言如博之坚桌，于辈中为骁杰。每为武帝投壶，辄赐金帛。杜甫诗：投壶郭舍人。《东观汉记》祭遵薨，范升上疏曰：遵为将军取士，皆用儒术，对酒设乐，必雅歌投壶。《太平御览》工艺部引《艺文类聚》巧艺部引：博士范升设乐作娱乐。《崔寔传》：投壶者，皆以多算胜少算。《御览》一百五十三引《献帝春秋》：袁绍闻魏郡兵反，与黑山贼等数万人共覆邺城，杀郡守。坐中家在邺者，忧怖失色，或起而啼泣。绍观督引满投壶，言笑容止自若。《御览》引《魏略》曰：游楚好投壶自娱。《御览》引《册府元龟》杂技云：楚好摴蒲，投壶自娱，后为北地太守。《王弼别传》曰：弼性和理，乐游宴，解音律，善投壶。

《御览》引《艺文类聚》七十四引何邵《王弼传》同。《白孔六帖》引三十三：投壶王弼。《魏略》云：《晋阳秋》曰王胡之善于投壶，言手熟闭目。《御览》引《册府元龟》杂伎：王胡之为丹阳尹，善于投壶，手熟，闭目而投。

　　《晋书》：石崇有妓，善投壶，隔屏风投之。《御览》：《南史》齐竟陵王常宿宴，明将朝见，柳恽投壶骁[1]不绝，停舆久之，进见遂晚。齐武帝迟之，王以实对，武帝复使为之，赐绢二十疋。《颜氏家训》：投壶之礼，近世愈精，（古者）实以小豆，为其矢之跃也。今则唯欲其骁，益多益善，乃有倚竿带剑狼壶豹尾龙首之名。其尤妙者，有莲花骁。汝南周瑰宏正之子，会稽贺徽贺革之子，并能一箭四十余骁。贺又尝为小障，置壶其外，隔障投之，无所失也。至邺以来，亦见广宁兰陵诸王有此校具，举国遂无投得一骁者。弹棋亦近世雅戏，消愁释愤时可为之。《唐书·礼乐志》：骁壶，投壶乐也。张鹭《朝野佥载》：薛赞惑者，善投壶，龙跃隼飞，矫无遗箭，置壶于背后，却反矢以投之，百发百中。《太平广记》伎巧一百二十六引《昌黎文集·唐河东节度观察使荥阳公郑儋碑》：与宾客朋游，投壶博奕，穷日夜若乐而不厌者。韩文公《画记》：奉壶矢者一人。又云，壶矢，博弈之具。二百五十有一皆曲，极其妙。欧阳公《归田录》：杨大年每欲作文，则与门人宾客饮，博投壶弈棋，语笑喧哗，而不妨构思。以小方纸细书，挥翰如飞，文不加点。邵伯温《闻见前录》：邵康节赴河南，尹李君锡会投壶，君锡末箭，中。君锡曰：偶尔中耳。康节应声曰：几乎败壶。坐客以为的对。《神异经》曰：东荒山中有大石室，东王公居焉，与一玉女投壶，没有入不出者。天为之笑。原注：张华曰天笑者，开口流光。

《太上三辟五解秘法》：

　　天衣道

---

[1] 骁：《辞源》释曰："一种投壶之戏。"

天衣者,取五月五日首生男子台衣,如无,即但以五月五日取衣皆是。汲以净水洗之,悬之于北阴下。前七月七日,苦瓠一箇,以衣包之,乃悬于北阴阴干,仍于当日朱砂书符于绛帛,广七寸,裹之,同安其所。百日取之,置于怀中以行,人间无有识者。其慎佩怀之,勿置于阴阳厌秽之所,勿令不洁人见之。

清钱德苍《解人颐》消闷集:

卜字

上无片瓦遮身,下无立锥之地,腰间挂个葫芦,便识阴阳之理。

火字

南方有一人,身背两葫芦,喜的是杨柳木,怕的是洞庭湖。

第三节　史部书礼俗民俗史料

梁沈约《宋书》卷十四:

南郊,皇帝散斋①七日,致斋②三日。官掌清者亦如之。……太祝令牵牲诣庖,以二陶豆酌毛血,其一奠皇天神座前,其一奠太祖神座前。郊之日未明八刻,太祝令进馔③,郎施馔。牲用玺粟二头,群神用牛一头。醴用秬鬯④,藉用白茅。玄酒一器,器用匏陶,以瓦樽盛酒,瓦𤮏斟酒。璧用苍玉。蒯席⑤各二,不设茵蓐。古者席藁,晋江左用蒯。车驾出,百官应斋及从驾填街先置者,各随申摄从事。上水一刻,御服龙衮,平天冠,升金根车,到坛东门外。博士太常引

---

① 散斋:祭祀前七日不御不乐不吊,叫作散斋。

② 致斋:祭祀或典礼前清整身心的礼式。《礼记·祭义》:"致斋于内,散斋于外。"

③ 馔 zhuàn:食品。

④ 秬鬯 chàng:以郁金草合黍酿造的专供祭祀用的酒。

⑤ 蒯席:蒯草编的席。

入到黑攒。太祝令跪执匏陶，酒以灌地。皇帝再拜，兴，群臣皆再拜伏。……太祝送神，跪执匏陶，酒以灌地，兴。直南行出坛门，治礼举手白，群臣皆再拜伏。

唐樊绰《蛮书》卷八：

南诏有妻妾数百人，总谓之诏佐。清平官大军将有妻妾数十人。俗法，处子孀妇出入不禁，少年子弟暮夜游行闾巷，吹壶卢笙，或吹树叶，声韵之中皆寄情言，用相呼召。嫁娶之夕，私夫悉来相送。既嫁，有犯男子，格杀无罪，妇人亦死。或有强家富室责资财赎命者，则迁徙丽水瘴地，终弃之，法不得再合。

宋王溥《唐会要》卷一百：

虾夷国：海岛中小国也，其使须至长四尺，尤善弓矢，插箭于首，令人戴瓠而立，数十步射之，无不中者。

宋乐史《太平寰宇记》卷一百六十五：

风俗　岭外邑居犹有冠冕之风，其姓陆者绩之遗嗣，尚有银章青绾[1]铜虎符，乡宗重之，皆云绩物也。《说文》云："绾，青绶也。"其俗有礼会，击皮鼓吹葫芦笙以为乐。

宋吴自牧《梦粱录》卷四：

八月上丁日[2]，太宗孝宗庠县学俱行秋丁释奠礼[3]。秋社日[4]，朝廷及州县差官祭社稷坛，盖春祈而秋报也。秋社日，有士庶家妻女妇外家回，皆以新葫芦儿、枣儿等为遗。俗谚云谓之"宜良外甥儿"之兆耳。

宋吴自牧《梦粱录》卷十六：

酒肆　大抵酒肆除官库、子库、脚店之外，其余谓之拍户，兼卖诸般下酒，食次随意索唤。酒家亦自有食牌，从便点供。更有包子酒

---

[1] 青绾 guō：青紫色绶带。
[2] 上丁日：每月上旬的丁日。天干纪日，丁是天干的第四位。
[3] 释奠礼：在学校设置酒食以奠祭先圣先师的一种典礼。
[4] 社日：祭祀社神（土地神）之日。立秋后第五个戊日为秋社。

店，专卖灌浆馒头、薄皮春茧包子、虾肉包子、鱼兜杂合粉、灌燋大骨之类。又有肥羊酒店……又有挂草葫芦、银马杓、银大碗，亦有挂银裹直卖牌，多是竹栅布幕，谓之"打碗头"，只三二碗便行。

宋孟元老《东京梦华录》卷八：

秋社　八月秋社，各以社糕、社酒相赍①送，贵戚宫院以猪羊肉、腰子、奶房、肚肺、鸭饼、瓜姜之属，切作棊子片样，滋味调和，铺于饭上，谓之"社饭"。请客供养。人家妇女皆归外家，晚归即外公、姨、舅，皆以新葫芦儿②、枣儿为遗，俗云"宜良外甥"。

金佚名《重校地理新书》：

凡柩木，用豫樟楸柏吉，杨柳凶。柩中置金一斤，或上衣五色彩满抱，或色彩一束以上，或铜刀三尺以上，或赤枣一斗，醢③并豉各一升，或大豆一升，或乱丝五两，或以葫芦着两腋下，或胶一斤，或雄黄五两，皆主魂魄安宁。又，死者沐浴吉，不沐浴凶。

明吕毖《明宫史》卷三：

铎针：金银珠翠珊瑚皆可制。年节则大吉葫芦，万年吉庆；元宵则灯笼；端午则天师④；中秋则月兔；颁历则宝历万年，其制则八宝荔枝卍字鲇鱼也……

明吕毖《明宫史》卷四：

初一日正旦节，自年前腊月二十四日祭灶之后，宫眷内臣即穿葫芦景补子⑤及蟒衣。各家皆蒸点心储肉，将为一二十日之费，……仍

---

① 赍jī：持物赠人。

② 新葫芦儿：伊永文《东京梦华录笺注》案曰："诸人获《坚瓠集》癸集卷之二《大葫芦种》曾记：宋相国寺有人悬一大葫芦，卖其种一粒数百钱，而人竞买。至春种，秋结仍是瓠尔。可见葫芦有子甚贵，似女腹中有胎儿也。以新葫芦儿为佩饰，为遗，寓意藤蔓绵延，结子繁盛，祈求归娘家出嫁女添新儿之意也。"

③ 醢hǎi：肉酱。

④ 天师：旧俗，端午日以黄纸盖以朱印，绘天师、钟馗像或五毒符咒，贴于中门以避祟恶，谓之天师符。又，宋时端午日，都人作泥塑张天师像，以艾为须，称天师艾。

⑤ 补子：明清时官服上标志品级的徽饰，以金线及彩丝绣成。文官绣鸟，武官绣兽，缀于前胸及后背。此指品服之外随时依景而制的徽饰。

有真正小葫芦如豌豆大者，名曰草里金，二枚可值二三十两不等，皆贵尚焉。

明沈德符《野获编》卷三十：

> 每岁二月十月为把斋月，昼不饮食，至暮乃食，周月始食荤。则聚众射葫芦，其制植长竿高数丈，竿末悬葫芦，中藏白鸽一只，跃马射之，以破葫芦鸽飞者为得采。

明佚名《烬宫遗录》卷上：

> 宫中十二月春联例 用泥金葫芦，内书吉利福寿字，旁写"送瘟使者将归去，俺家也有一葫芦"，以被除不祥。

清鄂尔泰、靖道谟等《贵州通志》卷七：

> 花苗，在贵阳大定遵义，所属皆无姓氏，衣用败布，绩条以织衣，无衿窍而纳诸首。男以青布裹头，妇人敛马鬃尾杂发为髻，大如斗笼，以木梳。裳服，先用蜡绘花于布，而后染之，既染，去蜡则花见，饰袖以锦，故曰花苗。每岁孟春，合男女于野，谓之跳月。择平壤地为月场，鲜衣艳妆，男吹芦笙，女振响铃，旋跃歌舞，谑浪终日，暮挈所私而归，比晓乃散。

清左承业《万全县志》：

> 五月初五日，谓之端阳节，俗呼端五。……妇女以绫罗制小虎、桑葚、葫芦等类，以彩线串之，系于钗端，或缝于儿肩。（录自陶思炎《葫芦镇物探论》，文载游琪、刘锡诚主编《葫芦与象征》，商务印书馆2001年出版。）

附：段宝林《葫芦文化的开发与文化自觉》：

> 在过去的民俗生活中，葫芦文化是丰富的，有些还在民间流传，如北方的"五色吉祥葫芦"，是在端午节期间贴在家门上的一种剪纸，据说葫芦可以吸纳五毒等等一切邪恶之气，把它们收入其中，于初五晚上再把它撕下丢弃，认为去邪之后即可平安吉祥。此种吉祥葫芦，有红、黄、绿、白、黑五色，色彩多样也是端午一景。为什么如此信仰葫芦，当与它的神性、仙气有关吧。当然这种"倒灾葫芦"形状各异，有一种倒挂的葫芦，小头朝下，其周围还有五毒的形象，下方

有万字、寿字的形象。还有"葫芦符"在葫芦中有蝎子等毒虫,下为虎头,并有除妖插剑。

(文载游琪主编《葫芦·艺术及其他》,商务印书馆2008年出版)

清王庭桢《江夏县志》:

中秋夜……群于瓜畦探之,曰"摸秋",得瓜者男祥,得葫芦女祥也。

(录自谢昌一《葫芦在民俗中的内涵》,文载游琪主编《葫芦·艺术及其他》,商务印书馆 2008 年出版)

谢昌一该文曰:

葫芦祈子的内容,在民间剪纸中有广泛的表现:山东滨州剪纸中有《子孙葫芦》、山西有《葫芦生百子》等。

该文又曰:

在山东民间剪纸中有避邪、驱毒的画,葫芦内外画有符剑和五毒虫蝎子、蛇、蜈蚣、壁虎、蟾蜍;山西祁县剪纸中有《鸡食五毒葫芦》的画,表现葫芦有收毒之效。

该文又曰:

葫芦的谐音福禄,具有福禄的内涵,……在民间剪纸中也有福寿葫芦,以祈福长寿。

清于敏中、窦光鼐等《日下旧闻考》卷一百四十七:

原:上元穿灯景补子,三月三日换罗衣,四月四日换纱衣,五月朔穿五毒艾虎补子蟒衣,七月七日穿鹊桥补子,九月四日穿重阳景菊花补子,十月朔换穿纻丝,冬至节穿阳生补子蟒衣,腊月二十四日祭灶后,宫眷内臣穿葫芦景补子蟒衣。(《芜史》)

原:铎针者,内官钉帽中央,金银珠翠珊瑚皆可制。元旦则大吉葫芦,元夕则灯笼,端午则天师,中秋则月光,重阳则菊花,冬至则绵羊。太子颁历日则宝历万年,其制八宝荔支、卍字鲇鱼也。万寿节则万寿洪福齐天,其制于"齐天"字两旁各红蝙蝠一枚,又有枝箇,其制减小,偏向成对。

清于敏中、窦光鼐等《日下旧闻考》卷一百四十八:

除夕五更焚香楮①，送玉皇上界，迎新灶君下界，插芝麻稭于门詹窗台，曰藏鬼稭中，不令出也。门窗贴红纸葫芦，曰收瘟鬼。夜以松柏枝杂柴燎院中，曰松盆烟②岁也。悬先王影像，祀以狮仙斗糖蔴花馓枝，染五色苇架罩陈之，家长幼毕拜已，各自拜，曰辞岁。

清官修《皇舆西域图志》卷三十九：

回俗以教主初生之年为元年……，其大年前十五日，相传教主是日下降，监察人间善恶。先一夜举家昼夜诵经，不寝达旦，悬葫芦于树，盛油其中，点以为灯，油尽灯落，遂踏破之，以是为破除一切殃咎。

清官修《皇朝文献通考》卷二百九十九：

巴达克山　巴达克山居于葱岭③中南境，西北至伊西洱库尔，东北去叶尔羌千余里④。有城郭，其汗曰素尔坦沙⑤。部落繁盛，户十万有奇。头目戴红毡小帽，束以锦帕，衣锦氎⑥衣，要系白丝绦，足穿黑革鞮⑦。女则被发双垂，余与男子同。其民人帽顶制似葫芦，边饰以皮，衣黄褐，束白丝绦，足穿黑革鞮，亦有用黄牛皮者。

清计六奇《明季北略》卷十八：

少顷，八象蹒跚而来，被饰华锦，自项至尾，明镜悬垂，背负朱漆葫芦，巍然雅步，故振荡其音节，珊佩铿锵，令人喝采。过此，势将极闹，飞骑报入大内，如燕掠地，刻过四五，军戎仪卫，各为整饬，坊官甲长之类，复洒黄沙，禆将骑逐叱，戒所辖军士，令其侍立对偶，衣饰器械，再加毖饰严齐。

清纪昀、陆锡熊《河源纪略》卷三十二：

---

① 香楮 chǔ：祭神鬼用的香和纸钱。楮，纸的代称。
② 烟 ǒu：小火慢慢燃烧，不使火旺盛。
③ 葱岭：古代对今帕米尔高原和昆仑山、天山西段的统名。
④ 此语，《皇朝通典》卷九十九作"西北至伊西洱库尔，东北至叶尔羌，皆千余里"。
⑤ 素尔坦沙：《皇朝通典》卷九十九作"苏尔坦沙"。
⑥ 氎 dié：细毛布，细棉布。
⑦ 鞮 dī：薄革小履。

回俗以教主初生之年为元年，阅一岁则加一年，刻年数于汗之印上，以为识。每三百六十日为一年，不增减，故每四年而余二十一日，四十年而余七月，四百八十年而余七年矣。满三百六十日为一年，谓之大年。大年第一日，如中国之元旦。伯克戎装，赍教主所赐鼍鼓乐，拥率其众赴礼拜寺行礼。众回人咸随以行礼，毕，交相叩贺。不杀生，先期三十日必把斋，日出闭斋，星见开斋，不茹荤。惟产妇不把斋，儿大则补之。大年前十五日悬葫芦于树，盛油其中，油尽灯落，遂踏破之，以是为破除一切灾咎云。

清官修《皇清职贡图》卷三：

竹堑城为台防同知驻札之地，竹堑社在城北五里，其南坎社淡水内外社俱在城南甚远。风俗与德化等社相似，男剪发齐额，或戴竹节帽，素衣绣缘如半臂，下体围花布。妇盘髻，约以朱绳，衣亦如男。常携葫芦汲水蒸黍，凡淡水。各社熟番，俱与通事贸易。岁输丁赋二百六十余两，皮税一两余。

男椎髻缠头，着短袖衣。女则以绣缘领。每出行，男女皆携葫芦为饮器。

《天津志略》：

五月初五日，……闺人皆以绫罗巧制小虎、桑葚、葫芦之类，以彩线串之，悬于钗头，或系之二背，谓可避鬼，且不病瘟。

（录自普珍《葫芦文化：释"壶"中之福》，文载游琪主编《葫芦·艺术及其他》，商务印书馆 2008 年出版）

第四节　集部书礼俗民俗史料

宋赵师侠《坦菴词·洞仙歌》（丁丑元夕大雨）：

元宵三五，正好嬉游去。梅柳蛾蝉斗济楚，换鞔儿，添头面，只等黄昏，恰恨有些子无情风雨。　心忙腹热，没顿浑身处。急把灯台炎艾炷。做匙婆，许葱油，面灰画葫芦。更漏转，越煞不停不住。待归去，犹自意迟疑，但无语，空将眼儿厮觑。

元马臻《霞外诗集·村中书事四首》：

桑条渐绿雨晴初，二月风光似画图。

茅店酒香招过客，篱边悬出草葫芦。

明俞弁《逸老堂诗话》：

张文潜《明道杂志》云：钱穆父尹开封府，剖决无滞，东坡誉之为霹雳手。穆父曰："敢云霹雳手，且免胡卢蹄。"盖俗谚也。《能改斋漫录》记张邓公罢政诗云："赭案当衙并命时，与君两个没操持。如今我得休官去，一任夫君鹘鹭蹄。"余又见李屏山乐府末句云："但尊中有酒，心头无事，葫芦提过鹘鹭蹄。"即今俳优指为鹘突者，即胡涂之谓也。

明于慎行《穀城山馆集》卷十六《元旦赐门神挂屏葫芦等物岁以为常》：

节启青阳岁钥新，金人十二画为神。

韶华自合留天府，御气谁期洽近臣。

彩胜仍分仙禁缕，云屏况借汉宫春。

却怜寂寞扬雄宅，门巷恩光接紫宸。

明侯方域《戏和尚》：

葫芦架上葫芦藤，葫芦架下葫芦明。

葫芦碰着葫芦头，葫芦不疼葫芦疼。

清孔传铎《红萼词·渔家傲（其五）》：

五月家家梅雨大，蒲根镂作葫芦卖。长命五丝缠臂彩。钗符戴，闲庭小院皆熏艾。　萱草宜男拖翠带，榴花却惹红裙怪。竞解金鱼偿酒债。横塘外，揭天箫鼓龙舟赛。

清王昶《国朝词综·羹赋醉蓬莱（葫芦）》：

看墙阴,叶老篱落花残,玉壶缥碧,长柄低垂,似琼浆轻浥,丹灶难成。方舟独泳,阅几番陈迹,料得黄姑秋心。应叹匏瓜无匹,莫是幽人此中高隐,别有风光尽。堪栖息,且倒清樽泛玉船,明瑟夜雨分畦晓,霜压架弄,一天寒色,依样描来,年年空系,晚风檐隙。

清龚翔麟《浙西六家词·梅子黄时雨五月三日蘅圃初度赋》:

菖蒲为寿,络石盘虬,是仙客旧栽,乱水深涧渐。锦雨抽苗,翠分如剑。已著紫茸烟穗,连花带露风中颭。芳根剪,九节寸,琼琴轸同短。付与柔葱轻浣,爱葫芦刻就金缕? 绾。把玉髓零香,细调红璲,预劝星郎今日醉,又何须,待芳辰换荷亭畔,午时细倾才算。

南京大学《全清词》第一册收录清吴伟业《浪淘沙》(端午):

缠臂彩丝绳。妙手心灵。真珠嵌就一星星。五色叠成方胜小,巧样丹青。 刻玉与裁冰。眼见何曾。葫芦如豆虎如蝇。旁系累丝银扇子,半泰金铃。

南京大学《全清词》第六册收录清董元恺《清平乐》(菖蒲葫芦):

花阴午直。旋把菖蒲刻。依样雕锼纤指劈,细认灵根九节。 五丝撷向霓裳。一樽醉泛瑶觞。共喜兰汤浴罢,携来倍觉芬芳。

附:俗语、典故:

壶天

也作壶中天。典出《后汉书·费长房传》,传说东汉费长房随卖药老翁入壶中,唯见玉堂严丽,旨酒甘肴盈衍其中,共饮毕而出。后即以壶天谓仙境、胜境。

小壶天

指仙境。语见元代张可久《寨儿令·小隐》:"种药田,小壶天,伴陈抟野云闲处眠。"

壶中日月

指道家悠闲清静的无为生活。《水浒》:"醉里乾坤大,壶中日月长。"

蓬壶

即蓬莱，传说中的海中仙山。语见《拾遗记》：三壶，则海中三山也。一曰方壶，则方丈也；二曰蓬壶，则蓬莱也；三曰瀛壶，则瀛洲也。

一壶千金

也作千金一瓠。语出《鹖冠子》："贱生于无所用，中流失船，一壶千金。"是说某些事物，平常看似微贱，而在关键时得其所用，便十分宝贵，价值千金。

以锥餐壶

用锥子到壶里取东西吃。比喻达不到目的。语见《荀子·劝学》："不道礼宪，以诗书为之，譬之犹以指测河也，以戈舂黍也，以锥飧壶也，不可以得之矣。"

以蠡测海

用瓢量海水。比喻以浅陋之见揣度事物。

匏瓜徒悬

语出《论语》孔子："吾岂匏瓜也哉！焉能系而不食？"比喻有才能的人不被世用。

箪食瓢饮

语出《论语》子曰："贤哉回也！一箪食，一瓢饮，在陋巷，人不堪其忧，回也不改其乐，贤哉回也！"既形容生活贫寒，也喻安贫乐道。

箪瓢士

称安贫乐道之贤士。

瓠肥

喻白胖。《史记·张丞相列传》：张丞相苍者，阳武人也。……身长大，肥白如瓠。

葫芦头

形容人的光头、秃头。

葫芦提

也作葫芦蹄、葫芦题、葫芦啼，意思是"糊涂"。宋无名氏《红绣鞋·遇美》曲："葫芦提猜不破，死木藤无回活。"

无口匏

也作没口葫芦，指不爱说话的人。

闷葫芦

不易猜透而使人纳闷的话或事。也指不善言谈的人。

打破闷葫芦

比喻把未知的问题或情况搞清楚。

得胜葫芦

指能说会道的嘴巴。

掩口胡卢

谓捂嘴而笑。多指暗笑、窃笑。语见《后汉书·应劭传》："昔郑人以干鼠为璞，鬻之于周，宋愚夫亦宝燕石，缇緼十重。夫睹之者掩口卢胡而笑，斯文之俗，无乃类旃。"又《山堂肆考》载：宋人藏石阙子曰：宋之愚人得燕石于梧台之侧，藏之以为大宝。周客闻而观焉，主人斋七日，端冕玄服以出，华匮十重，缇巾十袭，客掩口胡卢而笑曰："此燕石也，与礫不殊。"主人大怒，藏之愈密。

东扯葫芦西扯瓢

即东拉西扯，东家长西家短，说话随意，漫无边际。

指冬瓜骂葫芦

犹指桑骂槐。比喻表面上骂张三，实际上是骂李四。

醋葫芦

比喻爱吃醋、爱妒忌人的人。

油葫芦不惹醋葫芦

义同"井水不犯河水"。

依样画葫芦

也作"比葫芦画瓢"。比喻只是照样模仿，缺乏创新。

摁倒葫芦瓢起来

也作"按下葫芦起来瓢"。喻此伏彼起，事情不易控制。

老瓢

指老婆，妻子。

开瓢

指打破脑袋。也指处女第一次性行为，也称"破瓜"。

瓢把子

江湖黑话，指黑道头目，土匪头子。

葫芦案

错断案件，指阴谋诬害之案。此称源自《红楼梦》"葫芦僧乱判葫芦案"。

不知葫芦里装（卖）的什么药

不明某人心思，摸不透对方的谋虑和情况。

新葫芦装旧酒

义同"换汤不换药"。

死抱葫芦不开瓢

比喻执迷不悟，或态度沉着。

无奈东瓜何，捉着瓟子磨

东瓜，即冬瓜。瓟子，即葫芦。没法把东瓜怎么样，就捉着葫芦纠缠。比喻对厉害的人不敢怎么样，却对弱小的人找麻烦。

第八章　葫芦神话传说类

　　古人视葫芦为神物，无论"葫芦里卖的是什么药"，一旦装进葫芦里，便成了万能之药。药葫芦里的药，能治百病；盛其丹药，服之长生不老。且容量无限，盛药盛酒，饮之不竭；壶中仙境，号曰壶天。浏览古籍，相关图腾崇拜、仙道救世、卜筮吉凶、扬善惩恶、因果报应的神话传说，丰富多彩。

第一节　经部书神话传说史料

　　元张存中《四书通证·孟子集注通证》：

　　　《后汉·南蛮传》：昔高辛氏时有畜狗，其毛五采，名曰盘瓠。（音护。《魏略》曰：高辛氏有老妇，居王室，得耳疾，挑之，乃得物大如茧，妇人盛瓠中，覆之以盘，俄顷化为犬，其文五色，因名盘瓠。）以女配盘瓠，生子一十二人，六男六女。盘瓠死后，因自相夫妻，织绩木皮，染以草实。好五色衣服，制裁皆有尾形，衣裳班阑，语言侏离①，好入山壑，不乐平旷，其后滋蔓，号曰蛮夷。

————————
① 侏离：形容语音难辨。

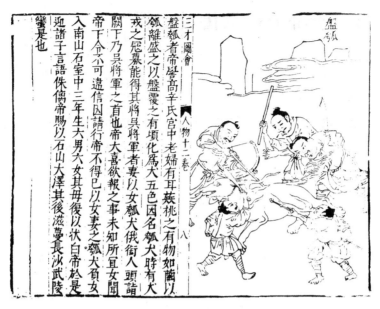

图8-1

附：刘庆芳《葫芦的奥秘》：

瑶族祭盘古

　　盘古是开辟神。西南地区少数民族如苗、瑶、白、侗、黎、畲等至今犹存口碑，都把盘古尊奉为人类的始祖，其中以瑶族最为虔诚。游朴《诸夷考》中说："麻阳民，土著者皆盘瓠种……一村有石，名盘瓠石，民共祀焉。"刘锡蕃《岭表纪蛮》说得更详细："盘古为一般瑶族所虔祀，称之为盘王。每至正朔，家人负狗环行炉灶三匝，然后举家男女向狗膜拜。是日就餐，必扣槽蹲地而食，以为尽礼。"

清王宏撰《周易筮述》卷八：

　　唐刘辟初登第，诣葫芦生问卜。生双瞽，卦成，谓曰："此二十年，禄在西南，不得善终。"后辟从韦皋于蜀，官至御史大夫。既二十年，皋薨，辟入奏，因微服复至葫芦生问之。卦成，葫芦生曰："前曾为人卜，得无妄之随，今复得此，非即昔贤乎！"辟曰："诺。"生曰："若审其人，祸将至矣。"辟不信，还蜀，谋逆，擒戮于市。

第二节　子部书神话传说史料

春秋列御寇《列子·汤问》：

渤海之东不知几亿万里，有大壑焉，实惟无底之谷，其下无底，名曰归墟。八纮九野之水，天汉之流，莫不注之，而无增无减焉。其中有五山焉：一曰岱舆，二曰员峤，三曰方壶，四曰瀛洲，五曰蓬莱。其山高下周旋三万里，其顶平处九千里。山之中间相去七万里，以为邻居焉。其上台观皆金玉，其上禽兽皆纯缟。珠玕之树皆丛生，华实皆有滋味，食之皆不老不死。所居之人皆仙圣之种，一日一夕飞相往来者，不可数焉。

战国韩非《韩非子·外储说》：

齐有居士田仲者，宋人屈榖见之，曰："榖闻先生之义，不恃仰人而食，今榖有树瓠之道，坚如石，厚而无窍，献之。"仲曰："夫瓠所贵者，谓其可以盛也，今厚而无窍，则不可剖以盛物，而任重如坚石，则不可以剖而以斟，吾无以瓠为也。"曰："然，榖将以欲弃之。"今田仲不恃仰人而食，亦无益人之国，亦坚瓠之类也。

晋葛洪《神仙传》卷九：

壶公者，不知其姓名。今世所有《召军符》《召鬼神治病玉符》凡二十余卷，皆出于壶公，故或名为《壶公符》。汝南费长房为市掾时，忽见公从远方来，入市卖药，人莫识之。其卖药口不二价，治百病皆愈。语买药者曰："服此药必吐某物，某日当愈。"皆如其言。得钱日收数万，而随施与市道贫乏饥冻者，所留者甚少。常悬一空壶于坐上，日入之后，公辄转足跳入壶中，人莫知所在。唯长房于楼上见之，知非常人也。……公知长房笃信，语长房曰："至暮无人时更来。"长房如其言而往。公语长房曰："卿见我跳入壶中时，卿便随我跳，自当得入。"长房承公言为试，展足不觉已入，既入之后，不复见壶，但见楼观五色，重门阁道，见公左右侍者数十人。公语长房曰："我仙人也。"

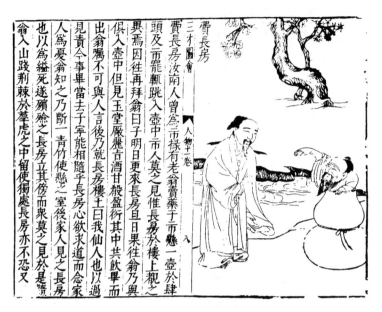

图8-2

晋王嘉《拾遗记》卷三：

浮提之国，献神通善书二人，乍老乍少，隐形则出影，闻声则藏形。出肘间金壶四寸，上有五龙之检，封以青泥。壶中有黑汁，如淳漆洒地，及石皆成篆隶科斗之字，记造化人伦之始。佐老子撰《道德经》垂十万言，写以玉牒，编以金绳，贮以玉函。昼夜精勤，形劳神倦，及金壶汁，尽二人刳心沥血以代墨焉。递钻脑骨，取髓代为膏，烛及髓血皆竭。探怀中玉管，中有丹药之屑，以涂其身，骨乃如故。老子曰：更除其繁紊，存五千言，及至经成工毕，二人亦不知所往。

南朝刘敬叔《异苑》卷二：

西域苟夷国山上有石骆驼，腹下出水，以金银及手承之，即便对过（漏），唯瓠芦盛之则得，饮之令人身香泽而升仙，其国神秘不可数遇。

南朝宋刘义庆《世说新语》卷下之上：

陆士衡初入洛，咨张公所宜，诣刘道真是其一。陆既往，刘尚在哀制中。性嗜酒，礼毕，初无他言，惟问"东吴有长柄壶卢，卿得种来不？"陆兄弟殊失望，乃悔往。

梁任昉《述异记》卷下：

汉武宴于未央宫，忽闻人语云："老臣负自诉。"不见其形，良久，见梁上一老翁，长八九寸，面皱须白，柱杖偻步至前。帝问曰："叟何姓名？所诉者何？"翁缘柱放杖，叩头不言。因仰视屋，俯视帝脚，忽不见。帝骇惧，问东方朔，朔曰："其名为藻，兼水木之精也。陛下顷来频兴宫室，斩伐其居，故来诉耳。仰头看屋，而后视陛下脚者，愿陛下宫室足于此，不欲更造。"帝乃息役。后帝幸瓠子河，闻水底有弦歌之声，置肴膳芬芳于帝前。梁上翁及数年少绛衣素带佩缨，皆长八寸，一人最长，长尺余，凌波而出，衣不沾湿，或挟乐器。帝问之曰："向所闻乐是公等奏耶？"对曰："臣前昧死归诉，蒙陛下息斤斧，得全其居，故相庆乐耳。"遂奏乐，献帝洞穴珠一枚，遂隐不见。帝问方朔："何谓洞穴珠？"朔曰："河底有一穴，深数百丈，中有赤螓，螓生此珠径寸，明耀绝世矣！"帝宝爱此珠，置于内库。

唐沈汾《续仙传》卷上：

卖药翁 卖药翁不知其姓名，人或诘之，称只此是真姓名也。有自童稚见之，迨于暮齿复见，其颜状不改。常提一大葫芦卖药，人告疾苦求药，得钱不得钱悉与之无阻，药皆称神效。或无疾，戏而求药者得必失之。由是人不敢妄求药，敬之如神明。常醉于城市间，得钱亦与贫人。或戏问之："有大还丹卖否？"曰："有，一粒一千贯钱。"人皆笑之，以为风狂。多于城市笑骂人曰："有钱不买药喫，尽作土馒头①去。"人莫晓其意，益笑之。后于长安卖药，抖擞葫芦已空，内只有一丸出，极大有光明，安在掌中，谓人曰："百年人间卖药，过却亿兆人，无一人肯把钱买药喫，深可哀哉！今须自喫却。"药才入口，足下五色云生，风起飘飘，飞腾而去。

唐沈汾《续仙传》卷中：

---

① 土馒头：指坟墓。

　　刘商　刘商，彭城①人也，家于长安，少好学强记，精思攻文，有《胡笳十八拍》盛行于世，儿童妇女咸悉诵之。进士擢第，历台省为郎，性耽道术，逢道士即师资之，炼丹服气，靡不勤功。每叹光景甚促，筋骸渐衰，朝驰暮止，但自劳苦，浮荣世宦，何益于己，古贤皆随宦以求道，多得度世，幸毕婚嫁，不为俗累，岂劣于许远游②哉！于是以病免官入道，东游及广陵，于城街逢一道士卖药，聚众极多，所卖药人言颇有灵效。众中见商，目之甚相异，乃罢卖药，携手登楼，以酒为劝。道士所谈自秦汉历代事，皆如目睹，商惊异，师敬之，复言神仙道术不可得也。及暮，商归侨止，道士下楼闪然不见，商益讶之。商翌日又于街中访之，道士仍卖药，见商愈喜，复挈上酒楼，剧谈欢醉，出一小药囊赠商，并戏吟曰："无事到扬州，相携上酒楼，药囊为赠别，千载更何求。"商记其吟，暮乃别去。后商累寻之，不复见也。商乃开囊视之，重重纸裹一葫芦，得九粒药，如麻粟大。依道士口诀吞之，顿觉神爽不饥，身轻醒然。过江游茅山，久之复往义兴张公洞，当春之时，爱罨画③溪之景，遂于胡父渚葺居，隐于山中。近樵者犹有见之，我刘郎中也。而莫知其所止，已为地仙矣。

唐沈汾《续仙传》卷中：

　　捷而能文，每自吟曰："曾见秦皇架石桥，海神忙迫涨惊潮。蓬莱隔海虽难到，直上三清却不遥。"常腰悬一葫芦，棹扁舟泛于鄂渚，上及三湘下经五湖，每将鱼就沿江市井博酒，与人吟话而去。垂白好事者言，识之数十年矣，而颜貌不改。人或戏留之，约名目斤数钓鱼，须臾得鱼，如其约，人皆异之。及见人有疾，即葫芦内取药救之。其药如麻粟大，不许人服食，惟以酒研涂心腹间，其疾便愈，无不神验。

唐段成式《酉阳杂俎》卷二：

---

① 刘商：唐代人，代宗大历年间进士，官礼部郎中。彭城：徐州。

② 许远游：仙人名。

③ 罨 yān 画：《辞源》："杂色彩画。"《汉语大词典》："色彩鲜明的绘画。多用于形容自然景物或建筑物等的艳丽多姿。"

同州司马裴沇尝说，再从伯自洛中将往郑州，在路数日，晚程偶下马，觉道左有人呻吟声，因披蒿莱寻之，荆丛下见一病鹤，垂翼俯咮①，翅关上疮坏无毛，且异其声。忽有老人白衣曳杖数十步而至，谓曰："郎君年少，岂解哀此鹤耶？若得人血，一涂则能飞矣。"裴颇知道，性甚高逸，遽曰："某请刺此臂血不难。"老人曰："君此志甚劲，然须三世是人，其血方中。郎君前生非人，唯洛中葫芦生三世是人矣。郎君此行非有急切，可能却至洛中干②葫芦生乎？"裴欣然而返，未信宿③至洛，乃访葫芦生，具陈其事，且拜祈之。葫芦生初无难色，开襆④取一石合，大若两指，援针刺臂，滴血下满其合，授裴曰："无多言也。"及至鹤处，老人已至，喜曰："固是信士！"乃令尽其血涂鹤，言与之结缘。复邀裴曰："我所居去此不远，可少留也。"裴觉非常人，以丈人呼之，因随行。才数里，至一庄，竹落草舍，庭庑狼籍。裴渴甚求茗，老人指一土龛："此中有少浆，可就取。"裴视龛中，有一杏核一扇如笠，满中有浆，浆色正白，乃力举饮之，不复饥渴。浆味如杏酪。裴知隐者，拜请为奴仆。老人曰："君有世间微禄，纵住亦不终其志，贤叔真有所得，吾久与之游，君自不知。今有一信，凭君必达。"因裹一襆物，大如羹碗，戒无窃开。复引裴视鹤，鹤所损处毛已生矣。又谓裴曰："君向饮杏浆，当哭九族亲情，且以酒色为戒也。"裴还洛，中路阅其附信，将发之，襆四角各有赤蛇出头，裴乃止。其叔得信，即开之，有物如干大麦饭升余。其叔后因游王屋，不知其终。裴寿至九十七矣。

唐段成式《酉阳杂俎》卷八：

高陵县捉得镂身者宋元素，刺七十一处，左臂曰"昔日已前家未贫，苦将钱物结交亲。如今失路寻知己，行尽关山无一人。"右臂上

① 俯咮 fǔzhòu：犹低头。咮：鸟口。
② 干：干请。
③ 信宿 sù：连宿两夜。再宿曰信。未信宿：指未过两天。
④ 开襆 fú：打开包袱。

刺葫芦，上出人首，如傀儡戏郭公者。县吏不解，问之，言葫芦精也。

唐冯贽《云仙杂记》卷四：

　　弄葫芦成诗　王筠①好弄葫芦，每吟咏，则注水于葫芦，倾已复注，若掷之于地，则诗成矣。

唐道世《法苑珠林》卷九十二：

　　《旧杂譬喻经》云：昔有国王护持女急，正夫人语太子曰："我为汝母，生汝不见国中，欲一回出，汝可白王。"如是至三，太子白王，王则听可。太子自为御车，群臣于路奉迎设拜。夫人出手开帐，令人得见。太子见女人而如是，便诈腹痛而还。夫人言曰："我无相甚矣！"太子自念，我母尚当如此，何况余乎？夜便委国舍去，入山游观，时道边有树，下有泉水。太子上树，逢见梵志独行，入水池浴，出已饭食。作术吐出一壶，壶中有女，与屏处室，梵志得卧。女人复吐一壶，壶中有男，复与共卧。卧已，吞壶，须臾之顷，梵志起已，复内妇著壶中，吞已，杖持而去。太子归国白王，请梵志及诸臣下，作三人食，持着一边。梵志既至，言："我独自。"太子曰："梵志，汝当出妇共食。"梵志不得已，出妇。太子语妇："汝当出夫共食。"如是至三，不得已出男，共食，食已便去。王问太子："汝何因知之？"答曰："我母观国，我为御车，母开出手令人见之，我念女人能多乐欲，便诈腹痛，还入山中，见梵志藏妇腹中。如是女人奸不可绝，愿大王放赦宫中自在行来。"王敕："后宫其欲行者，任从志也。"师曰：天下不可信者，女人是也。

唐欧阳询《艺文类聚》卷九十四：

　　《异苑》曰：西域苟夷国，山上有石骆驼，腹下出水，以金铁及手承取，即便对过（漏），唯葫芦盛者，则得饮之，令人身体香净而升仙。其国神秘，不可数过。

宋朱胜非《绀珠集》卷九《诗瓢》：

---

① 王筠：南朝梁琅邪临沂人，字元礼。有文名，先后为太子洗马、太子詹事，官至临海太守。

唐求喜吟咏，捻稿为丸，贮之大瓢。临死，投瓢于江中，曰："苟不沉没，得之者方知辛苦心耳。"流至新渠，有识者曰："此唐山人诗瓢。"取之，诗乃传焉。

宋张君房《云笈七签》卷二十八：

《云台治中录》曰："施存鲁人，夫子弟子，学大丹之道三百年，十炼不成，唯得变化之术。后遇张申，为云台治官，常悬一壶，如五升器大，变化为天地，中有日月，如世间，夜宿其内，自号壶天。人谓曰壶公，因之得道在治中。

宋张君房《云笈七签》卷一百十二上：

吉宗老者，豫章道士也，巡游名山，访师涉学而未有所得。大中二年戊辰，于舒州村观遇一道士，敝衣冒，风雪甚急，忽见其来投观中，与之道室而宿。既暝，无灯烛，雪又甚，忽见室内有光，自隙而窥之，见无灯烛而明，唯以小葫芦中出衾被帷幄，裀褥器用，陈设服玩①，无所不有。宗老知其异，扣门谒之，道士不应而寝，光亦寻灭。宗老乃坐其门外，一夕守之，冀天晓之后聊得一见。及晓推其门，已失所在。宗老刳心②责己，周游天下以访求焉。

宋张君房《云笈七签》卷第一百十二下：

黄尊师　茅山黄尊师法箓③甚高，尝于山前修观，起天尊殿，置讲求资，日有数千人。时讲众初合，忽有一人排门大呼，貌甚粗黑，言词鄙陋，腰插驴鞭，如随商客者。骂："士道，奴时正热，诱众何事，自不向深山学修道业，何敢妄语！"黄师不测之，即辍讲，逊词谢之。众人悉畏，不敢抵忤④。良久，词色稍和，曰："如是聚集，岂不是要修堂殿耶，都用几钱？"尊师曰："要五千贯。"其人曰："可尽辇破铁釜及杂铁来。"黄师疑是异人，遂遍令于观内诸处

---

① 服玩：服用与玩赏之物。

② 刳 kū 心：道家语。澄清内心的杂念。

③ 法箓 lù：道家语。用以驱鬼压邪的丹书、符咒。

④ 抵忤：抵触。

收拾，约得铁八百斤。其人乃掘地为鑪，以火销之，探怀中取一葫芦，泻出两丸药，以物搅之，少顷去火，已成银。曰："此合钱万贯，若修观，计用有余，请施贫乏。如所获无多，且罢之。"黄师与徒众皆敬谢，问其所欲，笑出门去，不知所之。后十余年，黄师奉诏入京，忽于市街西见插驴鞭者，肩绊小复子随骑驴老人行，全无茅山气色。黄欲趋揖，乃摇手指乘驴者，复连叩头，黄但揖礼而已。老人发尽白，视之如十四五童子也。

宋朱胜非《绀珠集》卷二：

胡广① 得姓　广以恶月②生，父母恶之，藏之胡卢，弃之河流。岸侧居人收养之，及长，有盛名，父母欲取之。广以为背所生则害义，背其所养则忘恩，两无所归，以其托葫芦而生也，乃姓胡。

宋朱胜非《绀珠集》卷五：

和神国　李元之暴卒复生，云往游和神之国，人寿皆一百二十岁，皆二男二女，邻里为婚姻。地产大瓠，瓠中皆五谷。不种而实，水泉皆如美酒，饮多不醉。气候常如深春，树木皆彩丝，可以为衣。

宋朱胜非《绀珠集》卷十三：

卢杞遇仙　杞未第时，遇仙妪曰麻婆，以葫芦如二斗，究令杞乘之，腾入霄汉。至一处曰水晶宫，见太阴夫人，问三事，曰："公有仙相，能居此宫乎？能为地仙时时到此乎？能为中国宰相乎？公愿何事？"曰："愿为宰相。"夫人恨然遣还。

宋曾慥《类说》卷十一：

诣葫芦生问命　白中金应举，屡不第，诣葫芦生问命，生殊不许。后入安上门，一妇人以紫文新帕封在阓中，女奴力倦，置于门阃③。车马骈集④，门将辟⑤，妇人女奴俱失所在，帕留阃傍。公为

---

① 胡广：东汉南郡华容人，历仕司空、司徒、太尉，官至太傅。

② 恶月：古代迷信，称五月为恶月。

③ 门阃niè：门橛。门中央所竖的短木。

④ 骈pián集：聚集。骈：两马并驾一车。

⑤ 辟pì：打开。

守卫，至日晏，主竟不至。忽见妇人号泣曰："夫犯刑宪，有能救护者，惟欲宝带，今晨遗失，夫不免极刑矣。"公以带还之，其人泣谢而去。明日再见，葫芦生曰："秀才近种得阴德，来年及第，位极人臣。"

宋曾慥《类说》卷十二：

落叶为鱼　潘宸泊舟秦淮，有老父求同载，宸许之。时大雪，老父髻中取小葫芦倾之，极饮不尽，能掬水银手中，挼①即成银。尝见池中落叶，漉置于地，随叶大小皆为鱼。

宋曾慥《类说》卷十五：

黄中君鬼谷子　窦庭芝与卜者葫芦生相善。一日谓曰："君家祸将至，遇黄中君、鬼谷子方可救。"教庭芝物色求之，得李泌倾心结之。未几，遇朱泚之乱，庭芝陷贼中。事平，德宗命诛之。泌以前事上闻，特贷②其死。帝曰："黄中君盖指朕，谓卿为鬼谷子，何也？"

宋曾慥《类说》卷二十七：

会昌元年，卢杞为客，遭风漂至大山，见一道士，曰："此蓬莱山。"顷之风云忽起，腾上碧霄，有麻婆手携一葫芦。杞因问曰："此去洛阳多少？"曰："八万里。"良久，葫芦上见楼阁，以水精为墙，女子居殿中，从女数百。麻婆立于诸卫之下，女命杞坐，具酒馔，曰："郎君今于三事取一：上者留此宫，寿与天毕；次为地仙，时得至此；下为人间宰相。"杞曰："处此为上愿。"女子喜曰："此水精宫也，某为太阴夫人，仙格已高，郎君便是白日上升，必为笺奏上帝。"少顷，朱衣使者宣帝命曰："卢杞，欲水精宫住否？欲人间宰相否？"杞大呼曰："人间宰相！"朱衣奏出，太阴夫人失色，令麻婆速回，推入葫芦，却至旧居。尘榻俨然，葫芦与麻婆俱不复见。

宋王明清《投辖录》：

张忠文

---

① 挼 ruó：揉搓。
② 贷：宽免。

张忠文嵇仲作武官日，差往蜀中，遇道人于逆旅①，风骨甚异。熟视嵇仲，笑曰："子他日当历清要②，至二府。"嵇仲以为玩己之辞，问道人："若有，何能？"道人云："唯命所试。"嵇仲益笑其大言，谓曰："汝能诗否？"道人请示其题，嵇仲指所携葫芦令赋之。道人拈笔立成，云："莫笑葫芦子，其中天地宽。流金不觉暑，裂石岂知寒。拖后寻踪易，吹时觅缝难。从教灰尽劫，留与后人看。"言既腾空而去。嵇仲后试换，历小蓬当制宗伯修史，最后知枢密院，悉如道人之言。

宋释惠洪《冷斋夜话》卷八：

野夫长短句　刘野夫留南京，久未入都，渊材以书督之，野夫答书曰："跛子一生别无路，展手教化，三饥两饱，回视云汉，聊以自诳。元神新来，被刘法师徐神翁形迹得不成模样，深欲上京相觑，又恐撞着文人泥沱佛，蓦地被干拳湿踢，着甚来由。"其不羁如此，尝自作长短句曰："跛子年年，形容何似，俨然一部髭须。世上诗大，拐上有工夫。达南州北县，逢着处，酒满葫芦。醺醺醉，不知来日，何处度朝晡③。洛阳花看了，归来帝里，一事全无。若还与饱羹不托④，依旧再作门徒。蓦地思量，下水轻船上，芦席横铺。呵呵笑，睢阳门外，有个好西湖。"

宋李昉《太平广记》卷三十九：

刘晏　唐宰相刘晏，少好道术，精恳不倦，而无所遇。常闻异人多在市肆间，以其喧杂，可混迹也。后游长安，遂至一药铺，偶问，云常有三四老人，纱帽拄杖来取酒，饮讫即去，或兼觅药看，亦不多买，其亦非凡俗者。刘公曰："早晚当至？"曰："明日合来。"刘公平旦往，少顷果有道流三人到，引满饮酒，谈谑极欢，旁若无人。良久

---

① 逆旅：客舍。迎止宾客之处。
② 清要：职位清贵，掌握枢要。即官位显要。
③ 朝晡 zhāobū：朝时（辰时）至晡时（申时）。辰时：上午七点至九点。申时：下午三点至五点。"度朝晡"犹言"度日""度时光"。
④ 不托：汤饼的别名。欧阳修《归田录》卷二："汤饼，唐人谓之不托，今俗谓之馎饦矣。"

曰："世间还有得似我辈否？"一人曰："王十八。"遂去。自后每忆之，不可寻求。及作刺史，往南中，过衡山县，时春初，风景和暖，吃冷淘①一盘，香菜茵陈之类，甚为芳洁。刘公异之，告邮史曰："侧近莫有衣冠②居否？此菜何所得？"答曰："县有官园子王十八能种，所以馆中常有此蔬菜。"刘公忽惊记所遇道者之说，乃曰："园近远，行去得否？"曰："即馆后。"遂往。见王十八，衣犊鼻③灌畦，状貌山野，望刘公趋拜，战栗。渐与同坐，问其乡里家属。曰："蓬飘不省，亦无亲族。"刘公异疑之。命坐，索酒与饮，固不肯。却归，晏乃诣县，自请同往南中。县令都不喻，当时发遣。王十八亦不甚拒，破衣草履，日益秽敝。家人并窃恶之，夫人曰："岂兹有异，何为如此？"刘公不懈，去所诣数百里，患痢，朝夕困极，舟船隘窄，不离刘公之所。左右掩鼻罢食，不胜其苦。刘公都无厌怠之色，但忧惨而已。劝就汤粥，数日遂毙。刘公嗟叹涕泣，送终之礼，无不精备，乃葬于路隅。后一年，官替归朝。至衡山县，令郊迎，既坐曰："使君所将园子，去寻却回，乃应是不堪驱使。"刘公惊问何时归。曰："后月余日即归。云奉处分放回。"刘公大骇，当时步至园中，茅屋虽存，都无所睹。邻人云："王十八昨暮去矣。"怨怅加甚，向屋再拜，泣涕而返。审其到县之日，乃途中疾卒之辰也。遣人往发其墓，空存衣服而已。数月至京城，官居朝列，偶得重疾，将至属纩④。家人妻子，围视号叫。俄闻叩门甚急，阍⑤者走呼曰："有人称王十八，令报。"一家皆欢跃迎拜。王十八微笑而入其卧所，疾已不知人久矣。乃尽令去幛蔽等及汤药，自于腰间取一葫芦开之，泻出药三丸，如小豆大，用苇筒引水半

---

① 冷淘：过水面及凉面一类的食品。
② 衣冠：士大夫的穿戴。代指士大夫、官绅。
③ 犊鼻：即犊鼻裈 kūn，短裤，或谓围裙。
④ 属纩 zhǔkuàng：人将死，在口鼻上放丝绵，以观察有无呼吸，叫属纩。纩：新丝绵，质轻，遇气即动。因称病重将死为属纩。
⑤ 阍 hūn：守门人。

瓯，灌而摇之，少顷腹中如雷鸣，逡巡①开眼，蹶然而起，都不似先
有疾状。夫人曰："王十八在此。"晏乃涕泗交下，牵衣再拜，若不胜
情，妻女及仆使并泣。王十八凄然曰："奉酬旧情，故来相救。此药
一丸，可延十岁，至期某却来自取。"啜茶一碗而去。

宋李昉《太平广记》卷七十四：

　　茅山陈生者，休粮服气②，所居草堂数间，偶至延陵，到佣作坊，
求人负担药物，却归山居。以价钱，多不肯。有一夫壮力，然神少，颇
若痴者，疥疮满身，前拜曰："去得。"遂令挈囊而从行，其直多少，亦
不问也。既至，因愿留采薪，都不计其价。与陈生约：日五束……。一
日，佣者并送柴十束，纳陈生处，为两日用。夜后遂扃③门炽火，携一
小锅入。陈生密窥之，见于葫芦中泻水银数合，煎之，搅如稀饧，投
一丸药，乃为金矣。佣者捻两丸，以纸裹置怀中，余作一金饼，密赍
出门去。明日，日高起，求药者已至，乃持丸者付之。令患齿者含之，
一丸未半，乃平复矣，痛止，第出虫数十。陈生伺佣者出，于房内搜而
观之，得书二卷，不喻其旨，遂藏之。佣者至，大怒，骂陈生。生不敢
隐，却还之。曰："某今去矣。"遂出门，入水沐浴，乃变为美少年，
无复疮疥也。拜讫，跳入深涧中，遂不知所之。（出《逸史》）

宋李昉《太平广记》卷七十五：

　　潘老人　嵩山少林寺，元和中，常因风歇，有一老人杖策扣门求
宿。寺人以关门讫，更不可开，乃指寺外空室二间，请自止宿。亦无床
席，老人即入屋。二更后，僧人因起，忽见寺门外大明，怪而视之，见
老人所宿屋内设茵褥翠幕，异常华盛。又见陈列殽馔，老人饮啖④自
若，左右亦无仆从。讶其所以，又不敢开门省问，俱众伺之。至五更
后，老人睡起，自盥洗讫，怀中取一葫芦子，大如拳，遂取床席帐幕，

---

① 逡 qūn 巡：顷刻，不一会。
② 休粮：停食谷物。服气：吐纳。道家养生延年之术。
③ 扃 jiōng：自外关闭门户用的门栓。
④ 啖 dàn：食，吃。

凡是用度，悉纳其中，无所不受。收讫，以葫芦子内①怀中，空屋如故。寺僧骇异，开门相与诘问，老人辞谢而已。僧固留之住，问其姓名，云姓潘氏，从南岳北游太原。其后时有见者。（出《原化记》）

宋李昉《太平广记》卷八十六：

掩耳道士　利州南门外，乃商贾交易之所。一旦有道士羽衣褴褛，来于稠人中卖葫芦子种，云一二年间甚有用处。每一苗只生一颗，盘地而成。兼以白土画样于地以示人，其模甚大。逾时竟无买者，皆云狂人，不足可听。道士又以两手掩耳急走，言："风水之声何太甚耶？"巷陌孩童，竞相随而笑侮之。时呼为掩耳道士。至来年秋，嘉陵江水一夕泛涨，漂数百家，水方渺弥，众人遥见道士在水上坐一大瓢，出手掩耳，大叫："水声风声何太甚耶！"泛泛而去，莫知所之。（出《野人闲话》）

宋李昉《太平广记》卷一百十八：

韦丹　唐江西观察使韦丹，年近四十，举五经未得。尝乘蹇②驴至洛阳中桥，见渔者得一鼋，长数尺，置于桥上，呼呻余喘，须臾将死。群萃观者，皆欲买而烹之。丹独悯然，问其直③几何，渔曰得二千则鬻④之。是时天正寒，韦衫袄袴，无可当者，乃以所乘劣卫⑤易之，既获，遂放于水中，徒行而去。时有胡芦先生，不知何所从来，行止迂怪，占事如神。后数日，韦因问命，胡芦先生倒屣⑥迎门，欣然谓韦曰："翘望数日，何来晚也？"韦曰："此来求谒。"先生曰："我友人元长史，谈君美不容口，诚托求识君子，便可偕行。"韦良久思量，知闻间无此官族，因曰："先生误，但为某决穷达。"胡芦曰："我焉知，君之福寿，非我所知，元公即吾师也，往当自详之。"相与策杖至通

---

① 内 nà：同"纳"。
② 蹇 jiǎn：跛，瘸。
③ 直：通"值"。价值。
④ 鬻 yù：卖。
⑤ 卫：驴的别名。
⑥ 倒屣 xǐ：也作"倒履 lǚ"。急于出门，把鞋子穿倒。形容迎客热情。

利坊，静曲幽巷，见一小门，胡芦先生即扣之。食顷，而有应门者开门延入，数十步，复入一板门，又十余步，乃见大门，制度宏丽，拟于公侯之家。复有丫鬟数人，皆极姝美，先出迎客，陈设鲜华，异香满室。俄而有一老人，须眉皓然，身长七尺，褐裘韦带，从二青衣^①而出，自称曰："元濬之。"向韦尽礼先拜。韦惊，急趋拜曰："某贫贱小生，不意丈人过垂采录。"韦未喻，老人曰："老夫将死之命，为君所生，恩德如此，岂容酬报。仁者固不以此为心，然受恩者思欲杀身报效耳。"韦乃矍然，知其鼋也，然终不显言之，遂具珍羞，流连竟日。既暮，韦将辞归，老人即于怀中出一通文字，授韦曰："知君要问命，故辄于天曹录得，一生官禄行止所在，聊以为报。凡有无，皆君之命也。所贵先知耳。"又谓胡芦先生曰："幸借吾五十千文，以充韦君改一乘，早决西行，是所愿也。"韦再拜而去。明日，胡芦先生载五十缗至逆旅^②中，赖以救济。其文书具言：明年五月及第，又某年平判入登科受咸阳尉，又明年登朝作某官，如是历官一十七政，皆有年月日。最后年迁江西观察使，至御史大夫。到后三年，厅前皂荚树花开，当有迁改北归矣。其后遂无所言。韦常宝持之，自五经及第后，至江西观察使，每授一官，日月无所差异。洪州使厅前有皂荚树一株，岁月颇久，其俗相传，此树有花，地主大忧。元和八年，韦在位，一旦树忽生花，韦遂去官，至中路而卒。初韦遇元长史也，颇怪异之，后每过东路，即于旧居寻访，不获。问于胡芦先生，先生曰："彼神龙也，处化无常，安可寻也？"韦曰："若然者，安有中桥之患？"胡芦曰："迍难困厄，凡人之与圣人，神龙之与端蠕^③，皆一时不免也，又何异焉？"（出《河东记》）

宋祝穆《古今事文类聚》别集卷二十：

---

① 青衣：指奴婢。青衣原指帝王、后妃的一种礼服，汉代以后以青衣为卑贱者之服，故称婢为青衣。

② 逆旅：客舍，旅店。

③ 端 chuǎn 蠕：指蚯蚓之类的小虫。

出令相谑　元丰中，高丽遣一僧入贡，颇辩慧，赴筵设荤酒自如，令杨次公接伴。一日，出令曰：要两个古人姓名，争一物。沙门曰：古人有张良，有邓禹，争一伞，良曰良伞，禹曰禹伞。次公曰：古人有许由，有晁错，争一葫芦，由曰由葫芦，错曰错葫芦。（《渔隐》）

宋张杲《医说》卷一：

徐仲融，不知何郡人，为濮阳太守，性好黄老。隐秦望山，有道士过之求饮，因留一葫芦遗之曰："君习之，子孙当以道术救世，位至二千石。"仲融开视，乃《扁鹊镜经》一卷，因精心学之，名振海内，仕至濮阳太守。

宋周守忠《历代名医蒙求》卷下：

张太素《齐书》：徐之才字士茂，高平金乡人。五叶祖仲融隐于秦望山，有道士过之求饮，因留葫芦遗人曰："习此，子孙当以道术救世，位至二千石。"开视，乃《扁鹊镜经》一卷。习之，遂为良医，至濮阳太守。父雄，员外散骑侍郎，代传其术，号为神明。

宋周守忠《历代名医蒙求》卷下：

徐钓涂心　俞附浣胃

《续仙传》：徐钓者，不知何许人，自称蓬莱钓者。常腰一葫芦，棹扁舟泛五湖，所得鱼沿江博酒，吟咏而归，或见疾病者，取药一粒如麻子许，令人以酒涂心上，皆安。或有问之："此药可食否？"曰："可食，恐憎饭去。"有好事者吞之，自然绝食。人方信之。

宋释文莹《湘山野录　续录》：

国初文章惟陶尚书毂为优，以朝廷眷待词臣不厚，乞罢禁林。太祖曰：此官职甚难做，依样画葫芦，且做且做。不许罢，复不进用。毂题诗于玉堂曰："官职有来须与做，才能用处不忧无。堪笑翰林陶学士，一生依样画葫芦。"驾幸见之，愈不悦，卒不大用。

元陶宗仪《辍耕录》卷十三：

中书鬼案　中书省准陕西行省咨察罕诺尔宣慰司呈，巴咱尔街礼敬坊王弼告：至正三年九月内到义利坊平易店，见有算卦王先生，因问来历致争。当月二十九日夜，睡房窗下似风吹葫芦声，不时有之，请到李法师遣送，虚空人言："算卦先生使我来。"哭声内称冤枉。弭祝之曰："尔神尔鬼，明以告我。"鬼云："我是丰州黑河村周大亲女月惜，至正二年九月十七日夜因出后院，被这王先生将我杀了，做奴婢使唤，如今教在你家作怪。"哭者索要衣服。抄写所说，赴官陈告。差卢捕盗等与社长吴信甫于王先生房内，搜获木印二颗，黑罗绳二条，上钉铁针四个，魇镇女身小纸人八个，五色彩，五色绒，上俱有头发相缠。又小葫芦一个，上拴红头绳一条，内盛琥珀珠二颗，外包五色绒，朱书符命一沓。

明徐伯龄《蟫精隽》卷十：

禽言①

禽言，自梅宛陵圣俞、朱文公元晦、梁隆吉之后，无出其右者，及观杨铁崖廉夫有提葫芦一首，语虽谑浪，俊快使人耸动。其词云："提壶②提壶，沽酒何处沽？乌程与若下，美酒高无价。小姑典金钗，劝郎醉即罢。君不见城中官长葫芦提③，十日九日醉如泥。"规讽有味。

明张岱《陶庵梦忆》：

万历甲辰，有老医驯一大角鹿，以铁钳其趾，设鞼鞼④其上，用笼头衔勒，骑而走，角上挂葫芦药瓮，随所病出药，服之辄愈。家大人见之喜，欲售其鹿，老人欣然，肯解以赠，大人以三十金售之。五月朔日，为大父寿，大父伟硕，跨之走数百步，辄立而喘，常命小裾笼之，从游山泽。次年，至云间，解赠陈眉公。眉公羸瘦，行可连二三里，大喜。后携至西湖六桥、三竺间，竹冠羽衣，往来于长堤深柳之下，见者啧啧，称为"谪仙"。后眉公复号"麋公"者，以此。

明清溪道人《禅真逸史》：

① 禽言：诗体名。以禽鸟为题，将鸟名隐入诗句，象声取义，以抒情写态。
② 提壶：亦称提壶芦、提胡芦。鸟名，即鹈鹕。宋梅尧臣《和永叔六篇·啼鸟》："提葫芦，提葫芦，尔莫劝翁沽美酒，公多金钱赐醇酎，名声压时为不朽。"
③ 葫芦提：糊涂。
④ 鞼鞼 guìxiǎn：皮带。

那人被薛举看清，一棍击中眉心，扑的倒了。薛举便夺过一把刀，将那人首级割下，挂在柳树枝头，搜检身上，裙带上系葫芦一枚，内藏丸药。杜伏威取了葫芦，将药撒散到廊外涧中，舀了一葫芦水，先念了解咒，含水喷在妇人脸上，妇人方醒。见了杜、薛二人，惊惶惭愧，没处藏身，将褥子扯开，遮了下身。

明清溪道人《禅真逸史》：

林澹然道："张郎试取神虎，与侍中观之。"张善相承命，袖中取出一小葫芦，长有三寸许，右手执之，左手拈诀，口中默诵咒语，喝声道疾，只听得呼呼风响，葫芦口内跳出一虎，大如桃核，跃在地上。乘风把头一摇，就地滚上数滚，变成一个斑斓锦毛大虎，咆哮可畏。

明余象斗《南游记》卷一：

铁拐李献上葫芦，奏曰："臣此葫芦，内藏风火，要风便风，要火便火，要金便金，要银便银。内藏臣自身心体相，指东飞东，指西飞西，百般可用。"

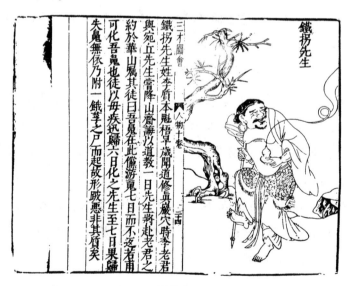

图8-3

明焦周《焦氏说楛》：

周灵王时，浮提国献神书二人，或老或少，或出或隐，肘间悬金壶四寸，上有五龙之检，封以青泥中，有黑汁洒地及石，皆成科斗之书。

明高濂《遵生八笺》卷十七：

神仙紫霞杯　昔宋英宗皇帝朝暮思想，恳祷祝告上苍，愿祈降子。忽一日，有一道者身穿草衣，头挽双髻，腰悬药葫芦，携一水火篮，手执龙虎首拄杖，偶至玉阶。群臣云："这道人不知从何入朝，冲入金门？"奏道："吾乃蓬莱到此，因陛下祈子恳切，贫道闻知，奏奉蟠桃，延年益寿，九转紫霞杯，乞陛下允纳。"帝曰："此酒此杯是何仙术，从何而至？"道云："此是纯阳真人曾庆蟠桃会贺王母仙酒杯，陛下饮服。"帝曰："有何益于朕？"道曰："但令宫妃有子。"帝闻甚喜，着光禄寺筵宴奉赏。道曰："道人不用筵赏。"传下酒杯法，化一道青光灼然而去。帝稽首叩谢，故得子之多。

明徐应秋《玉芝堂谈荟》卷七：

李泌少时，几欲白日升天，为其母以秽恶蒜齑①泼之，仙乐顿散。卢杞随麻姑乘葫芦至水晶宫，见太阴夫人，约定欲为仙。至期，杞忽厉声曰"为中国宰相"，主者失色。

明徐应秋《玉芝堂谈荟》卷十四：

狯园山璩生名自忍，少贩茶入天姥山，遇神仙授变化隐形之术，又晓搬运法，分杯结雾，化竹钓鳝，无所不工。杖头三葫芦，大如杯。一日醉后，谓众曰："某有奇术，请为诸君设之。"遂解下三葫芦，用五彩绳三尺系之，绾于席端，按亥卯未三方，指南边者曰，此天界，指左者，此地界，右者，此人界。众聚观之，洞无一物，口喃喃诵咒数十语，第三葫芦陡然震动，见人马无数，皆长二三寸，官僚将吏，老少士女，队仗音乐，提携负戴，从绳上行，踵接肩摩，毛发分明，细若刻镂，趋赴于第二葫芦。生口中仍诵咒，但闻锵锵铜铁声，鬼啸非常，须臾，牛头马面狱卒夜叉种种变相入第一葫芦中。又复诵咒，如初，则忽涌出天人玉女，珠旛宝盖②，玉皇香案在前，其后拥出诸佛菩

---

① 蒜齑 jī：蒜末。

② 旛 fān：同"幡"。珠旛：珍珠装饰的旗幡。宝盖：用珍宝装饰的华盖。

萨帝释①，龙神庄严，具足却走进第三葫芦中。诸顶盖一时俱下，寂然无声，视之都无所有矣。

明谢肇淛《五杂俎》卷六：

传记有周文襄见鬼事，盖已死而英气未散，魂附生人，无足异也。如刘伟者为太守，卒已数十年，忽往来人间，言未曾死，则妄矣。近万历间，又有称威宁伯王越者，往来吴越间，人信之若神，大抵妖人假托之词耳。安知宋时贺水部者非妄耶？世人好奇，遂不及察，非隽不疑②不能缚戾太子也。《夷坚志》载："法术若毛一公、汲井妇人之类，一遇其敌，便几至杀身。相传嘉、隆间，有幻戏者，将小儿断头，作法讫，呼之即起。有游僧过，见而晒之。俄而儿呼不起，如是再三。其人即四方礼拜，恳求高手，放儿重生，便当踵门求教。数四不应，儿已僵矣。其人乃撮土为坎，种葫芦子其中。少顷，生蔓结小葫芦。又仍前礼拜哀鸣，终不应。其人长吁曰：'不免动手也。'将刀砍下葫芦。众中有僧，头欻然③落地，其小儿应时起如常。其人即吹烟一道，冉冉乘之以升，良久遂没，而僧竟不复活矣。"盖术未精而轻挑衅端，未有不死者也。

《万法归宗》卷二：

移山换景法　用大葫芦一个，挖空，用前印在口上，虚印三十五印，焚信香一饼，望西喷④之，大喝一声，叫"变变变"，右手剑诀于上，周围一绕，无一时，众人视见：一切宫殿境界非凡甚美，真蓬莱仙府也。欲收，以左袖一拂，喝一声"葫芦出来"，即如旧矣。

明彭大翼《山堂肆考》卷十六：

许由弃瓢

---

① 帝释：佛教护法神。

② 隽 juàn 不疑：汉渤海人。武帝末为青州刺史，昭帝初擢京兆尹。时有男子冒称武帝已故卫太子，吏民观者数万人，丞相御史莫能决其真伪。隽不疑识破其伪，叱从吏收缚送狱。昭帝与大将军霍光闻而嘉之。

③ 欻 xū 然：忽然。

④ 喷 xùn：喷。《神仙传》："饮酒，西南喷之。"

箕山在真定府，唐县西北，其峰若箕形，即许由隐处。上有许由墓、弃瓢岩、洗耳溪、巢父答问碑。

明彭大翼《山堂肆考》卷一百五十：

留饭　唐李筌号达观子，居少室山，好神仙术，至嵩山虎口岩，得《黄帝阴符经》，其本糜烂，筌抄读数千遍，不晓其义，因入秦至骊山下，逢一老母，敝衣扶杖，神状甚异。见路旁一火烧树，因自语曰："火生于木，火发必尅。"筌惊问曰："此《阴符经》文，母何得言之？"母曰："吾受此符已六周甲子矣。"筌拜母，共坐石上，说《阴符》之义。日已晡①，曰："吾有麦饭，相与为食。"袖中出一瓢，令筌取水。及还，已失老母所在，但留麦饭于石上。筌食之后，血气不衰，入名山访道，不知所之。

清潘永因《宋稗类钞》卷二十五：

一相士黄生见黄鲁直，恳求数字，取信为游谒之资。鲁直大书遗曰："黄生相予官为两制，寿至八十，是所谓大葫芦种也。"一笑，黄生得之欣然。士夫间莫解其意，因问之。黄笑曰："一时戏谑耳。"某顷年，见京师相国寺中卖大葫芦种，仍背一葫芦甚大，一粒数百钱，人竞买。至春种，结仍乃瓠尔。盖讥黄术之难信也。

清百一居士《壶天录·壶天录序》：

自刘向著《七略》，始有小说之名。唐宋而还，递相仿傚。降至今日，博学者极意研思，大率矜言奇异，俾世人耳目一新，乌足以资兴感哉。予瓠落②不材，殆将衰老，旅馆寂寥，形影相吊，其借以释心胸破积闷者。每不出稗史诸书，茶余酒半，聊复效颦。征闻考见，信手录之，颜曰《壶天录》。夫录曷为以壶天名也？盖壶之为器也，小而能分时日之朝暮，晷刻之长短，所谓日向壶中特地长者，则壶中一小天也。以壶中而论天，则不啻坐井观天之喻，而所见者终小也。独是人生百年，孰不同此壶中之岁月？一壶虽小，固有即天人造化、万事万物

---

① 晡 bū：下午三点至五点。

② 瓠落：空廓、空疏貌。

之理而翕受于其中者。远窥六合，近征一室，要皆可以壶天赅之也。予也无扬雄谈天之口，而藉是以言天，殆欲即壶中之天以消此长日耳。虽所见者小，不免有蠡测管窥之诮，而兴感所在，要即以天道之有常者。验之忠孝节义，炳若日星，即推之灾祥祸福，感应昭昭，亦天理所当然，而可以修德自省矣。夫岂徒山川之缥缈，鬼怪之离奇，为足以悦乎耳目而已哉。但陋劣无文，不过自达其间，见覆瓿[1]之讥，当必不免，倘有执是而訾责之者，是则予之所深幸也夫。

清张英、王士祯等《渊鉴类函》卷四百四十一：

《原化记》曰：韦丹未第时，于洛阳中桥见渔者，得一大鼋，长数尺，系之桥柱，引头四顾，有求救之意。丹以乘驴赎之，放于水中，徒步而归。后数日诣葫芦生问命，生与共往元长史家，有老人元濬之向韦尽礼，款待中出文字一通，授之曰："此公一生官禄行止，聊报活命之恩。"即此鼋也。

清王士祯《池北偶谈》卷二十三《谈异四》：

陕西静宁州一道士，卖药于市，手持小葫芦，修广仅寸许，倾之，得土数升，皆成金丹，以予病者，立已。求者日众，不能给，以麈尾一挥，人人袂间各得三粒。一日以小瓢贮丹，任人自取，极力多攫，止得三粒。数百人悉得药，而瓢仍不空。后不知所之。

清褚人获《坚瓠集》续集卷二：

葫芦仙　王疎菴以少司徒罢归。一日，其媵[2]剖葫芦，中有一仙人，长寸许，衣冠伟然。其家争问以休咎及疎菴出处，曰："公后当作大司徒，迁冢宰[3]，勋名两茂，一代柱石。"忽失所在。公因祀之，家绘葫芦仙图，其后登迁果然。

清褚人获《坚瓠集》秘集卷一：

---

[1] 覆瓿 bù：《汉书·扬雄传赞》："钜鹿侯芭常从雄居，受其《太玄》《法言》焉。刘歆亦尝观之，谓雄曰：'空自苦！今学者有禄利，然尚不能明《易》，又如《玄》何？吾恐后人用覆酱瓿也。'后因以覆瓿作谦辞，喻自己的著作价值不高，只能用盖酱罐。"

[2] 媵 yìng：妾。

[3] 冢宰：为六卿之首。《书·周官》："冢宰掌邦治，统百官，均四海。"后来也称吏部尚书为冢宰。

三丰异物　《白醉璅言》①：张三丰在甘州留三物于观中，一为
簑笠，一为药葫芦。人有疾者，或取一草投其中，明旦煎汤饮之，疾立
愈。其三为八仙过海图，中有寿字，有都指挥得之，悬于堂，未以为
奇，一夕有亲故假宿，闻海涛汹涌声，以为黑河倒。明旦告于主人，主
人怪而物色之，始知其声从图出也。

清褚人获《坚瓠集》秘集卷五：

葫芦枣　《夷坚志》：光州七里外村媪家植枣二株于门外，秋日
枣熟，一道人过而求之。媪曰："儿子出田间，无人打扑，任先生随
意啖食。"道人摘食十余枚，媪延道人坐，烹茶供之。临去，道人将
所佩一葫芦系于木杪②，顾语曰："谢婆婆厚意，明年当生此样枣，既
是新品，可以三倍得钱。"遂去，后如其言。今光州尚有此种，人怀核
植于他处，则不然。

清袁枚《新齐谐》：

梦葫芦　尹秀才廷一未第时，每逢下场必梦神授一葫芦，发榜不
中，自后遇入闱心恶，而每次必梦葫芦，然屡梦则葫芦愈大。雍正甲
辰科入闱之前夕，尹恐又梦，乃坐而待旦，欲避梦也。其小奴方睡，大
呼梦见一个葫芦，与相公长等身。尹懊恨不祥，亦无可奈何。已而榜
发，尹竟中三十二名，其三十名姓胡，其三十一名姓卢，皆甚少年，方
悟初梦之小葫芦，盖二公尚未长成故也。

清昭梿《啸亭杂录》：

自鸣葫芦　康熙中，吾邸辽东，庄头某家植蔬菜，篱间结一巨葫
芦，中能作音乐之声。献于先修王，修王异之，因进于仁庙，上甚为爱
惜，日置养心殿中，后随殉景陵。

清落魄道人《常言道》：

邝诡习学了不多几日，一学就会，诸般法术皆精，遂辞了脱空祖
师，回转没撑浜来。试演法术，件件皆灵，自觉道痕已深，心中得意，

---

① 《白醉璅 zǎo 言》：杂记类著作，明代王兆云著。
② 木杪 miǎo：树梢。

那晓得贫病相连，顷刻间嘴牙歪斜，鼻青脸肿，忽然生起病来了。头恢怀操，一步不可行，有时颤寒作热，要死不要活，想来是穷人犯了富贵病了。遂延请了一个说嘴郎中，肩背葫芦，不知他葫芦里卖什么药。走进了邝诡家中，把邝诡一看，见他满面晦气色，胗①脉息，他却有些牵筋缩脉，向邝诡说道："你的病叫做穷病，这是你自己弄出来的。"邝诡道："可有什么药吃。"那郎中道："这个病是目下的时症，有一个神效奇方，服之可以立愈。"邝诡道："是什么奇方？"郎中道："尊体内外皆属空虚，立地无靠傍，总要跌倒，必须吃元宝汤才好。但此药难以购求，你若无此药，今生只怕要带疾的了。"邝诡道："先生，此药你的葫芦内可有么？"郎中道："这是真方，我葫芦内的是假药。我是没有这样好药的。"邝诡道："可有什么别法么？"郎中道："舍此无医，我是去了。"那说嘴郎中一径飘然而去。

……

正在毫无主张时候，门前来了一个摇虎撑的，肩背着葫芦，就是从前医过邝诡的说嘴郎中。睢②炎、冯世忙请了他进来，陪他到自室中，看了钱士命的病症，说道："我有上好膏药，贴之可以立愈。快拿一盆炭火出来。睢炎、冯世掇出一盆火来，摆在中间，他便在葫芦内倒出药来，在炭火上熬成膏子，取出一块，七歪八扭的歪摆布，摊成一个火热的膏药，攉在钱士命心头那一块炭团相似的患处。

东山云中道人《唐钟馗平鬼传》第三回：

话说色鬼，被贾在行的"绝命丹"治死，阴魂不散，飘飘缈缈，各处随风闲游。一日，不修观内针尖和尚正在蒲团上打坐，忽被一阵腥血冲撞元神。针尖和尚轮指一算，知是色鬼的游魂从此经过，遂捣诀将他魂魄拘回。色鬼就在蒲团边双膝跪倒，把他屈死的原由诉说了一遍。针尖和尚知他的阳寿未尽，遂命短命鬼到三更时候，至烟花巷内将他尸首盗来。针尖和尚在葫芦内取出一粒仙丹，用露水和

---

① 胗 zhěn：通"疹"。皮肤生红色斑点。

② 睢 suī：姓。

开，灌在色鬼的口内。不片时魂魄复体，睁眼一看，知是重生，遂向和尚谢了活命之恩。

第三节　史部书神话传说史料

北魏郦道元《水经注》卷三十七：

沅水又迳沅陵县西，有武溪，源出武山，与酉阳分山。水源石上有盘瓠迹犹存矣。盘瓠者，高辛氏之畜狗也，其毛五色，高辛氏患犬戎之暴，乃募天下有能得犬戎之将吴将军头者，妻以少女。下令之后，盘瓠遂衔吴将军之首于阙下，帝大喜，未知所报。女闻之，以为信不可违，请行，乃以配之，盘瓠负女入南山上石室中。所处险绝，人迹不至。帝悲思之，遣使不得进，经二年，生六男六女。盘瓠死，因自相夫妻。织绩木皮，染以草实，好五色衣，裁制皆有尾。其母白帝，赐以名山。其后滋蔓，号曰蛮夷。今武陵郡夷，即盘瓠之种落也。其狗皮毛，嫡孙世宝录之。

南朝宋范晔《后汉书》卷一百十六《南蛮》：

昔高辛氏①有犬戎之寇，帝患其侵暴，而征伐，不克，乃访募天下有能得犬戎之将吴将军头者，购黄金千镒，邑万家，又妻以少女。时帝有畜狗，其毛五采，名曰盘瓠。下令之后，盘瓠遂衔人头造阙下，群臣怪而诊之，乃吴将军首也。帝大喜，而计盘瓠不可妻之以女，又无封爵之道，议欲有报，而未知所宜。女闻之，以为帝皇下令不可违信，因请行。帝不得已，乃以女配盘瓠。盘瓠得女，负而走入南山，止石室中，所处险绝，人迹不至，于是女解去衣裳，为仆鉴之

---

① 高辛氏：即帝喾。相传为黄帝曾孙，尧帝之父。

结，著独力之衣。帝悲思之，遣使寻求，辄遇风雨震晦，使者不得进。经三年，生子一十二人，六男六女。盘瓠死后，因自相夫妻，织绩木皮，染以草实，好五色衣服，制裁皆有尾形。其母后归，以状白帝，于是使迎致。诸子衣裳斑兰，语言侏离^①，好入山壑，不乐平旷。帝顺其意，赐以名山广泽，其后滋蔓，号曰蛮夷。

南朝宋范晔《后汉书·费长房传》：

费长房者，汝南人也，曾为市掾^②。市中有老翁卖药，悬一壶于肆头，及市罢辄跳入壶中，市人莫之见，唯长房于楼上睹之异焉。因往再拜，奉酒脯。翁知长房之意，其神也，谓之曰："子明日可更来。"长房旦日复诣翁，翁乃与俱入壶中，唯见玉堂严丽，旨酒甘肴盈衍其中。共饮毕而出，翁约不听，与人言之。后乃就楼上候长房，曰："我神仙之人。以过见责，今事毕当去，子宁能相随乎？楼下有少酒，与卿为别。"长房使人取之，不能胜，又令十人扛之，犹不举。翁闻笑而下楼，以一指提之而上。视器，如一升许，而二人饮之，终日不尽。长房遂欲求道，而顾家人为忧，翁乃断一青竹，度与长房身齐，使悬之舍后。家人见之，即长房形也，以为缢死，大小惊号，遂殡葬之。长房立其傍而莫之见也。于是遂随从入深山，践荆棘于群虎之中，留使独处，长房不恐。又卧于空室，以朽索悬万斤石于心上，众蛇竞来啮索且断，长房亦不移。翁还，抚之曰："子可教也。"复使食粪，粪中有三虫，臭秽特甚，长房意恶之。翁曰："子几得道，恨于此不成，如何？"长房辞归，翁与一竹杖曰："骑此任所之，则自至矣。既至，可以杖投葛陂中也。"又为作一符曰："以此主地上鬼神。"长房乘杖，须臾来归，自谓去家适经旬日，而已十余年矣。即以杖投陂，顾视，则龙也。家人谓其久死，不信之。长房曰："往日所葬，但竹杖耳。"乃发冢剖棺，杖犹存焉。遂能医疗众病，鞭笞百鬼，及驱使社公。或在它坐，独自恚怒。人问其故，曰："吾责鬼魅之犯法者耳。"

---

① 侏离：形容语音难辨。
② 市掾 yuàn：管理市场的官员。

唐房玄龄等《晋书》卷三十四：

初，攻江陵，吴人知杜预病瘿①，惮②其智，计以瓠系狗项示之。每大树似瘿，辄斫，使白题曰"杜预颈"。及城平，尽捕杀之。

唐余知古《渚宫旧事》卷四：

杜元凯为晋荆州刺史，治襄阳，平吴之役，预自攻江陵城，城上人以葫芦系狗头抱示之，元凯病瘿故也。元凯大怒，及江陵破，杀城中老小，血流霑足。后元凯死，其人莫不称快。

唐姚思廉《梁书》卷二十六：

萧琛字彦瑜，兰陵人。……始琛在宣城，有北僧南度，惟赍③一葫芦，中有《汉书序传》。僧曰："三辅旧老相传，以为班固真本。"琛固求得之，其书多有异今者，而纸墨亦古，文字多如龙举之例，非隶非篆，琛甚秘之。及是行也，以书饷鄱阳王范，范乃献于东宫。

唐李百药《北齐书》卷九《武成胡后传》：

武成皇后胡氏，安定胡延之女。其母范阳卢道药女，初怀孕，有胡僧诣门曰："此宅瓠卢中有月。"既而生后。天保初，选为长广王妃。产后主日，鸹鸣于产帐上。武成崩，尊为皇太后。

唐魏徵等《隋书》卷二十一：

四年六月，彗星见东井。占曰："大乱，国易政。"七月，孛星见房，心白如粉絮，大如斗，东行。八月，入天市，渐长四丈，犯瓠瓜历④，虚危入室，犯离宫。九月，入奎至娄，而灭孛者，孛乱之气也。占曰："兵丧并起，国大乱，易政。"大臣诛其后，太上皇崩。至武平二年七月，领军厍狄伏连治书侍御史王子宜受琅邪王俨旨，矫诏，诛

---

① 杜预：西晋京兆杜陵人，字元凯。历官河南尹、度支尚书、镇南大将军、司隶校尉等。瘿 yǐng：囊状肿瘤，多生于颈部。

② 惮 dàn：怕，畏惧。

③ 赍 jī：持物赐人。

④ 瓠瓜历：指瓠瓜星座。有星五颗，在河鼓东。

录尚书。淮南王和士开于南台，伏连等即日伏诛，右仆射①冯子琮赐死，此国乱之应也。

唐令狐德芬等《周书》卷四十七《褚该传》：

时有强练，不知何许人，亦不知其名字。魏时有李顺兴者，语黙不恒，好言未然之事，当时号为李练。世人以强类练，故亦呼为练焉。容貌长壮，有异于人，神精惝怳②，莫之能测。意欲有所论说，逢人辄言；若值其不欲言，纵苦加祈请，亦不相酬答。初闻其言，略不可解，事过之后，往往有验。恒寄住诸佛寺，好游行民家，兼历造王公邸第。所至之处，人皆敬而信之。晋公护未诛之前，曾手持一大瓠，到护第门外，抵而破之，乃大言曰："瓠破子苦。"时柱国、平高公侯伏侯龙恩早依随护，深被任委。强练至龙恩宅，呼其妻元氏及其妾媵并婢仆等，并令连席而坐。诸人以逼夫人，苦辞不肯。强练曰："汝等一例人耳，何有贵贱！"遂逼就坐。未几而护诛，诸子并死。龙恩亦伏法，仍藉没其家。

宋马令《马氏南唐书》卷十四：

夏宝松，庐陵吉阳人也，少学诗于建阳江为，为羁旅卧病，宝松躬尝药饵，夜不解带，为德之。与处数年，终就其业，与诗人刘洞俱显名于当世。百胜军节度使陈德诚以诗美之曰："建水旧传刘夜坐，螺川新有夏江城。"盖刘洞尝有夜坐诗，最为警策，而宝松有宿江城诗，云："雁飞南浦砧初断，月满西楼酒半醒。"又"晓来羸骥依前去，目断遥山数点青"。故德诚纪之，其为当时延誉类如此。晚进儒生求为师事者，多赍③金帛，不远数百里，辐辏其门。宝松黩货④，每授弟

---

① 仆射 yè：官名，秦始置，汉以后因之。《汉书·百官公卿表》："仆射，秦官，自侍中、尚书、博士、郎皆有。"汉建始元年置尚书五人，以一人为仆射；汉末分置左右仆射。唐宋左右仆射为宰相之职。宋以后废。

② 惝怳 chǎnghuǎng：有二义：（一）模糊不清；（二）失意的样子。

③ 赍 jī：持物赐人。

④ 黩 dú 货：贪污纳贿。

子，未尝会讲，唯赀①帛稍厚者，背众与议而绐②曰："诗之旨诀，我有一葫芦儿授之，将待价。"由是多私赂焉。

宋欧阳忞《舆地广记》卷二十八：

卢溪县，本沅陵县地，唐武德三年析置卢溪县，属辰州。有武山，武溪所出，东南流注于沅水，源石上有盘瓠迹犹存。盘瓠者，高辛氏之狗，衔犬戎吴将军头致于阙下，帝妻以少女，盘瓠负女入南山上石室中，生六男六女，自相夫妻，后遂滋蔓，今五溪蛮夷即其种也。

清厉鹗《辽史拾遗》卷十：

太康四年夏六月。《契丹国志》曰：夏六月朔，日食，东南有大星出，如瓠瓜，声如雷，其光烛地。

元辛文房《唐才子传》卷四：

瀛③，碧之子也，仕广南刘氏，官至曹郎，尝为诗赠琴棋僧云："我尝听师法一说，波上莲花水中月。不垢不净是色空，无法无空亦无灭。我尝对师禅一观，浪溢鳌头蟾魄满。河沙世界尽空空，一寸寒灰冷灯畔。我又闻师琴一抚，长松唤住秋山雨。弦中雅弄若铿金，指下寒泉流太古。我又看师棋一着，山顶坐沉红日脚。阿谁称是国手人，罗浮道士赌却鹤。输却药葫芦，斟下红霞丹，束手不敢争头角。"同列见之曰："非其父不生是子。"瀛为诗尚气而不怒号，语新意卓，人所不思者，辄能道之，绰绰然见乃父风也。有诗集今传于世。

清张廷玉等《明史》卷二百九十八：

孙一元字太初，不知何许人，问其邑里，曰："我秦人也。"尝栖太白之巅，故号太白山人。或曰安化王宗人，王坐不轨诛，故变姓名避难也。一元姿性绝人，善为诗，风仪秀朗，踪迹奇谲，乌巾白帢④，

---

① 赀 zī：财货。

② 绐 dài：欺哄。

③ 瀛：张瀛，张碧的儿子。

④ 帢 qià：便帽。

携铁笛鹤瓢，遍游中原，东踰齐鲁，南涉江淮，历荆抵吴越，所至赋诗，谈神仙论当世事，往往倾其座人。

清吴任臣《十国春秋》卷三十四：

潘宸者，大理评事鹏之子也。少居和州，樵采鸡笼山以养其亲。常过江至金陵，泊舟秦淮口，有老父求同载，宸敬其老，许之。时大雪，宸市酒与同饮，及江中流，酒尽，老父解巾于髻中取小葫芦子倾之，极饮不竭。宸惊，益敬之。至岸，老父谓宸曰："子事亲孝，复有道气，可教也。乃授以道术，宸由是往来江淮间，屡著奇异，自称野客，世或号为潘仙人。能置水银于手中，搦之即成白金。常入人家，见池有落叶甚多，谓主人曰："此可为戏。"令漉取之，散于地，随叶大小皆为鱼。更弃于水，叶复如故。

清谢旻、陶成等《江西通志》卷一百三：

李八百名常真，蜀人，自称年八百岁，故人以为号。又传白鹿先生谓陈抟曰：神仙李八百，动则八百里。二说未详孰是。有葫芦井炼丹台，在府西三里妙真宫，今郡治其故宅也。杨诚斋诗："李真宅子故依然。"（《续仙传》）

清黄廷桂、张晋生等《四川通志》三十八之三：

周仙葫，名子兴，成都人，居五块石。一日遇道士李丹阳于青羊宫，因师事之。丹阳每至子兴家，必索食，达旦不醉，人莫测其所以。且授以酒方，酿成，香彻数家。后人效其方，多不验。兴家架上植药葫芦，丹阳手挽一结于细腰处，如出生成，遂摘而藏之。数年，丹阳辞去，兴治具①款之。临行，纳熟肉一盘于袖而去。明年有自楚归者，云某月日遇丹阳于延圣坊，登楼共饭，出袖中熟肉曰："此周君赠我物也。"兴计其日时，甫②踰刻耳，因悔不与仙去，乃取丹阳所遗书读之，独卧一小室，久之弃家，佩葫芦往寻丹阳，遍历湘湖间，竟莫知所终。

---

① 治具：置办酒食，设宴。
② 甫：方才，刚刚。

清许容、李迪等《甘肃通志》卷四十一：

　　明张三丰，辽东懿州人，名全一，一名君宝，三丰其号也。……洪武二十四年云游甘州，寓张指挥家，寓十年去，莫知所之。舍之老妪尝伺其出，窃葫芦药一九啗①之。三丰归觉，谓妪曰："汝窃食此药，益寿太多，奈所享不继。"后妪寿百余。舍内尝遗中袖一、葫芦一，居人患疫者，借中袖覆之即愈，童稚患疮疾者，翦少许贴服之即愈。天顺中，镇守甘肃总兵王敬患中满疾，火化中袖节服之，遂愈。成化初，定西侯蒋琬会宴守臣，以葫芦搬《三度》杂剧，其葫芦即席自碎。

清迈柱、夏力恕等《湖广通志》卷七十四：

　　皇清生生道人，不知姓名，或曰江汉间人，行符水方药于咸宁蒲圻间，多奇验。有孝廉郭翘中家，一室东边地忽软如泥，不可下足，屋瓦欲倾，请于道人，乃罡步植符，而地复故。顺治初，蒲圻周生见道人负葫芦行卖药，问之，曰："吾偶寓迹仙枣亭，诘朝可相访。"次早登亭，无所遇，不知所之。（《旧通志》）

　　宋唐风仙名守澄，随州人，幼入武当，姿貌清奇，杖头常挂葫芦数十，往来均房间。郡守程进令开辟武当，预道人吉凶，多奇中，常叱辱人，被叱者即蒙福庆，人以风仙称之。或立积雪，或卧道路，常有虎豹守卫，后莫知所在。（《旧通志》）

清郝玉麟、鲁曾煜等《广东通志》卷十三：

　　万州　水金仙河源出黎山（旧志载金仙水），流至州境西北十里曰陂塘溪，支分为四，一支由城北三里曰金仙河，河畔石上有人马迹葫芦痕，相传交趾道士炼丹于此。

清董天工《武夷山志》卷十九：

　　治平间大旱，有土人江小三者灌田均峰下，遇三女授小葫芦，盛水令洒之，大雨如注。越数日，江往谢，缘径深入，有洞府，榜曰云

----

① 啗 dàn：吃。

虚之洞，有金字朱牌，题曰太素孔元君、太微庄元君、太妙叶元君。见方外仙童导引，三女出见，以胡麻饭食之。告之曰："我本会稽上虞人，唐天宝时来学道，得仙于此。"语毕，指路送出，夹径桃花，渡一小涧，则三姑石下，至家已三载矣。

第四节　集部书神话传说史料

唐释贯休《禅月集》卷六《施万病丸》：

我闻昔有海上翁，须眉皎白尘土中。葫芦盛药行如风，病者与药皆惺忪①。药王药上亲兄弟，救人急于己诸体。玉毫调御遍赞扬，金轮释梵咸归礼。贤守运心亦相似，不吝亲亲拘子子。曾闻古德有深言，由来大士皆如此。

唐释贯休《禅月集》卷二十一《遇道者》：

鹤骨松筋风貌殊，不言名姓绝荣枯。

寻常藜杖九衢里，莫是商山一皓无。

身带烟霞游汗漫②，药兼神鬼在葫芦。

只应张果支公辈，时与相逢醉海隅。

宋文天祥《文山集》卷一《赠一壶天李日者》：

汝南市人眼，壶小天地大。谁知卖药翁，壶宽天地隘。

李君血肉身，大化中一芥。天度三百余，满腔粲著蔡③。

仙翁以过谪，长房以术败。造化多漏泄，鬼神争讶怪。

君归视斯壶，口匏深覆盖。得钱且沽酒，日晚便罢卖。

---

① 惺忪：苏醒。

② 汗漫：漫无边际。形容漫游广远。

③ 著：当为"蓍"，形近致误。蓍蔡：犹蓍龟、筮卜。蔡地产龟，供占卜，故以蔡指龟。

宋陈思编，元陈世隆补《两宋名贤小集》卷三百六十七收录宋乐雷发《雪矶丛藁》二《壶中天歌赠侯明文》：

盖头即可居，容膝即可安。连云大厦千万间，何如壶中宇宙宽。壶中何所有，笔床茶灶葫芦酒。壶中何所为，目送飞鸿挥园丝。窗前祝融老僧竹，壁上九疑狂客诗。壶中主人知为谁，啖枣仙伯雪鹤姿。左揽元微袂，笑移砥柱弄河水。右拍长房肩，饱飡麟脯倾玉泉。蓬莱山在何处，劝君且占壶中住。不曾上列金马门，也应不识崖州路。探禹穴浮沅湘，脚下尘土鬓上霜，我到壶中如故乡。

清彭定求等《全唐诗》卷八百二十一皎然《答韦山人隐起龙文药瓢歌》：

隐人药瓢天下绝，全如浑金割如月。彪炳文章智使然，生成在我不在天。若言有物不縣物，何意中虚道性全。韦生能诗兼好异，获此灵瓢远相遗。仙侯玉帖人漫传，若士青囊世何秘。一捧一开如见君，药盛五色香氤氲。背上骊龙蟠不睡，张鳞摆领生风云。世人强知金丹道，黦仙不成秽仙老。年少纷如陌上尘，不见吾瓢尽枯槁。聊将系肘步何轻，便有三山孤鹤情。东方小儿乏此物，遂令仙籍独无名。

宋陆游《剑南诗稿》卷十三《步虚》（其四）：

一瓢小如茧，芳醪溢其中。醉此一市人，吾瓢故无穷。不言术神奇，要是心广大。觞豆有德色，笑子乃尔隘。岳阳楼中横笛声，分明为子说长生。金丹养成不自服，度尽世人朝玉京。

宋陆游《剑南诗稿》卷十三《刘道士赠小葫芦》：

葫芦虽小藏天地，伴我云山万里身。收起鬼神窥不见，用时能与物为春。

又：贵人玉带佩金鱼，忧畏何曾顷刻无。色似栗黄形似茧，恨渠①不识小葫芦。

又：短袍楚制未为非，况得药瓢相发挥。行过山村倾社看，绝胜小剑压戎衣。

① 渠：他。

又：个中一物著不得，建立森然却有余。尽底语君君岂信，试来跳入看何如？

宋杨万里《诚斋集》卷三十六《壶天》：

其大弥九苍，其小贮一壶。静观性中天，大小竟何如？

宋张炎《山中白云词》卷四《壶中天》：

陆性斋筑葫芦庵，结茅于上，植桃于外，扁曰小蓬壶。

海山缥缈。算人间自有，移来蓬岛。一粒粟中生倒景，日月光融丹灶。玉洞分春，雪巢不夜，心寂凝虚照。鹤溪游处，肯将琴剑同调。

休问挂树瓢空，窗前清意，赢得不除草。只恐渔郎曾误入，翻被桃花一笑。润色茶经，评量山水，如此闲方好。神仙陆地，长房[1]应未知道。

宋阮阅《诗话总龟》卷三十八：

南华恭长老同调大愚，少丛林有书叙，法干悦作偈曰：与师瓶锡寄江湖，共忆当年在大愚。堪笑堪悲无限事，甜瓜生得苦葫芦。

宋阮阅《诗话总龟》卷四十七：

刘野夫留南京，久未入都，彭渊才以书督之。野夫答曰："跛子一生别无道路，展手教化，三饥两饱，目视云汉，聊以自诳。元祐新年，被刘法师、徐神翁形迹得不成模样，深欲上京相觑，又恐撞着丈人湼陀佛，蓦被干拳湿踢，着甚来由。"不羁如此。尝作长短句曰："跛子年来，形容何似，俨然一部髭须。世间许大，拐上做工夫。选甚南州北县，逢着处，酒满葫芦。熏熏醉，不知明日，何处度朝晡。洛阳花看了，归来帝里，一事全无。又还与觚羹，再作门徒。蓦地思量下水，粮网上，芦席横铺。呵呵笑，睢阳门外，有个大南湖。"

明王彝《王常宗集》卷三《鹤瓢志》：

草之蔓生而实者，有曰觚。其为形也，有首焉，有颔焉，有腹焉，有无颔与首而唯皤[2]其腹者焉，而其修短大小，圆曲卧立之状不必同也。其为器也，可勺焉，可壶与瓢焉，其完而穴之，离而判之，用之不

---

[1] 长房：指费长房。事见本书 210 页范晔《后汉书·费长房传》。
[2] 皤 pó：大腹。皤其腹：犹言大肚子。

必同也。道士李睿畜瓢一，昂首修颈，而腹果然，其状肖鹤，以为勺则大，以为壶则曲，乃剖其腹，出其犀，空然以为瓢，而全其为鹤之状，因字之曰鹤瓢。余过之，睿出以为饮。予诘之曰："瓢之状若是也，肖夫羽族者众矣，宁犹鹤而已也？"睿曰："鹤游方之外而予所友者也，昂乎其峙也，泊乎其无所嗜也，俨乎其难进而易退也。鹤乎其知警也，察乎其高，逝而远引也。而斯瓢也，乃适肖夫鹤而予之饮，辄以是焉，岂偶然欤？始余之字之也，或曰似乎雁，礼有木雁，雁字之可也，余则忧其乃鸣而遭烹焉。或曰似乎兔，礼有兔尊，兔字之可也，予则恶其与波上下而偷以全其躯焉。或曰刻管施簧顺之以为笙，则其声似凤，而予又嫌夫世之人以鹢为凤也。彼其言木雁言兔尊者，尝自以为知礼矣；言凤笙者，亦尝自以为知乐矣。而余老氏徒也，夫焉知礼乐哉！此鹤瓢所以字也。嗟夫，不能鸣者庸人也，与波上下者佞人也，以鹢为凤者小人而谓之君子也，然而鹤者逸人也。睿于是得所处矣，作《鹤瓢志》。

明高启《大全集》卷十五《鹤瓢》（其一）：

产自灵苗胜羽胎，何须去作凤匏来。

壶公本解飞腾术，丁令宁为濩落①材。

直上青天身恐系，倒倾碧海腹初开。

生成自是神仙器，肯逐累累向草莱。

《鹤瓢》（其二）：

远随仙客下青城，瘦骨肥来见尽惊。

藜杖夜悬翻露影，竹尊春泻饮泉声。

园中几岁形容变，海上何时羽翼成。

醉听树头风历历，还疑秋傍九皋鸣。

明虞堪《希澹园诗集》卷一《鹤瓢》：

青城黄仙师，四海遍行脚。东观沧溟万里余，到时两翼秋萧索。

---

① 濩 hù 落：空廓，廓落无用。

手中常持一鹤瓢，言是太古开花萼。偃蹇浑无斧凿痕，分明洞有烟霞烁。青田一种至今无，溟渤昆仑任抄掠。一从箕泉遭弃置，便向华表为栖托。自入行囊不计春，长悬日月同飘泊。弹丝或奏太古调，只与此瓢相对酌。醉将北斗挽天潢，肯把此瓢分两勺。君不见，伯牙绝弦无知音，卞和献璞遭残虐。世间俗子眼眵瞒，有耳徒能听管龠。安知老大葫芦生，小摘乾坤自成嗉。林屋洞口种橘李山人，平生读书得真乐。自是西周老聃姓，抱一冲虚岂雕琢。仙翁亦是无怀民，大道回出羲皇若。禹穴南来一邂逅，握手谈笑如识昨。许以此瓢今可遗，临别要即重然诺。谢之拂袖去，意若全落魄。山人得之不敢却，左悬右佩贮灵药。有时挂向青崖间，脱屣扪萝坐盘礴。月明辽海夜生寒，梦绕秋空双足躔。迩来作者歌鹤瓢，竟说山人瓢不恶。长歌短句我亦有，雨露云烟讵穿凿。我歌不凿瓢愈奇，山人之名愈充扩。李山人，莫惊愕，我亦青城丈人客，昔年西来觉丘壑。几回晞发太华颠，至今尚负山中约。瓢乎瓢乎尔知否？一夕风高起朔漠。潇湘洞庭木叶落，尔今不蔓纵为瓢。徒向人间受缠缚，何当从今只化鹤。何当从今只化鹤，为我戛然飞鸣一万里，长风浩浩翔寥廓。

明王世贞《弇州四部稿·续稿》卷一百七十一《渡海阿罗汉像》：

摹龙眠居士李伯时渡海阿罗汉像一卷，一力士负戈而立，若卫法者。诸阿罗汉出没烟雾波浪中，然各有所持，乘筇①而虎者，横锡②而狮者，龙而握其角者，手香罏而立三足蟾者。共一槎③者，其一操如意，一操葫芦，吐云气，袅袅不绝……

清刘廷玑《在园杂志》卷四收录刘海蟾《西山霁雪》：

一壶天地一瓢诗，极目晴岚任所之。

林暮欲明烟澹澹，峰回才转树差差。

镜含绛玉人依鹤，天镍琼台月浸池。

① 筇 qióng：竹杖。
② 锡：锡杖。
③ 槎 chá：竹筏，木筏。

不避晴辉酬世眼，万巅招饮映琪枝。

清张道《全浙诗话》卷三十六"夏古丹"：

《湖录》：古丹避地吾邑之堠山，有张廷宾者，不知何许人，与古丹游处。古丹有诗，辄录之。山斋悬一葫芦，纸盈幅，即投其中，古丹殁，葫芦适满，爰缮写成帙，系以挽诗五章，题曰《葫芦藏稿》。

唐圭璋《全金元词》上册金王喆《圣葫芦》：

这一葫芦儿有神灵，会会做惺惺。占得逍遥真自在，头边口里，长是颂仙经。把善姻缘却腹中盛，净净转清清。玉杖挑将何处去，紧随师父，云水是前程。

明尹台《具次集》诗集《题许由弃瓢①》：

箕山高兮千万寻，下有泉水清且深。

古来贤士多奇节，节踰高山泉比心。

玉食纯衣九重位，放勋②未识先生志。

一瓢犹自厌喧嚣，何况纭纭万几至。

九韶空令爰居悲，越持章甫将安归。

当时牛口污万乘，此耳虽洗心犹非。

深山蕨薇肥可食，啜饮优游皆帝力。

鸟则有木鱼有渊，我生何为独偪侧。

爝火难为日月光，风云熻赫龙虎藏。

已知师锡有虞舜，舍兹玄德徒皇皇。

人言身名有重轻，先生弃身如弃名。

县疣附赘从决裂，奄然千古同杳冥。

千古云山自朝暮，至今遗冢悲高树。

秋风落叶声萧萧，惟有寒蝉泣清露。

---

① 许由：亦作许繇。相传尧拟让与君位，他逃至箕山下，农耕而食。尧又请其为九州长官，他便到颍水边洗耳，表示不愿听闻。《逸士传》载：许由隐箕山，以手捧水饮之。人遗一瓢，得以取饮，饮讫挂于树上，风吹历历作声，尚以为烦，遂去之。

② 放勋：尧的名字。

第九章　葫芦名物类

本章收录古籍中以葫芦命名的人名、物名、机构名、职官名、兵种名、兵器名、地名(山名、水名、国名、城名、村寨名、街巷名、棚屋名、店铺名、台观亭榭名)等。

第一节　葫芦人名、物名

春秋列御寇《列子》卷二:

　　有神巫自齐来,处于郑,命曰季咸,知人死生存亡祸福寿天,期以岁月旬日,如神。郑人见之,皆避而走。列子见之而心醉,而归以告壶丘子(列子师也),曰:"始吾以夫子之道为至矣,则又有至焉者矣。"

春秋列御寇《列子》卷五:

　　瓠巴①鼓琴,而鸟舞鱼跃。

战国荀况《荀子》卷一:

　　伯牙鼓琴而六马仰秣,瓠巴鼓瑟而游鱼出听。

———————————

① 瓠巴:春秋时楚国琴师。

秦吕不韦《吕氏春秋》卷十五：

　　下贤

　　子产相郑，往见壶丘子林，与其弟子坐，必以年，是倚其相于门也。

汉司马迁《史记》卷一百八：

　　安国为人多大略，智足以当世取合，而出于忠厚焉。贪嗜于财，然所推举皆廉士，贤于己者也。于梁举壶遂、臧固、郅他，皆天下名士。

南朝宋范晔《后汉书》卷八十六：

　　昔高辛氏有犬戎之寇，帝患其侵暴，而征伐不克，乃访募天下，有能得犬戎之将吴将军头者，购黄金千镒，邑万家，又妻以少女。时帝有畜狗，其毛五采，名曰盘瓠。下令之后，盘瓠遂衔人头造阙下，群臣怪而诊之，乃吴将军首也。帝大喜，而计盘瓠不可妻之以女，又无封爵之道，议欲有报而未知所宜。女闻之，以为皇帝下令，不可违信，因请行。帝不得已，乃以女配盘瓠。盘瓠得女，负而走入南山，止石室中。所处险绝，人迹不至，于是女解去衣裳，为仆鉴之结，着独力之衣。帝悲思之，遣使寻求，辄遇风雨震晦，使者不得进。经三年，生子一十二人，六男六女。

晋陈寿《三国志·蜀志·郤正传》：

　　昔九方考精于至贵，秦牙沉思于殊形。薛烛察宝以飞誉，瓠梁①托弦以流声。

唐段成式《酉阳杂俎》续集卷四：

　　《诜禅师本传》云：日照三藏诣诜，诜不迎接，直责之曰："僧何为俗入嚣湫②处？"诜微瞚③，亦不答。又云："夫立不可过人头，岂容摽身④鸟外？"诜曰："吾前心于市，后心刹末⑤。三藏果聪明者，且复我。"日照乃弹指数十，曰："是境空寂，诸佛从自出也。"予按

① 瓠梁：传说古之善歌者。
② 嚣湫：尘嚣湫隘。尘嚣：纷扰喧闹。湫隘：低下狭小。
③ 瞚 shùn：同"瞬"。眨眼。
④ 摽 piāo 身：飞身。摽：高举的样子。
⑤ 刹末：塔顶。

《列子》曰：有神巫自齐而来，处于郑，命曰季咸。列子见之心醉，以告壶丘子。壶丘子曰："尝试与来，以吾示之。"明日，列子与见壶丘子，壶丘子曰："向吾示之以地文，殆见吾杜德机①也。尝又与来。"列子又与见壶丘子，壶丘子曰："向吾示之以天壤。"列子明日又与见壶丘子，出曰："子之先生不齐②，吾无得而相焉。""吾示之以太冲莫朕③。尝又与来。"明日，又与之见壶丘子，立未定，失而走。壶丘子曰："吾与之虚而猗移④，因以为方靡⑤，因以为流波，故逃也。"

宋洪迈《夷坚志》丙卷四：

赵葫芦

宗室公衡居秀州，性情和易，善与人款曲⑥，但天资滑稽，遇可启颜一笑，冲口辄发，里间亲戚以至倡优伶伦，无所不狎侮。见之者，无敢不敬畏，因寡发，俗目之为赵葫芦。遂为好事者作小词咏之曰："家门希差⑦，养得一枚依样画。百事无能，只去篱边缠倒藤。几回水上捺不翻，真个强，无处容他，只好炎天晒作巴。"读者无不绝倒，盖亦以谑受报也。

清王宏撰《周易筮述》卷八：

葫芦生

唐刘辟初登第，诣葫芦生问卜。生双瞽，卦成，谓曰："此二十年，禄在西南，不得善终。"后辟从韦皋于蜀，官至御史大夫。既二十年，

---

① 杜德机：谓闭塞生机。《庄子·应地王》："郑有神巫，曰季咸。知人之死生存亡，祸福寿夭，期以岁月旬日，若神。郑人见之，皆弃而走。列子见之而心醉，归以告壶子曰：'始吾以夫子之道为至矣，则又有至焉者矣。'……列子与之见壶子。出而谓列子曰：'嘻！子之先生死矣！弗活矣！不以旬数矣。吾见怪焉，见湿灰焉。'列子入，泣涕沾襟，以告壶子。壶子曰：'乡吾示之以地文，萌乎不震不正，是殆见吾杜德机也……'"成玄英疏："杜，塞也；机，动也。至德之机，开而不发，示其凝淡，便为湿灰。"

② 齐：同"斋"。斋戒。

③ 朕：通"眹"。《列子》作"眹"。征兆，迹象。

④ 猗 wēi 移：委曲顺从。

⑤ 方靡：《庄子》作"弟靡"，是。弟靡：柔顺而随波逐流。

⑥ 款曲：殷勤应酬。

⑦ 希差：稀奇古怪。

皋螤，辟入奏，因微服复至葫芦生问之。卦成，葫芦生曰："前曾为人卜，得无妄之随①，今复得此，非即昔贤乎！"辟曰："诺！"生曰："若审其人，祸将至矣。"辟不信，还蜀，谋逆②，擒戮于市。

清张鸣珂《寒松阁谈艺琐录》：

> 董味青念棻，秀水人，诸生。其大父乐闲先生，以画名世。父枯匏先生，尤工书法，兼擅绘事，尝刻小印曰：陶诗欧字倪黄画，又一印曰：枯匏不朽。其自负可想矣。故君又号小匏，书画皆承家学，而尤喜写梅，疏影横斜，暗香浮动，不减玉几山人也。

元脱脱等《宋史》卷二百八十二《李沆传》：

> 无口匏　沆为相，接宾客常寡言。马亮与沆同年生，又与其弟维善，语维曰："外议以大兄为无口匏。"维乘间达亮语，沆曰："吾非不知也，然今之朝士得升殿言事，上封论奏，了无壅蔽，多下有司，皆见之矣。若邦国大事，北有契丹，西有夏人，日旰③条议所以备御之策，非不详究。荐绅如李宗谔、赵安仁，皆时之英秀，与之谈，犹不能启发吾意。自余通籍④之子，坐起拜揖，尚周章失次，即席必自论功最⑤，以希宠奖，此有何策而与之接语哉？苟屈意妄言，即世所谓笼罩⑥。笼罩之事，仆病未能也。"

宋郑樵《通志》卷三十八：

> 十二国有十六星，齐一星在九坎之东，齐北二星曰赵，赵北一星曰郑，郑北一星曰越，越东二星曰周，周东南北列二星曰秦，秦南二星曰代，代西一星曰晋，晋北一星曰韩，韩北一星曰魏，魏西一星曰楚，楚南一星曰燕。其星有变，各以其国。离珠五星，在须女北，须女

---

① 无妄之随：无妄卦的之卦，为随卦。随卦的卦辞为：元亨利贞，无咎。
② 谋逆：图谋叛逆。
③ 旰 gàn：晚。日旰；犹一天到晚。
④ 通籍：谓记名于门籍，可以进出宫门。汉制，将记有姓名、年龄、身份等的竹片挂在宫门外，经核对，合者乃得入宫门。后指初作官，朝中已有了名籍。
⑤ 最：军功上者曰最。官吏考课之高者也曰最。功最：功居第一。
⑥ 笼罩：超越，凌驾其上。

之藏府也。为女子之星，非其故，后宫乱，客星犯之，后宫凶。瓟瓜五星在离珠北，主阴谋，主后宫，主果食。明则岁熟，微则后失势，瓜果不登。客星守之，鱼盐贵。旁五星曰败瓜，主种植，与瓟瓜略同。

宋欧阳忞《舆地广记》卷二十八：

卢溪县，本沅陵县地，唐武德三年析置卢溪县，属辰州。有武山，武溪所出，东南流注于沅水，源石上有盘瓠迹犹存。盘瓠者，高辛氏之狗衔犬戎吴将军头致于阙下，帝妻以少女，盘瓠负女入南山上石室中，生六男六女，自相夫妻，后遂滋蔓，今五溪蛮夷即其种也。

明谢肇淛《滇略》卷十：

葫芦山人　滇南范寅为诸生[①]，屡试不第，遂成心疾，出游不知所之。尝语其子师颜曰："吾葫芦山人也，尔他日于此访我。"师颜以嘉靖壬子举于乡，次日即裹粮寻父，僻壤遐陬[②]无弗到，行三年至蜀，有葫芦寺。扣，主僧谓："三年前有称葫芦山人者寓此，今死矣，瘗[③]之近冈。"且出其手札，真寅笔也。师颜恸绝，芟荪[④]得穴，刺血入骸，敛而返葬焉。

明王鏊《姑苏志》卷五十八：

李德睿字士明，嘉定人。为宁真观道士，尤攻于医，遇淮人李清隐，授窦太师飞腾针法。洪武初召入见，辞归，尝携瓢卖药市中。瓢小而类鹤，因号鹤瓢道士。张羽为传，王行、高启辈皆为赋咏。

明曹学佺《蜀中广记》卷三十六：

武宁蛮好著芒心接离[⑤]，名曰学绥。尝以稻记年月，葬时以笄向天，谓之刺北斗。相传盘瓠初死，置于树，以笄刺之下，其后为象。《临本志》云：平蛮城即九丝城，壁立万仞，周围三十余里。上有九

---

① 诸生：旧指众儒生。明清时经省各级考试录取入府、州、县学者，称生员。生员有增生、附生、廪生、例生等名目，统称诸生。

② 遐陬 zōu：边远角落。陬：隅。

③ 瘗 yì：埋葬。

④ 芟 shān 荪：割草。

⑤ 接离：也叫"接罗"。帽名，头巾的一种。下句"学绥 zhùruí"，即用芒心制的头巾。

岗四水，极广，可以播种。仅通一径鸟道，真天险也。

明曹学佺《蜀中广记》卷四十：

　　《后汉书》云：板楯蛮①其在黔中五溪长沙间，则为盘瓠②之后。其在峡中巴梁间，则为廪君③之后。

清穆彰阿、潘锡恩《嘉庆重修一统志》第二千二百二十六册：

　　匏瓜亭在大兴县南十里。《明统志》："亭多野趣，元赵参谋别墅。"按参谋赵禹卿，尝种匏瓜以制饮具，当时目曰赵匏瓜。王恽诗所谓"君家匏瓜尽尊彝"也。

清冯云鹓《圣门十六子书》：

　　孔继溥，字体恒，号匏庵，六十九代衍圣公传铎之次子，雍正十一年袭职翰林院五经博士，主奉祀事。

徐珂《清稗类钞》第十二册物品类：

　　黄茗隐用器皆匏

　　黄中理，字茗隐，南汇人。年八十而居贫，老于诸生。日用之物以匏充之者九，因自号九匏道人。

徐珂《清稗类钞》第四册种族类：

　　贵州诸苗

　　黔于汉，属西南夷，明始设府州县。苗族乃日渐繁息，后有自粤迁至者，亦隶属之。白苗在定龙里，低头黄睛，躯短小。红苗在铜仁府。青苗在贵阳、镇宁、黔西、修文。黑苗在都匀八寨、镇远、清江、古州。箐苗亦黑苗别种，在平远州。爷头苗为黑苗类，洞寨苗与爷头苗分寨居。花苗在贵阳、大定、广顺、黎平。九股苗在施秉凯里。黑楼苗在清江八寨。黑生苗在台拱、古州。黑脚苗在清江、台拱。车寨苗在黎平、古州。西溪苗在天柱县。紫姜苗在清平、都匀。平伐苗在贵定。谷蔺苗在定番。九名九姓苗在独山。克孟估羊苗在广顺州金筑司。

---

① 板楯蛮：少数民族名。秦汉时分布在当时的巴郡一带。
② 盘瓠：事见本书209—210页《后汉书》"南蛮"。
③ 廪君：古代巴郡、南郡氏族首领名。也以之称其族。

东苗在龙里、清平、贵筑。西苗在平越、清平、贵筑。尖顶苗、宋家均在贵阳府。天苗在陈蒙烂土天坝。罗汉苗、楼居苗均在八寨丹江。阳洞罗汉苗在黎平。短裙苗在思州葛彰。杨保苗在遵义。洞苗在天柱锦屏。葫芦苗在定番罗斛。鸦雀苗在贵阳。

清窦光鼐《日下旧闻考》卷一百五十一：

蟋蟀别种三：肥大色泽如油曰油葫芦，首大者曰梆子头，锐喙者曰老米嘴。

清刘于义、沈青崖等《陕西通志》卷四十四：

壶卢蜂：革蜂乃山中大黄蜂，其房有重重如楼台者。一名元瓠蜂，方言名壶蜂。寇宗奭曰："元瓠蜂多在高木之上，或屋之下，外面围如三四斗许，或一二斗，窠如瓠状，色赤黄，大如诸蜂，其窠形如壶，白色，有一空作门户，中有格。乳蜂长寸许，大如指，螫人畜，死。

清佚名《鸟谱》：

白花雀，俗又名葫芦头，以其头色独异，且白毛若环，有似葫芦约也。

皮葫芦，一名鹃蹄。皮葫芦身如鸭而小，雄者黄目晕黑，瞳褊黑，觜阔喙。喙有圆的，黑头项白，臆紫，腹青黑。背近翅根处有长尖翎，青黑边白，茎膊毛天蓝色，上下白毛相间。上翅黑绿，下翅赤黑色，红足掌。雌者觜目俱赤，头颈苍斑，背翅苍黑，无长翎。膊毛间青苍白三色，腹下苍毛带土黄，殷红足掌，鸳鸯之大者也。飞则急扇其羽，声如橐籥^①，故得葫芦之称。

水葫芦，黑睛苍晕，白眶黄觜，黑黄头顶，苍白颈颌，苍褐背翅，臆腹纯白。足近尾，不能陆行，趾间皮不连蹼，黑色，常浮没水中，比油葫芦而小，身皆茸毛，出福建海边。

宋陈起《江湖后集》卷十五：

冪冪黄云麦垅秋，牧童横笛倒骑牛。百金买得葫芦扇，持向田头

---

① 橐籥 tuóyuè：古时鼓风吹火的装置，犹今之风箱。

蔽日头。

宋张炎《山中白云词》卷四《壶中天》：

陆性斋筑葫芦庵，结茅于上，植桃于外，扁曰小蓬壶。

明郭勋《雍熙乐府》卷十四：

［金菊香］见如今毁将兵器为农器，不动征旗挂酒旗，省刑罚，薄税敛，贼盗息，路不拾遗，普天下四海乐雍熙，［醋葫芦］那老儿他道是女配了夫儿娶了妻。则他那有钱有物有东西，则他那亲儿亲女都来这里庆八十，那老儿欢天喜地，倚仗他有官有禄有承袭。

明张昱《可闲老人集》卷三《匏瓜道人为徐子贞赋》：

吾岂匏瓜系此生，道人玩世以为名。百年雨露司荣悴，一日江湖见老成。濩落情怀庄子瓠，浮沉踪迹楚王萍。壶公借与龙为杖，挢着青鞋到处行。

第二节　葫芦机构名　职官名　兵种名　兵器名

一　机构名　职官名

明宋濂等《元史》卷八十九：

上都葫芦局大使一员，副使一员，至元七年置。

明宋濂等《元史》卷四十三《顺帝纪》：

五月甲子，安丰正阳贼围庐州。是月，诏修砌北巡所经色珍岭黑石头河西沿山道路，创建龙门等处石桥。皇太子徙居宸德殿，命有司修葺之。立南阳、邓州等处毛胡芦义兵万户府,募土人①为军,免其差役,令讨贼自劾。因其乡人自相团结,号毛胡芦,故以名之。

明胡粹中《元史续编》卷十四:

（至正十四年）五月,立南阳等处毛葫芦万户府（募土人为兵,免其差役,令讨贼自效。因其乡人自相团结,号毛葫芦,故以名之）。六月,张士诚寇扬州,达实特穆尔兵败绩（诸军皆溃,诏江浙参政佛家闾会达实特穆尔,复进兵。己酉,士诚陷盱眙②。庚戌,陷泗州,官军复溃）,伊洛溢。

清官修《大清一统志》卷三百八:

葫芦溪盐课司:在三台县,今设盐课大使。

明程敏政《新安文献志》卷七十三:

青塘内附,公夕出宁州,夜半至宣威城,过铁葫芦,酋长遮道献牛酒。公知人情无他。入奏,进显谟阁待制,升都转运使。

清王棠《燕在阁知新录》:

时刻 《周礼》"挈壶氏"注:"漏箭昼夜共百刻。"刻字始见于此。《礼记·乐记》"百度得数而有常"注:"百度,百刻也。"《灵枢经》:漏水下百刻,以分昼夜。《说文》:漏以铜受水刻节,昼夜百节。《隋书·天文志》:昔黄帝创观漏水,制器取则,以分昼夜。其后因以命官,而"挈壶氏"其职也。汉哀帝王莽以百二十刻为日,梁天监六年武帝以九十六刻为日,每辰得八刻,仍有余分,可知今历之分九十六刻仍有余分者,亦古法也。

赵尔巽等《清史稿》卷五百二十八《列传》三百十五:

乾隆十年,葫芦酋长以厂献,遂为内地属,然其地与缅犬牙相错。

---

① 土人:土著,当地人。
② 盱眙 Xūyí:县名。在江苏淮阴西南部。

二 兵种名

明宋濂等《元史》卷一百三十九：

金商义兵以兽皮为矢房，状如瓠，号毛葫芦军，甚精锐。列其功以闻，赐敕书褒奖之，由是其军遂盛，而国家获其用。

明唐顺之《武编》前集卷一：

北直隶长箭手，真保达兵，山西白棒手，河南嵩山矿徒，毛葫芦兵，少林僧兵，徐邳盐徒，青州长枪手，沂州沙家兵竿子手，广东藤甲军，处州坑兵，漳州海仓兵，上杭赖家兵，广西狼兵，湖广土兵。

明胡宗宪《筹海图编》卷九：

淮扬之捷 嘉靖三十八年

江北之有倭患，自嘉靖乙卯始。淮扬故多大贾富户，贼至，属厌[①]以去，自是岁以为常。丁巳夏，贼千余深入天长泗州祖宗陵寝，几至震惊……公计贼深入，利在速战，戒海防等兵据丁堰东北坚持不出。时东南风急，我兵不便迎击，公吁天以祭，风即回连三日，乃摆[②]甲誓师，斩不用命者。人皆踊跃以进，又计贼过如皋必由黄桥泰兴犯爪仪，则粮运阻梗，留都摇动，若驱之富安以北，沿海东出，无能为矣。乃身当泰州之冲，而以黄桥西路责景韶等。贼求战不得，进据丁堰。丘陞从河北纵火焚之，边兵冲入贼营，毛葫芦兵复从南出，首尾夹击，贼退屯二十里。连日接战，斩其金盔贼首一人。

明李贤《古穰集》卷十九：

行状

先祖迪功郎，云南江川县丞致仕，赠资善大夫吏部尚书兼翰林院学士李公行状：

公讳威，字希原，其先古蓟[③]人，唐时有官于邓者，见其山水清

---

① 属 zhǔ 厌：饱足。

② 摆 huàn：穿。

③ 蓟 jì：地名。周武王封尧之后于此地。其后燕并蓟，为燕都。因城西北有蓟丘而得名。

秀，地腴民淳，遂土著焉。……族兄讳恭敏，仕元为陕西行中书省平章政事，以才能为时闻人。至正十四年丙戌，公年十四，从本郡毛葫芦义兵。二十五年，授金字银牌毛葫芦千户。三十二年，至陕西授干州总帅。

清张廷玉等《明史》卷九十一：

河南嵩县曰毛葫芦，习短兵，长于走山。而嵩及卢氏灵宝永宁并多矿兵，曰角脑，又曰打手。

清田文镜、王士俊、孙灏等《河南通志》卷五十九：

李威字希哲，邓州人，天资严重，刚毅不挠。元末领毛葫芦兵为陕西干州金牌总帅，后与主将不合，弃官归。尚义乐施，乡人感化，家范整齐，子弟肃然。寿八旬卒，子孙多至显官。

清官修《续通志》卷一百七十六：

朱元璋自和州渡江取太平路。秋七月壬寅，徐寿辉复陷武昌汉阳等处。是月，以亲王实勒们等分守山东、四川、湖广诸路，并招谕各起兵者。八月庚申，命南阳等处义兵万户府召募毛葫芦义兵万人，进攻南阳。戊辰，以中书平章政事达实特穆尔为江浙行省左丞相，便宜行事。

清官修《续文献通考》卷一百二十八：

六年九月，调河南毛葫芦兵助防流寇。是时，流寇猖獗，既调宣延边军，又请调毛葫芦千人，分守险隘，已而纪功。给事中吴玉荣言，所调湖广汉土官军及招募僧兵，所过骚害，河南民兵号白棒手者，聚劫行旅，请治总兵等官之罪。毛葫芦白棒手，皆河南民兵也。又是时，四川、江西、湖广、河南、两广盗起，皆调用土兵，其残害甚于贼，给事中王良佐以为言，乃降敕约束之。

臣等谨按：兵志言乡兵之不隶军籍者，河南嵩县曰毛葫芦，习短兵，长于走山，而嵩及卢州灵宝永宁并多矿兵，曰角脑，又曰打手，打丁当，即白棒手也。考毛葫芦兵，元末已用之，盖南阳邓州等处义兵万户府所统者也。太祖洪武元年，取其山塞，而是后仍自相团结耳。至矿兵，考《古今图书集成》内所录，有嵩县李和尚，卢氏县王九，永宁县马雄张吕，登封县王试，宜阳县叶张飞，灵宝县王九宰等若干人，皆当时骁健之魁。其号角脑者，坐名取之，量给职衔，赏以银牌，令其自率平日所与之人以来，计得角脑十人，即可得兵千人矣。打手则须四处选取，汇集而率领之。

清官修《续文献通考》卷一百二十九：

二十五年二月，兵部覆总督翁万达疏言：山东长枪手、河南毛葫芦本非民间常徭，第每省至六千名，不无充以老弱，而议者遂谓无益，今宜量减，务取精壮者，每省各三千人，以一都司领之，取便住扎，候警赴援，诏每省留二千人。

清郑珍《巢经巢文集》《巢经巢诗集》：

操刀入弱里，鸡𪊨任搜括。奸儿假其威，篝火夜驰劫。闻声即潜逃，来者或弟侄。中闲报睚眦，日日闻攘窃。亦有葫芦军，又贼所齿切。相抗或不济，连村转烧杀。

三 兵器名

宋华岳《翠微先生北征录》卷八：

跷蹬弩，牙里一尺八寸五分，葫芦头四寸，木檐长五尺八寸。一名马黄，一名克敌，一名破的，一名一滴油。张宪伏之于中林而捉真珠郎时俊用之，于射狐关而败四太子。神臂弩，桩牙里一尺八寸，葫芦头四寸，镫三寸，桩长二尺三寸，角檐长四尺五寸。一鳌头弩，桩二尺，葫芦头五寸，木镫五寸，山口五寸，鳌头五寸，桩凡长四尺，木檐长七尺。春夏雨水蒸湿，宜用木弩，秋冬筋角坚固，宜用角弩。

宋黄震《黄氏日抄》卷六十三：

兵器 太祖命魏丕主作，每十日一进，有南北作坊，岁造甲铠具装枪剑刀锯械器葫芦弩凡三万二千。又有弓弩院，岁造弓弩等千六百五十余万。诸州岁造六百二十余万，置五库贮之。

宋罗濬、梅应发《宝庆四明志 四明续志》卷六：

宝祐六年八月，准密札节文勘会近京湖沿江副制司之兵，节次遣调，戍广戍蜀戍沅，靖，动数万计，窃恐沿江防守单弱，权宜于内地禁军量摘，内庆元府选拣五百人。时内郡纪纲积弛，尺籍积骄，弓矢干戈积废不治，独庆元自大使丞相吴公开藩以来，抚御阅习，纪律素严，淬砺①缮修器甲素备。命下不两日，点集遣发，军容整肃，命计议洪易简部之自越而升见者，莫不起色。若军装，则队身衣甲五百副，红布衲袄五百领，皮束带五百条，抓角头巾五百顶，雨伞五百柄，鞴鞋五百緉②。若军器，则滴油箭一万二千只，长枪一百二十八条，腰刀一百七十柄，弩二百枝，腰斧三百柄，短枪三十条，麻札刀一十柄，箭葫芦一百二十筒，油绢弩袋一百二十个，小阵鼓一十二面，锣四面，梆子四条。若旗帜，则庆元府将兵旗一面，转光旗三十面，长枪旗一百八十面，拦前后旗二面，拥队押队旗二十四面，额外管押训练肃静旗三面，令牌二面，队教头旗一十面。

元袁桷《延祐四明志》卷十二：

杂造军器周岁额办　总计军器一百七十五副，人甲一百五副，紫真皮盔甲袋全黑漆罗圈铁甲八十八副，四巴水牛皮甲一十七副，黑漆甲五副，朱红甲四副，绿油甲四副，雄黄甲四副，手刀一百一十五口，黑漆木鞘靶全弓袋箭葫芦杂带皂真皮弓袋五十五副，水牛皮箭葫芦五十五个，皂真皮杂带五十五条。

明何良臣《阵纪》卷二：

葫芦火　冲锋马　木石炮　火龙刀　火鞭箭　铁火床　蒺藜球　先锋炮　火龙枪　火焰枪　二虎追　火龙口　逐人枪　虎尾炮　漫天雾　毒药火　飞天喷筒　毒烟喷筒　神机火枪　旋风五炮　缠身火龙　惊风牝猪　飞蛇逐马　五虎离山　五色障烟　飞空神砂　独脚旋风炮　霹雳行火球　交锋弃马　群虎啸风　火龙争胜　游鼠惊马　百鹰获兔　众虎犇羊　一母领十四子炮　旋风

① 淬cuì砺：淬火磨砺。淬：锻造时，把烧红的锻件浸入水中，急速冷却，以增强硬度。
② 鞴wēng鞋：高鞴yào棉鞋。緉liǎng：同"緉"。古代计算鞋子的单位，相当于"双"。

狼牙炮　月落星随炮　五雷裂山炮　大装囊燕尾炬之类，约百余种，制式用法俱载《利器图考》，须因敌异用，因地异施，举放燃线，不疾不徐，得法为妙。

明孙元化《西法神机》：

中国火门药方：

硝一斤，磺五钱六分，炭五两二钱八分。

硝一斤，磺八钱，炭五两七钱六分。

硝一斤，磺四钱八分，炭用柳炭一两六钱。又秸灰九钱六分。

硝一斤，磺四钱八分，炭用葫芦灰四两八钱，斑蝥四两八钱，只用虫头，约而论之。

大铳药，硝一斤，宜配磺二两，炭三两而已。

明施耐庵《水浒传》第九十五回：

宋公明忠感后土　乔道清术败宋兵

当下宋江传令，退十里安营扎寨。吴用又叫宋江传令，须分扎营寨，大寨包小寨，隔落钩连，曲折相对，如李药师六花阵之法。众将遵令。扎寨方毕，右边飞出神火将军魏定国，领五百火军，身穿绛衣，手执火器，前后拥出五十辆火车，车上都装芦苇引火之物。军人背上各拴铁葫芦一个，内藏硫黄硝五色猲药，一齐点着。那两路军兵，左边的乌云卷地，右边的烈火飞腾，一哄冲杀过来，北军惊惧欲退。

清焦勋《火攻挈要》：

硝性主直，直者利于攻击。磺性主横，横者利于炸爆。炭性主燃，燃者利于喷发。但炭有不一。茄梗麻秸主烈，葫芦竹箬主爆，杨柳性急，杉木性缓。

《新编张靖峰家藏火攻急务》卷上：

火攻法药料品

主药：硝石、硫黄；主灰：柳灰、杉灰；铳灰：槐皮、桦皮；烈火：葫芦捍灰；爆灰：箬灰；法灰：石黄；无声灰：麻楷灰；神火：雌黄；毒火：雄黄。

《新编张靖峰家藏火攻急务》卷上：

长生火葫芦法

用大葫芦一个，嘴上开一孔，可容一指，倒去子瓤，用好金墨研鸡蛋清入内，荡过，晒干。又复如此三四次，入长生火药于内，外用纸筋熟泥固封之，以干葛塞塞住葫芦口，其火经年不灭。拔去干葛塞，火药喷出如放花一样远。如不用，仍塞之。

清董诰、特通保等《钦定军器则例》卷一：

换防兵丁携带军械修制限期

直隶、山西、陕西、甘肃等省兵丁，前往西北两路新疆换防，携带盔甲，三十年制，十五年修；号帽、号袍、号褂、铁镢、雨枪套、雨箭罩、雨旗套、雨炮罩、雨刀套、毛单水火袋，二十年制，十年修；腰刀、钺斧、鸟枪，四十年制，二十年修；旗帜、九龙袋、火药葫芦，二十五年制，十三年修……

清董诰、特通保等《钦定军器则例》卷二：

年满遣犯派赴南路换防准给军器马匹

发往乌鲁木齐巴里坤之满洲蒙古人犯到配年满入旗当差派赴南路换防，每名办给撒袋一副，弓一张，箭三十枝，腰刀一口，鞍韂①一副，九龙袋一副，火药烘药葫芦各一副，药筒九个，火绳各五条……

清董诰、特通保等《钦定军器则例》卷三：

枪、连接棍、海螺，系各佐领下自备。九龙袋、火药葫芦、烘药葫芦、火绳、皮包，系兵丁自备。

清阿桂等《平定两金川方略》卷七十八：

前此淮西路军营咨取兵丁皮绵衣履锅帐弓箭鸟枪腰刀等项，如数办足，运加军营，尚有多余，存留省城，俟需用再行续解。再查，前淮军营咨造劈山炮②位，已经解过，西路三十八位，绰斯甲布六位，今又制成十五位，以十二位送日隆，以三位送宜喜。又南路军营咨办

---

① 鞍韂 chàn：垫在马鞍下的小障泥。障泥：垂于马腹两侧，用于遮挡尘土的东西。

② 炮 pào：古代以机发石的武器。

大小火药葫芦一千个，亦均办就，委弁①解往至西路军。

清官修《世宗宪皇帝朱批谕旨》卷一百六十一：

　　雍正七年三月十五日直隶宣化总兵官臣李如栢谨奏：为恃官夹带禁物，伤兵强出边口事。本年三月十二日，据臣属张家口路参将沈力学呈，……蒙古竟将小的二人拿住，小的等见人多，又系官儿，因此不敢动手，只得挣脱跑回报官。杨正惧怕，亦随后奔山跑走，被蒙古连放三箭，射中右腿带，伤甚重。蒙古竟行出口，复回两次寻取彼箭，小的在半山黑处，他未看见，止将皮袄二件、弓一张、箭五枝、火药葫芦二个，连药旧毡二条，米口袋一个，米二升尽行拿去。小的等见夜深人多，不敢追赶，只得禀明等情到守备。据此随带兵丁数名赶出口去，约有二十余里赶上，将蒙古蓝翎侍卫赶回，又拿获男妇大小共十口，内有汉人小子三名，马三匹，驼六只，驮子未曾验看。

　　臣钦遵谕旨，择吉于本年五月初十日兴工先造过山鸟炮二位，架二副，随炮各项器具，并打放及远之木板准则，差员恭呈御览，即请留京在案。今臣朝夕督催匠役，于七月二十日造成过山鸟炮一百位，并炮架鞍辔随炮之雨旱罩油单炮探火药葫芦皮搭等项，又将炮位编定胜字号，照各位膛口各造铅弹一百颗，共铅弹一万颗，俱已齐全。炮位造成之时，臣亲至郊外演放，其所及之远，俱合所定之准则。

清官修《续文献通考》卷一百三十四：

　　按《会典》所载，火器止数十种，与《兵志》中所列火器之名相符。王圻本虽称太祖火攻之具不啻数百种，而所载名目则更寥寥。求其大备者，惟茅元仪《武备志》除《会典》前后所载外，炮则有宋火炮、威远炮、百子连珠炮、虎蹲炮、迅雷炮、烧天猛火无拦炮、飞云霹雳炮、烂骨火油神炮、万火飞砂神炮、轰天霹雳猛火炮、毒雾神烟炮、西瓜炮……。杂器则有火砖、火弹、铁嘴火鹞、竹火鹞、燕尾炬、

———————————

① 弁：武官。武官服皮弁，因称武官为弁。

飞炬、冲阵火葫芦、对马烧人火葫芦……。

第三节　葫芦地名

收录典籍中有关以葫芦命名的地名资料。如山名、水名、国名、城名、村寨名、台观亭榭楼阁名等。

一　山名

含以葫芦命名的山丘、岛屿、峡谷、关口等。

晋杜预注，唐孔颖达疏《春秋左传注疏》卷二十九提及"瓠丘"：

彭城降晋，晋人以宋五大夫在彭城者归，置诸瓠丘。

《春秋地名考略》卷五提及"瓠丘"：

襄元年，晋人以宋五大夫在彭城者归，置[1]诸瓠丘。杜注：河东垣县东南有壶丘。臣谨按：壶丘即殽（xiáo）谷之北岸也，亦曰阳壶。《水经注》："清水东南迳阳壶城东，又东流注皋落城北。"《寰宇志》曰："古阳壶城南临大河，今绛州垣曲县东南阳壶城是也。"战国周安王元年，秦伐魏至阳壶。后魏时曰阳胡。《魏书·裴庆孙传》："邵郡治阳胡城，去轵关二百余里，魏主修。"永熙三年将入关，使源子恭守阳胡，盖以防高欢之邀截也。西魏以邵郡为重镇，与高欢相距，盖亦阳胡矣。

《春秋经传集解》卷八提及"壶丘"：

夏，楚侵陈，克壶丘，以其服于晋也。秋，楚公子朱自东夷

---

[1] 置：安置。

伐陈。

附：崔乃夫主编《中华人民共和国地名大词典》提及"壶丘"：

在安福县南部。属横龙镇。明代吴姓由今台湾省台北市徙此，建村于壶形坡地，因名。

晋王嘉《拾遗记》卷一提及"方壶""蓬壶""瀛壶"：

三壶，则海中三山也。一曰方壶，则方丈也；二曰蓬壶，则蓬莱也；三曰瀛壶，则瀛洲也。形如壶器。

北魏郦道元《水经注》卷四提及"壶口"：

《尚书》所谓壶口，雷首者也。俗亦谓之尧山。山上有故城，世又曰尧城。阚骃曰：蒲坂，尧都。按《地理志》曰：县有尧山首山祠。

北魏郦道元《水经注》卷六提及"壶口山"：

汾水南与平河水合，水出平阳县西壶口山，《尚书》所谓壶口治梁及岐也。其水东径狐谷亭北，春秋时狄侵晋取狐厨者也。又东，径平阳城南，东入汾，俗以为晋水，非也。汾水又南历襄陵县故城西，晋大夫郤犫[①]之邑也，故其地有犫氏乡亭矣。

北魏郦道元《水经注》卷十提及"壶口关"：

漳水又东北，迳壶关县故城西，又屈迳其城北，故黎国也，有黎亭。县有壶口关，故曰壶关矣。吕后元年，立孝惠后宫子武为侯国。汉有壶关三老公乘兴上书讼卫太子，即邑人也。县在屯留东，不得先壶关而后屯留也。

北魏郦道元《水经注》卷二十六提及"壶山"：

《地理志》曰：灵门县有高屎[②]山、壶山，浯水所出，东北入潍。今是山西接浯山。许慎《说文》言水出灵门山，世谓之浯汶矣。其水东北迳姑幕县故城东。县有五色土，王者封建诸侯，随方受之。

北魏郦道元《水经注》卷三十七提及"壶头山"：

夷山东接壶头山，山高一百里，广圆三百里，山下水际有新息侯

---

① 郤犫 Xì Chōu：也写作"郤犨"。春秋晋景公时大夫。又称苦成叔。食邑襄陵。

② 屎：古"柘 zhè"字。

马援征武溪蛮停军处。壶头径曲多险,其中纡折千滩。援就壶头,希效早成,道遇瘴毒,终没于此。忠以获谤,信可悲矣!刘澄之曰:沅水自壶头枝分,跨三十三渡,迳交趾龙编县东北,入于海。

宋司马光《资治通鉴》卷五十一提及"壶山":

初,南阳樊英少有学行,名著海内,隐于壶山之阳,州郡前后礼请不应。公卿举贤良方正,有道皆不行,安帝赐策书征之。

附:崔乃夫主编《中华人民共和国地名大词典》第四卷提及"壶山":

壶山属仙霞岭。又名湖山。(浙江)省境中部偏西南,武义县西北部。上有潭,状如壶,故名。

宋司马光《资治通鉴》卷六十四提及"壶关":

冬十月,高干闻操讨乌桓,复以并州叛,执上党太守,举兵守壶关口。操遣其将乐进、李典击之。河内张晟,众万余人,寇崤渑间。

宋司马光《资治通鉴》卷一百八十四提及"壶口":

己亥,渊进军壶口,河滨之民献舟者日以百数,仍置水军。壬寅,孙华自邰阳轻骑渡河,见渊,渊握手与坐慰奖。

宋李焘《续资治通鉴长编》卷二百十七提及"瓠子岭":

戊申,礼宾使、知宁州萧注复西上合门使,为太原府、代州钤辖。先是,夏人十余万寇边,李信刘甫败于瓠子岭,进围荔原堡,连城皆坚壁。注夜启关,宴饮如平时人,恃以无恐。注复为书抵李复圭言:"寇必不深入,姑坚壁俟其欲去,而后击之。"复圭不听,遣郭庆等以兵数千通大顺城,全师覆没。于是召注赴阙,命注代王庆民管勾麟府路军马。

宋乐史《太平寰宇记》卷四十四提及"悬瓠山":

悬瓠山 在县(高平县)西南一十五里,山形似悬瓠焉。

元脱脱等《宋史》卷四百十二提及"银葫芦山":

孟珙字璞玉,随州枣阳人。四世祖安,尝从岳飞军中有功。……薄暮,珙进军至小水河,仪还,具言仙不欲降,谋往商州依险以守,然老稚不愿北去。珙曰:"进兵不可缓。"夜漏十刻,召文彬等受方略,明日攻石穴九砦。丙辰，蓐食①。启行，晨至石穴。时积雨未霁，文彬患之。珙曰："此雪夜擒吴元济②之时也。"策马直至石穴，分兵进攻，而以文彬往来给事。自寅至已力战，九砦一时俱破。武仙走，追及于鲇鱼砦，仙望见，易服而遁。复战于银葫芦山，军又败，仙与五六骑奔。追之，隐不见，降其众七万人，获甲兵无算③。

明李贤《明一统志》卷三十九提及"葫芦山"：

> 葫芦山在海盐县西南三十五里，海中潮汐消长，此山如葫芦出没之状，因名。

清穆彰阿、潘锡恩《嘉庆重修一统志》第二千三百零三册提及"壶山"：

> 壶山，在鲁山县南二十里，形图如壶。《后汉书·樊英传》：隐于壶山之阳。

清穆彰阿、潘锡恩《嘉庆重修一统志》第二千二百七十二册提及"壶山"：

> 壶山，在高平县西南二十五里，《寰宇记》谓之悬瓠山，山形似悬瓠。

臧励龢等《中国古今地名大辞典》提及"壶山""壶井山""壶公山"：

> 壶山　在山东莒县北。《汉书·地理志》："灵门有壶山，浯水所出。"此即《水经注》之浯山，声近而讹也。山西长治县之壶口山，亦名壶山。在河南鲁山县南二十里，形圆如壶。在云南永北县东三里，峰峦竦立，宛如壶状。

> 壶井山　在福建长乐县东六十里滨海。山陲有井，状如壶，潮至则咸，潮退则淡。

> 壶公山　在福建莆田县南。《九域志》：军有壶公山，昔有人隐此，遇一老人引于绝顶，见宫阙台殿，曰："此壶中日月也。"因名。

---

① 蓐 rù 食：早晨未起身，在床席上就餐。谓吃饭甚早。
② 吴元济：唐代沧州清池人。宪宗元和九年因袭位不遂，自领军屠舞阳，焚叶县，掠鲁山、襄城，威胁洛阳。先遭裴度讨伐，后被李愬俘获，斩于长安。
③ 算 suàn：计算时用的筹码。同"算"。无算：无法计算，即不计其数。

清穆彰阿、潘锡恩《嘉庆重修一统志》第二千三百三十一册提及"壶头山""壶盘山":

壶头山在湖北崇阳县北二十五里。两岩夹峙,一泓流出,为隽阳水口。在湖南沅陵县东北一百三十里。接桃源县界,以山头与东海方壶相似,故名。在四川彭水县西二里。山形似壶,故名。

壶盘山在浦江县西南五十五里,金华北。山之北接兰溪县界,高出众山,有龙门之胜。

清穆彰阿、潘锡恩《嘉庆重修一统志》第二千二百八十七册提及"匏山":

匏山在东平州北二十里。《府志》:山圆而长,其形如匏。

清官修《大清一统志》卷一百四十二提及"瓠山":

瓠山在东平州北二十里。《府志》:山圆而长,其形如瓠。《汉书·宣元六王传》"瓠山石转立"晋灼注:作报山,上有汉东平思王墓。

清穆彰阿、潘锡恩《嘉庆重修一统志》第二千三百三十九册提及"壶公岩":

壶公岩在南丰县西南九十里紫宵观后。《明统志》:有悬壶先生者,不知何许人,委蜕①此岩。岩极高峻,人迹罕至,中有一榻,其木如沈香。又有石函,丹灶在焉。

清穆彰阿、潘锡恩《嘉庆重修一统志》第二千三百零九册提及"壶子台峰":

壶子台峰在宁羌州西南四十五里。《舆地纪胜》:自韩溪西四十余里,水出岩下成潭,潭口湍流成溪,下流五里,平地突出一峰,犹浮图状,上干云霄,谓之壶子台。

清官修《大清一统志》卷一百四十二提及"葫芦山":

葫芦山在莱芜县东南五十里。《府志》:形如葫芦,其势险隘,旧名葫芦关。

---

① 委蜕:本指虫类蛹化所退脱的皮壳,即羽化,引申为死亡。

臧励龢等《中国古今地名大辞典》提及"葫芦山"：

> 在山东临朐县。

清官修《大清一统志》卷三百三十九提及"葫芦山"：

> 葫芦山在香山县东南八十三里，西近香炉，石壁峭立如门，东北曰东岭，北接乌岩，西南曰西岭，有瀑布南注。

清官修《大清一统志》卷三百四十三提及"葫芦山"：

> 葫芦山在陆丰县东三十五里。

清官修《大清一统志》卷三百六十一提及"葫芦山"：

> 葫芦山在昭平县东二五都潘家寨南，高五里，甚险峻，匍匐而上，其顶宽平约数亩余，突生一石，石傍有台。

清官修《钦定热河志》卷七十二提及"葫芦山"：

> 《元一统志》：虎河发源武平县西南六十里葫芦山，流经县之霸州铺，合于遥剌河。按此当在朝阳县（即三座塔厅）西北境。

清嵇曾筠、沈翼机等《浙江通志》卷十一提及"葫芦山"：

> 葫芦山　《名胜志》：其山浸在海中，潮汐消长如葫芦出没，故名。语云潮生潮退葫芦自若。其下有葫芦寨。

清郝玉麟、谢道承等《福建通志》卷三提及"葫芦山"：

> 葫芦山为方山之支，一名梁山。上有紫台，又名紫薇岩，唐末有紫薇公隐此。

清觉罗石麟、储大文等《山西通志》卷二十七提及"葫芦山"：

> 葫芦山在县（河曲县）东南九十里。

清岳濬《山东通志》卷六提及"葫芦山"：

> 自莱芜县之原山分支而南为仓山，为茜山，为棋山，为葫芦山（牟汶西流），折而西为笔架山，为新甫山（嬴汶北流苏村羊流等河南流），又西南为冠山，又西南入泰安县境为徂来山，至于西麓濒于汶。
>
> 泰安县葫芦山，在县东南五十里。

清许容、李迪等《甘肃通志》卷五提及"葫芦山"：

> 葫芦山在城（靖远县城）中，以形似故名。

清金鉷、钱元昌等《广西通志》卷十四提及"葫芦山"：

葫芦山在县（昭平县）东二五都潘家寨南，上有飞来铜佛六尊，都人岁祭之，遇旱可祈。

清金鉷、钱元昌等《广西通志》卷十五提及"大瓠山"：

圣山在城（横州）西北四十里大路山北，一名大瓠山，其旁为仙女山，盘郁[①]数百丈。

清杜臻《粤闽巡视纪略》卷五提及"白瓠山"：

金垂河，疏作金埵河，误。其海口曰浦门，当其前者福宁之白瓠山也，外渺溪入焉。

砚石之旁有东蚶（hān）西蚶，更西为长兴而地尽矣。外一小孤屿曰莲花屿。又西即白瓠山，在海中，当宁德之金垂河口地分两境，以山脊为界，自北面复转而东曰小青礁，曰李园，可复返于盐田焉。

明徐宏祖《徐霞客游记》卷十二上提及"瓦葫芦"：

随峡东坡东北行五里至瓦葫芦，有数十家倚之悬居环壑中，坡东有小水，一自西腋，一自南腋，交于前壑而北去。则此瓦葫芦者，亦山。

清穆彰阿、潘锡恩《嘉庆重修一统志》第二千二百四十三册提及"葫芦岛"：

壶芦岛在锦县西南九十。又有小壶芦岛，在县西南六十里。

附：崔乃夫主编《中华人民共和国地名大词典》第四卷提及"葫芦岛""葫芦头子岛"：

葫芦岛　在辽东半岛东南侧黄海海域，广鹿岛西北三公里。属长海县。以形似葫芦而得名，俗称北岛。呈东西走向。长1.88公里，宽0.27公里，面积达0.315平方公里。由片麻岩、板岩构成。地势东圆低窄，西圆高宽，中央洼隐，形似葫芦。

葫芦岛　在（浙江）省境东北部，舟山群岛东部，普陀区沈家门

---

① 盘郁：盘曲盛美。

东北15公里东海海域。处普陀山东北1.5公里。东、南濒东海,西北近
小葫芦岛。岛形似葫芦,得名。

葫芦头子岛 在河北省东部,海兴县东北部渤海海域,呈葫芦
状,故名。

赵尔巽等《清史稿》卷五十五提及"葫芦岛":

又西南海滨有地,伸出海中如三角形,曰葫芦岛,岛势向西环抱
成一海湾。

明杨一清《关中奏议》卷十六提及"葫芦硖":

成化年间,都御史余子俊建议于预旺城葫芦硖口二处添设镇戎、
平边二所,甚为得策。后止设镇戎所,其平边所因循未举。

清官修《御批历代通鉴辑览》卷七十九提及"细腰葫芦峡""葫芦河川":

夏四月知渭州,章楶[①]城平夏(此平夏故城,在今平凉府固原州
北,有曰细腰葫芦峡城。前沈括欲尽城横山以瞰平夏,乃指夏州而
言),楶以夏人猖獗,上言城葫芦河川,据形胜以逼夏,朝廷许之。遂
合熙河秦凤环庆鄜延四路之师,阳缮理他砦数十所以示怯,而阴具版
筑守战之备,出葫芦河川筑二砦于石门峡江口(在平凉府固原州西北,
《水经注》石门水导源高平县,左会三川,混涛历峡,峡即陇山之北垂
也。谓之石门口)好水河之阴,夏人闻之帅众来袭,楶迎击败之。

清许容、李迪等《甘肃通志》卷十提及"葫芦峡":

镇戎所在州(固原州)北一百三十里,即葫芦峡土城,周三里,高
三丈。成化九年,马文升重修。嘉靖三年,增筑辖墩台十九座。

清许容、李迪等《甘肃通志》卷二十二提及"细腰葫芦硖":

废怀德军 在州(固原州)东北一百五十里,即细腰葫芦硖城,通
韦州灵夏诸处,其路两山相夹,最为要害。宋范仲淹请筑细腰葫芦诸
砦,绍圣四年章楶请城葫芦河川,据形势以逼夏人,赐名平夏城。大观
二年改怀德军,增置将兵于西安、镇戎互为声援应接。靖康间军废。

---

① 章楶 jié:字质夫,建州浦城人。

元于钦《齐乘》卷二提及"葫芦峪":

山龙湾洞俗名头河,西北流至般阳城东,分为二,一支迳城南,一支环城西北,俱入笼,故《水经》云般阳县在般水之阳也。笼水又北迳长山县西,又北迳邹平县东,蒙河水入焉。蒙水俗名沙河,出长白山葫芦峪。《水经》谓之鱼子沟,又北迳新城县西,又北入小清河。

清刘于义、沈青崖等《陕西通志》卷四十四提及"葫芦峪":

赤水,一名清水河,相传晋周处斩蛟于此。又县东南有羊峪水,又东有黑掌峪水、葫芦峪水,俱东北流入于赤水。《县志》按:《水经注》赤水有二,竹水为大赤水,在西;灌水为小赤水,在东。《寰宇记》以大赤水为箭峪水,盖以其水出竹山而竹可为箭,故名。《华州志》以小赤水为出箭峪,混二水为一水,误矣。

清许容、李迪等《甘肃通志》卷五提及"葫芦峪":

黑泉峪 在县[①]城北十里东川之东,其水流入东河。又嘉乐峪在县北二十五里。又葫芦峪在县北一百里。

清王赠芳修,成瓘纂[道光]《济南府志》卷五提及"葫芦峪":

章丘县其东为回路峪,《齐乘》名葫芦峪沙河。

清李卫等《畿辅通志》卷二十提及"葫芦峪":

葫芦峪,保安州东北二十五里。

清官修《分类字锦》卷七提及"瓠谷":

班彪《北征赋》:"朝发轫于长都兮,夕宿瓠谷之元宫。"自注:瓠谷、元宫,皆地名,在长安西。

唐释道世《法苑珠林》卷五十二提及"胡卢谷":

又终南库谷内西南又名胡卢谷,昔有人于山采斫,遇见一寺并石室石门,门内并宝器,重大不可胜然。不见僧人,是众僧供用具度。其人徘徊顾盼记志处所,以所赍瓠卢挂于室树。下山召村人往寻,其

---

① 县:指安化县。

谷内树上往往悉是瓠卢，莫知踪迹。

清觉罗石麟、储大文等《山西通志》卷二十提及"壶溪""葫芦谷"：

马跑泉在县①西二十五里，源出白彪山，即《水经》原公水也。一名壶溪，源出西北三十里白彪山麓。又名葫芦谷，相传后魏贺鲁将军驻师于山，马跑地得泉，故名。其水缘山南注至谷口，折而东历城东北东南合文湖水，雨泽丰澍，则涨流而入于汾，故邑东多沃壤焉。

清赵宏恩、黄之隽等《江南通志》卷十三提及"瓠子冈"：

由里山在江阴县东南十五里，或讹为游鲤山，其巅出云以为雨候，上有白龙洞，山侧有瓠子冈。

清嵇曾筠、沈翼机等《浙江通志》卷十四提及"葫芦峤"：

龙头山，嘉靖《定海县志》：在县东南十二里，侧有葫芦峤，县令金九成筑寨峤口，建楼于上，以防海。

明李贤《明一统志》卷五十七提及"葫芦石"：

葫芦石在上高县南一十里，丰下锐上，状若葫芦。

清赵宏恩、黄之隽等《江南通志》卷一百七十五提及"葫芦石"：

隋二祖初名神光，初祖与改名为慧可，求法于达摩，受衣钵为二祖。其后付法于璨为三祖，尝来司空山，建刹其上，至今有传衣石、葫芦石、秘记灵迹存焉。

清鄂尔泰、靖道谟等《贵州通志》卷六提及"葫芦关"：

葫芦关在旧城（仁怀县旧城）南五十里。

二　水名

含以葫芦命名的河、海、溪、沟、渠、洲、湾、滩、潭、塘、井、泉、洞、堤、坝、桥等。

---

① 县：指汾阳县。

汉班固《汉书》卷二十九提及"瓠子河":

　　自河决瓠子后二十余岁,岁因以数不登,而梁楚之地尤甚。上既封禅,巡祭山川,其明年,乾封少雨。上乃使汲仁、郭昌发卒数万人塞瓠子决河。于是上以用事万里沙,则还自临决河,湛白马玉璧,令群臣从官自将军以下皆负薪窴决河。是时东郡烧草,以故薪柴少,而下淇园之竹以为楗。上既临河决,悼功之不成,乃作歌曰:

　　瓠子决兮将奈何?浩浩洋洋,虑殚为河。殚为河兮地不得宁,功无已时兮吾山平。吾山平兮巨野溢,鱼弗郁兮柏冬日。正道弛兮离常流,蛟龙骋兮放远游。归旧川兮神哉沛,不封禅兮安知外!皇谓河公兮何不仁,泛滥不止兮愁吾人。啮桑浮兮淮泗满,久不反兮水维缓。

　　于是卒塞瓠子,筑宫其上,名曰宣防。

南朝宋范晔《后汉书》卷七十六《王景传》提及"瓠子河":

　　初,平帝时,河汴决坏,未及得修。建武十年,阳武令张汜上言:"河决积久,日月侵毁,济渠所漂数十许县。修理之费,其功不难。宜改修堤防,以安百姓。"书奏,光武即为发卒。方营河功,而浚仪令乐俊复上言:"昔元光之间,人庶炽盛,缘堤垦殖,而瓠子河决,尚二十余年,不即拥塞。今居家稀少,田地饶广,虽未修理,其患犹可。且新被兵革,方兴力役,劳怨既多,民不堪命。宜须平静,更议其事。"光武得此遂止。后汴渠东侵,日月弥广,而水门故处,皆在河中,兖、豫百姓怨叹,以为县官恒兴佗役,不先民急。永平十二年,议修汴渠,乃引见景,问以理水形便。景陈其利害,应对敏给,帝善之。

唐杜佑《通典》提及"葫芦河":

　　广阿泽即大陆泽,在隆平县东北三十里,与顺德府巨鹿任县两县接界,下达宁晋县之葫卢河。

唐李吉甫《元和郡县志》卷三提及"葫芦河":

　　关内道·泾州

蔚茹水在县①之西，一名葫芦河，源出原州西南颓沙山下。

唐李吉甫《元和郡县志》卷十八提及"瓠瓡河"：

> 河东道·蔚州
>
> 兴唐县 沤夷河亦曰瓠瓡河，上槽狭下流阔，有似瓠瓡，因名。

宋欧阳修等《新五代史》卷七十三提及"瓠瓡河"：

> 又北，牛蹄突厥，人身牛足，其地尤寒，水曰瓠瓡河，夏秋冰厚二尺，春冬冰彻底，常烧器销冰乃得饮。

宋王存《元丰九域志》卷一提及"瓠子河"：

> 望鄄城：一十乡，永平、张郭二镇，有旄丘、陶丘、黄河金堤。紧雷泽：州东南七十里，五乡，瓠河一镇，有谷林山、广济河、瓠子河②、沙河、雷夏泽。

宋张君房《云笈七签》卷九十六提及"匏河"：

> 玉皇授欻生大洞三十九章与登龙台歌二章（其一）
>
> 匏河振沧茫，天津鼓万流。八凤驾神霄，缅缅虚中游。
>
> 咏洞神明唱，音为汝玄投。欻然必至行，肘伏尘中趋。
>
> 可为苦心哉，当告尔所求。

宋张君房《云笈七签》卷九十六提及"匏瓜河"：

> 西王母又命侍女田四妃答歌一章
>
> 晨登太灵宫，挹此八玉兰。夕入玄元阙，采蕊拨琅玕。
>
> 濯足匏瓜河，织女立津盘。吐纳挹景云，味之当一餐。
>
> 紫微何济济，琼轮服朱丹。旦发汗漫府，暮宿句陈垣。
>
> 去之道不同，且各体所安。二仪复犹存，奚疑亿万椿。
>
> 莫与世人说，行尸言此难。

宋李焘《续资治通鉴长编》卷四百九十六提及"葫芦河"：

---

① 县：指萧关县。

② 瓠子河：《辞海》：古水名。自河南濮阳南分黄河水东出，经山东鄄城、郓城南，折北经梁山西、阳谷东南，至阿城镇折东北经茌平南，东注济水。汉元光三年（公元前132年），黄河决入瓠子河，东南由巨野泽通于淮、泗、梁、楚一带连岁被灾。至元封二年（公元前109年）始发卒数万人筑塞；武帝自临，作《瓠子之歌》二首。

　　臣前年冬蒙陛下召自远方，付以泾原经略之事。朝廷方议进筑，亦尝至枢密院遍观臣僚奏陈策画，以至朝廷论议，未有略及进筑葫芦河、㻽江川、前后石门者，独钟传欲进筑南阳川、瓦和市、善正泊伯，已降朝旨，令传会合熙秦泾原三路兵马进筑。臣实时于三省枢密院臣僚前疏驳其非，因得指挥令臣自当管认一处。臣既领职任，体究钟传所陈，校量利害，未见有可为之理。到官八日，遂建进筑石门前后峡、好水河、古高平、㻽江等处，幸托陛下威灵，仅能集事。但新开疆土，自熙宁寨以北至平夏城仅四十里，自古高平西至镇羌寨五十余里，自怀远北至九羊谷约六十里，自九羊谷东至葫芦岸仅五十里。新开疆土所筑城寨，直北有大山，限隔贼之来路不过五六处，至于自葫芦河岸至古高平，正当十川，及怀远至九羊谷六十里间，贼之来路甚多，若不相度要害增筑堡寨，则将来必有抄掠之患。

元脱脱等《宋史》卷四百六十八提及"葫芦河"：

　　程昉，开封人，以小黄门积迁西京左藏库副使。熙宁初，为河北屯田都监。河决枣强，酾二股河导之使东，为锯牙，下以竹落塞决口。加带御器械。河决商胡北流，与御河合为一。及二股东流，御河遂浅淀。昉以开浚功迁宫苑副使。又塞漳河，作浮梁于洺州。兼外都水丞，诏相度兴修水利。河决大名第五埽，昉议塞之，因疏塘水溉深州田。又导葫芦河，自乐寿之东至沧州二百里。塞孟家口，开乾宁军直河，作桥于真定之中渡。又自卫州王供埽导沙河入御河，以广运路。

明冯琦原编，陈邦瞻增辑《宋史纪事本末》卷九提及"葫芦河"：

　　初诏李宪帅五路兵直趋兴灵，宪总师东上，营于天都山下，焚夏之南牟内殿并其馆库，追袭其统军星多哩鼎，败之，次于葫芦河。遂班师，时五路兵皆至灵州，独宪不至。

明顾炎武《天下郡国利病书》第二千八百一十三册周弘祖《日本论》提及"匏芦河"：

倭人在东海之中，新罗国之东南，本名倭，后自丑其类，改日本云。左右小岛五十余，皆自名其国而臣附之。其国东西五月，西南三月行，并无城郭，联木栅居之，风土与新罗百济类。自山东文登县成山卫绝海，入匏芦河以入新罗，历大镇七，真现三，遂抵百济之熊津及嘉林、任存二城。此城犹百济水陆之冲，通此二城，则日本之右臂断矣。夫新罗、百济、日本，国于东南，民物丰阜，金银美积，好闽广糖果，青衣麻葛，丝罗段绢，川广药材，铜锅鼎铫，又酷慕鬼神。每招约朝鲜，尝以六月间登莱州定海县之落迦山，赛祭观音。

清官修《大清一统志》卷一百二十六提及"瓠子河"：

古瓠子河，在齐河县西十里。《水经》：瓠子河自茌平县瓠里渠，又东北过祝阿县为济渠注河水，自泗口出为济水，济水二渎合而东注于祝阿也。《县志》：宋时名熙河，苏辙《熙河赋》称在"汉元光河决瓠子"是也。今湮。

清李卫等《畿辅通志》卷二十四提及"瓠河口""瓠子堰""胡卢河"：

濮阳县北十里即瓠河口也。汉元光之年，河水南决。武帝元封二年，塞瓠子口，筑宫于其上，名曰宣房宫，故亦谓瓠子堰为宣房堰。而水以瓠子受名焉。平帝以后未及修理。永平十二年，显宗诏王景治渠筑堤，景乃防遏冲要，疏决壅塞，瓠子之水绝而不通，惟沟渎存焉。（《水经注》）

胡卢河，此漳滏之会流也。在州（冀州）西北二十五里。自赵州宁晋县东北流经南宫县北，又东至州界合于滹沱。

清赵一清《水经注释》卷十一提及"壶流河"：

《名胜志》"晋州"下引《水经注》云："滹沱水流入雷河沟水，过旧曲阳北。"据此，则卫水与滋水通波沿，《注》随地易称矣。今山西广灵县有滋水流为壶流河，亦名葫芦河。《元和志》《寰宇记》谓之瓠瓜河，云上槽狭，下槽阔，有似瓠瓜，故名。

臧励龢等《中国古今地名大辞典》提及"壶水"：

壶水源出山西壶关县西北二里壶关山，北流折而西，迳长治县城北入于浊漳，其下流名石子河。

清李卫等《畿辅通志》卷一百七提及"葫芦河"：

吕巺（xùn）《大尹宋公功德碑铭》：巨鹿古有漳河，源发紫古二山，经邯郸达广平曲州，迤逦而北至巨鹿县东北，与葫芦河相合，逮夏越秋，继以霖雨，波涛驾轶浩浩而来。

清许容、李迪等《甘肃通志》卷五提及"葫芦河"：

清水河在州（固原州）西南四十里，发源六盘山下，东北流，绕城东北下流，亦谓之葫芦河，至鸣沙入黄河。

清齐召南《水道提纲》卷二十七提及"葫芦古尔河"：

秃河土名葫芦古尔河，有二源，一出布虎图山西麓，曰古尔图；其一南出克西克腾部地东北哈尔哈那太山北麓，曰阿尔达图河。俱西北流而合，又西北二百里经乌朱穆秦右翼境，北流潴为阿达可池。

自葫芦古尔河而西百余里，有克西克腾部及蒿齐忒部之吉林河，河之南百余里，有捕鱼儿海。

清官修《大清一统志》卷四百六提及"葫芦伯楚特河"：

葫芦伯楚特河，源出左翼南七十里，东南流会遂济河。

明张国维《吴中水利全书》卷四提及"瓢湖"：

薛淀湖一名淀山湖，以中有淀山也。在府西北七十二里，自长洲县界经急水港而来，北骤赵屯浦，东骤大盈浦泻于淞江，东南骤烂路港以入三泖。今湖之南有瓢湖，其傍有金银东清东白西陈大葑诸荡漾，北即长洲之蔓菜洲，其西有西鼋荡雪落漾，又接吴江县界。

清黄之隽等《江南通志》卷一百七十七提及"瓢湖"：

陆焘妻赵氏，焘鄞人。元季，挈家避兵松之瓢湖。至正丁未，氏为乱兵所掠，投水死。

清觉罗石麟、储大文等《山西通志》卷二十一提及"葫芦海"：

如浑水，在县（大同县）东北八十里，源出塞外之葫芦海，繇阳高开山口，两源合流入县境得胜堡，经榆涧村至弘赐堡，东南流经孤店村，会得胜河。又经马站村白马城至县东门外兴云桥，折而南流。又经郝家庄沙岭子村寺儿村铺南北独觉寺至高家店，会十里河，入桑干河，隶县境凡百四十里。

清鄂尔泰、靖道谟等《贵州通志》卷五提及"葫芦水"：

葫芦水在城（桐梓县城）西五里，溱南二溪水会此。

宋袁枢《通鉴纪事本末》卷二十九下提及"瓠卢泊"：

三月，曹怀舜与禆将窦义昭将前军击突厥，或告阿史那伏念与阿史德温传在累沙北，左右才二十骑以下，可径往取也。怀舜等信之，留老弱于瓠卢泊，帅轻锐倍道进至黑沙，无所见，人马疲顿，乃引兵还会薛延陀部落，欲西诣伏念，遇怀舜军，因请降。怀舜等引兵徐还至长城北，遇温传小战，各引去至横水，遇伏念，怀舜、义昭与李文暕及禆将刘敬同，四军合为方陈，且战且行，经一日，伏念乘便风击之，军中扰乱，怀舜等弃军走，军遂大败，死者不可胜数。怀舜等收散卒敛金帛以赂伏念，与之约和，杀牛为盟，伏念北去，怀舜等乃得还。

清杜臻《粤闽巡视纪略》卷五提及"葫芦澳"：

所谓东墙也，在海坛东北，南望牛山一小屿曰小庠，即小墙也。东为葫芦澳，可泊北风船二十余。出鼋鼍，高于人。流水甚急，倭寇往来之冲。其南曰南江，北有鼍壳澳。

清官修《大清一统志》卷三百十六提及"葫芦溪"：

葫芦溪在丰都县内，上流曰三江溪，自石砫厅界会诸水西流入境，至县南入江。按《寰宇记》有望涂溪，在南宾县北二百步，西流至丰都县，南注蜀江，即此。

清黄廷桂、张晋生等《四川通志》卷二十五提及"葫芦溪"：

葫芦溪在县（犍为县）北十二里。

清郝玉麟、鲁曾煜等《广东通志》卷十三提及"葫芦溪"：

大水溪在城（徐闻县城）东十里，源出龙床岭东麓，南流七十里，西合葫芦溪。小水东合盖色溪。小水由博涨港入海。

北魏郦道元《水经注》卷十四提及"瓠沟水"：

濡水自孤竹城东南迳西乡北，瓠沟水注之，水出城东南，东流注濡水。濡水又迳故城南分为二水，北水枝出，世谓之小濡水也。东迳乐安亭北，东南入海。

北魏郦道元《水经注》卷二十四提及"瓠子河"：

瓠子河出东郡濮阳县北河。县北十里，即瓠河口也。《尚书·禹贡》：雷夏既泽，雝沮会同。《尔雅》曰：水自河出为雝。许慎曰：雝者，河雝水也。暨汉武帝元光三年，河水南洪，漂害民居。元封二年，上使汲仁、郭昌发卒数万人，塞瓠子决河。于是，上自万里沙还，临决河，沈白马、玉璧，令群臣将军以下，皆负薪填决河。

北魏郦道元《水经注》卷二十四提及"瓠渎"：

瓠子故渎，又东迳桃城南。《春秋传》曰：分曹地，自洮以南，东傅于济，尽曹地也。今鄄城西南五十里有桃城（亦曰姚城），或谓之洮也。瓠渎又东南迳清丘北。

明何孟春《何文简疏义》卷二提及"葫芦湾"：

巡抚甘肃都御史罗明题称：甘州城北草湖一所，名曰喂马房，递年采草二十余万，卖银二十余两。及又有葫芦湾黑河滩等湖，采草亦不下万束，俱被本边镇守等官占为己业。该户部覆奏：转行镇守等官退出一半给与无草湖人采纳，草束一半变卖银两，买补倒死马匹。续因太监傅德奏讨前项草湖，该部又经题准，将喂马湖地内给与傅德二百顷，其余与小葫芦湾、大葫芦湾、黑河滩俱退出与军，迷黑湖地内给与总兵官一百五十顷，其余亦给与军。

黑河滩等湖除在官未丈外，相畔地四十二顷三十八亩九分七毫，总兵刘胜下大葫芦湾一十四顷二十九亩五分六厘七毫七丝，内五顷九十亩，副总兵白琮下八顷三十八亩八分一厘七毫七丝，并小葫芦湾二顷三十九亩九分三厘七毫五丝。

清许容、李迪等《甘肃通志》卷六提及"土葫芦沟"：

> 窟窿河在卫（柳沟卫）西四十里，发源土葫芦沟东南，西流经双塔堡入苏赖河，内多大穴，上小下大，深邃不测，牲畜误入即不能出，好事者或坠石试之，莫竟其底。

清李卫等《畿辅通志》卷二十三提及"瓠子渠"：

> 卫河亦名御河，在清河县东南二十五里，自山东临清州流入县界。又东入山东武城县界，其故道在县西北，即隋永济渠也，亦名瓠子渠。

清刘于义、沈青崖等《陕西通志》卷四十提及"葫芦铺渠""葫芦坝河堰"：

> 葫芦铺渠在县（沔阳县）西二十三里，经流葫芦铺村，灌田一百五十亩。

> 葫芦坝河堰在县（西乡县）南一百三十里，引山水灌田三十亩。

清嵇曾筠、沈翼机等《浙江通志》卷九十七提及"葫芦湾"：

> 澉浦①所（洪武十九年建，在海盐县南三十六里之澉浦镇，去海一里，山湾潮峻，为南路之冲）千户等官二十二员，旗军五百二十名。

> 辖寨四：曰西山觜，曰南海口（在海盐县南，离海半里，与东海口俱为冲要），曰混水闸，曰葫芦湾（葫芦山浸海中）。

清许容、李迪等《甘肃通志》卷十五提及"葫芦湾"：

> 大葫芦湾渠灌田三十二顷，小葫芦湾渠灌田一十顷……以上俱在张掖县西。

清杜臻《粤闽巡视纪略》卷二提及"葫芦湾"：

> 下川山与上川对峙，在卫西南海程六十里，长三十里，广二十里，有牙湾村、野牛塘、南澳村、水洋村、南洋村、淡水坑、塔边村、上步村、下步村、葫芦湾、荔枝湾，有新宁人居之。洪武四年，海寇钟福全

---

① 澉 gǎn 浦：地名，在浙江。

李夫人等自称总兵，挟倭船二百，寇海宴下川。广州左卫指挥杨景追捕至阳江，平之。

清谢旻、陶成等《江西通志》卷十二提及"毛葫洲"：

毛葫洲在彭泽县北，元末缪将军领毛葫芦军驻舟于此。县北又有雁来洲，水涸朔鸿群集。

清赵宏恩、黄之隽等《江南通志》卷六十提及"葫芦套"：

三月浚淮安涧河，自兴文牐迤下至葫芦套止，共一万五千十六丈，面宽五丈，底宽二丈，深七尺。又自葫芦套起至马家荡湖边止，一带河形纡折，易至停沙，改从迤东越湾取直，创开新河长三百六十八丈。

清赵宏恩、黄之隽等《江南通志》卷六十二提及"葫芦套"：

山河发源于凤阳诸山，可以直抵浦口，因孟子嘴阻塞，水由六合转葫芦套，出瓜埠数百里，而后入江。水口细微，疏泄不易，滁浦沿河田亩资其灌溉，往时曾题请疏凿。

附：崔乃夫主编《中华人民共和国地名大词典》提及"葫芦套"：

在（吉林省）临江市临江西南13公里。属大栗子镇。1937年建屯，以三面环鸭绿江，形似葫芦得名。

清嵇曾筠、沈翼机等《浙江通志》卷五十九提及"葫芦塘"：

金华府：叶驮塘、葫芦塘、感塘，俱在三十都。

附：崔乃夫主编《中华人民共和国地名大词典》提及"葫芦塘"：

在（云南省）开远市开远东20公里。属马者哨乡。因村旁有水塘，形似葫芦而得名。

宋宋敏求《长安志》卷十七提及"瓠口"：

焦获泽（一作薮）在县（泾阳县）北，亦名瓠口。《尔雅十薮》"周有焦获"郭璞曰："今扶风，池阳县瓠中是也。"《诗》曰"猃狁[1]匪茹，整居焦获"谓此也。《史记》：郑国凿泾水，自仲山西底瓠

---

① 猃狁 xiǎnyǔn：我国古代北方的少数民族。

口为渠。《水经注》曰：泾水东南流经瓠口，郑白二渠出焉，凡溉田万顷。

清官修《世宗宪皇帝朱批谕旨》卷一百二十五之十六提及"葫芦口"：

> 随于初四日先遣官兵占踞瓮迭地，其时川兵已驻扎豆沙关，并可为遥应。于是进兵黄水河，分派守备王应熊等由麻柳河进攻大关之右，守备李世禄等由呢勒进攻大关之左，韩勋亲率守备马骐等由葫芦口①进攻大关之中，又密遣千总谭盛元带领土目夏虐等于先期由地爪坪潜透老林至雄魁脑，以抄大关之后。进至深溪沟，官兵会合，四面夹攻，立破贼营，排栅五层，杀伤无算，贼众大溃。

清觉罗石麟、储大文等《山西通志》卷十五提及"葫芦口""葫芦头"：

> 广武城东横背岭，又东为葫芦口，又东为凌云口，又东为水峪口。

> 凌云口，葫芦口东北少东南至水峪口。翁万达疏：自凌云口莱树沟起至大安口阎家岭止，为垣四十五里有奇，石堑三十之一，增添敌台一十八，铺屋五十四。自凌云口黄沙坡起，东至大安岭尽境及葫芦头横墙地止，为垣二十丈五尺，削崖垣二里有奇，增添敌台五十四，铺屋一百二十六，品窖六千九百二十四。

附：崔乃夫主编《中华人民共和国地名大词典》提及"葫芦口""葫芦头"：

> 葫芦口 在（陕西省）眉县城关镇西5公里，渭河南岸。以处地形酷似葫芦口而得名。亦名葫芦峪。《三国志》"上方谷司马受困"，诸葛亮火烧葫芦峪（古称上方谷）即此。

> 葫芦头 在（黑龙江省）龙沙区西部。东起谢家园子，西临嫩江，南起南岗子，北至小河子。因地域呈葫芦形而得名。

清岳濬等《山东通志》卷二十提及"葫芦嘴"：

> 自靖海卫开船，若值东北风，向正西庚酉，约行一百五十里，过

---

① 葫芦口：在云南鲁甸县文屏东5公里。此地有两水海子（沼泽），一大一小，状如一葫芦，故名。

宫家岛、黄岛至葫芦嘴，水深三丈五尺，石底。又过小竹岛转正西辛酉，约行三十里。过小青岛又转正西庚酉，约行六十里，至大嵩卫（今海阳县）。

清郭琇《华野疏稿》卷三提及"葫芦嘴"：

康熙三十九年七月初六日题

移员弭盗疏

题为沔地之湖溪辽阔，盗贼之发觉甚多，仰请圣鉴移员分驻以专巡缉以靖盗，原事窃查湖北八府……新堤一带地方如茅埠、竹林湾、王家堡等处皆系倚江傍湖，溪港纠纷，葭荻茂密，村落隔越，尤为盗贼出没之所。更有黄朋山锅底湾、裩裆湖、仙桃镇葫芦嘴、南龙王庙等处，奸宄匪类潜匿尤多。此辈无事则操舟四出，网鱼为业，乘便则行刦居民，剽掠客舟，踪迹诡秘，去来聚散倏忽莫测。

明李贤《明一统志》卷六十九提及"葫芦井"：

葫芦井在南溪县西北五十里，刘景鹤尝取此水炼丹，凿井口如葫芦，故名。

明陆楫《古今说海》卷一百十一提及"葫芦井"：

宋巨珰李太尉者，宋亡为道士，号梅溪。元祐童时，尝侍其游故内，指点历历如在，独记其过葫芦井，挥涕曰：是盖宋时，先朝位上钉金字大牌曰"皇帝过此，罚金百两"，宋家法之严如此。他则童騃[①]不能也。

清谢旻、陶成等《江西通志》卷八提及"葫芦井"：

瑞州府 逍遥山在府城西北，唐元和十年，徙元阳观于其上。宋改为妙真宫，有仙人李八百葫芦井。

附：臧励龢等《中国古今地名大辞典》提及"瓢儿井""瓢泉"：

瓢儿井 在贵州大定县北。

瓢泉 在江西铅山县东二十五里。形如瓢。

---

① 童騃 ái：年幼无知。泛指愚昧。騃：愚。

明李贤等《明一统志》卷三十二提及"咽瓠泉":

> 咽瓠泉在蓝田县西北一十五里,世传唐李筌遇骊山老母,授《阴符经》既毕,令筌携瓠汲泉水,已而失老母所在,因名。

清刘于义、沈青崖等《陕西通志》卷八十七提及"葫芦泉":

> 环州之西,镇戎之东,复有葫芦泉一带番部,与明珠灭臧相接,阻环州镇戎径过道路。明珠灭臧之居,北接贼疆,多怀观望。又延州南安去故绥州四十里,在银夏川口,今延州兵马东渡黄河,北入岚石,却西渡黄河,倒来麟州策应,盖以故绥州一带,贼界阻断径过道路。

清官修《大清一统志》卷一百十八提及"葫芦泉":

> 葫芦泉在稷山县北三里,《县志》以形似名,溉田数亩。又碧水泉在县西贾家庄,本朝康熙六年,知县孟孔脉开渠导葫芦泉,南流绕文星台,西折与碧水泉合。其碧水泉由城西后土庙右南至老盆,东折合于葫芦泉,同入于汾。

清觉罗石麟、储大文等《山西通志》卷二十九提及"葫芦泉":

> 葫芦泉在县[①]北十里圣母祠前。二水载在《通志》,而《县志》不言。溉田至绿水河。又云:雨止随涸,虽泉流涓涓,细微难引,沿溪之地亦无资其灌溉。

清许容、李迪等《甘肃通志》卷五提及"葫芦泉":

> 葫芦泉在县[②]西,旧有蕃部居之。宋范仲淹谋城平定寨于此。

《明一统志》:泉在县西镇戎东。

明宋濂等《元史》卷四十七提及"葫芦滩":

> 是月,有星流于东北,众小星随之,其声大震。大明兵取河南。李思齐、张良弼会兵驻潼关,火焚良弼营,思齐移军葫芦滩,调其所部张德敛、穆薛飞守潼关。大明兵入潼关,攻李思齐营,思齐弃辎重,奔于凤翔。

---

① 县:指岚县。
② 县:指环县。

清胡渭《禹贡锥指》卷十提及"葫芦滩"：

　　洛水，出安化县东北白于山，南流迳废洛源县，又东迳保安县西南，又东南迳安塞县西，又南迳甘泉县西，又东南迳鄜州东，又南为三川水，又南迳洛川县西南，又南迳中部县东北，又南迳宜君县东，又东南迳白水县东，与沮水合，南迳澄城县西，与蒲城县分水。又南迳同州西南，又东迳沙阜北，又东南迳朝邑县西之朝阪，又南自赵渡镇历华阴县西北葫芦滩入渭。《水经注》云：渭水至华阴县北，洛水入焉，阚骃以为漆沮之水是也。明成化中，洛水改流而东过镇南，径趋于河，不复至华阴入渭矣。

清觉罗石麟、储大文等《山西通志》卷十六提及"胡卢滩"：

　　西南二十里汾水经此入河。汾河县南八里，东自稷山界西来，南流至荣河汾阴祠下入于河。明隆庆四年东徙至胡卢滩、远亭里胡卢滩堡，明崇祯三年建。胡卢滩渡浮桥，国朝康熙十一年知县马光远建。今胡卢滩没于河，而汾水黄河交会，自属关隘要地。

清刘于义、沈青崖等《陕西通志》卷十二提及"葫芦滩"：

　　洛水旧流自县（朝邑县）南之赵渡镇，迳华阴西北葫芦滩入渭。明成化中，洛水改流，东过赵渡镇南，径趋于河，不复入渭矣。

清刘于义、沈青崖等《陕西通志》卷十三提及"葫芦潭"：

　　少华山，在州（华州）南十四里，连接太华……又东南十五里为金堆城，又南二十里为五胜沟，接洛南境，自石隄峪而西为栲栳山，又西为赤隄峪。入峪有葫芦潭，峪南二十五里即秦岭，岭之南曰桃坪，亦接洛南境。

清金鉷、钱元昌等《广西通志》卷十五提及"葫芦潭"：

　　葫芦潭在州（上思州）西六十里明江，去水形如葫芦。世传江侧有村陷成潭。

清顾祖禹《读史方舆纪要》卷五十四提及"葫芦滩"：

　　或曰渭水南岸有葫芦滩。明初大兵下河南，元臣李思齐自潼关退屯葫芦滩，即此。

清齐学裘《见闻续笔》提及"葫芦天池"：

葫芦天池　乌鲁木齐巴克达山，高峰插天，冰雪不化。山顶有天池二，形似葫芦，清冷可爱。辟辟之初，某将军欲引池水通渠，水不下注。相传为达摩面壁之所，仰视峰尖，如在天际，不能上矣。

明潘季驯《潘司空奏疏》卷七提及"葫芦洞"：

本年柒月初叁日，大鸾等躲入葫芦洞，蒙本道督兵追捕大鸾，与詹孔舜等持枪出敌，杀死兵刘忠艾时益。大鸾等遁入金鸡坑。哨总艾春义士吴凤萧等领兵冲进当阵，杀死长牙仔罗朝凤曾寅牙仔刘麻子。

清谷应泰《明史纪事本末》卷四十八提及"葫芦洞"：

十一月，王守仁会兵攻桶冈。初，守仁乘横水左溪之胜，遣人谕以祸福，于是桶冈贼钟景纳欵降。守仁使夜入贼巢谕之期，以初一日使人于锁匙笼出降。贼方恐，见使至皆喜，而横水、左溪贼持不可，迟疑未决，守仁遣使于锁匙笼促降，而别遣邢珣率兵入茶坑，伍文定率兵入西山界，唐淳帅兵入十八磊，张戬帅兵入葫芦洞，俱冒雨入。蓝廷凤方于锁匙笼聚议，忽闻诸兵已入险，皆震愕，急奔入内隘阻水为阵。

清顾祖禹《读史方舆纪要》卷二十四提及"葫芦兜"：

接诸湖荡之水，南为长浜河，入嘉善县界，北为葫芦兜，入华亭县界，东通三泖，西接南阳港，达于汾湖。

汉司马迁《史记》卷十二提及"瓠子堤"：

其春，公孙卿言见神人东莱山，若云"欲见天子"。天子于是幸缑氏城，拜卿为中大夫。遂至东莱，宿留之数日，毋所见，见大人迹。复遣方士求神怪采芝药以千数。是岁旱，于是天子既出册名，乃祷万里沙，过祠泰山，还至瓠子，自临塞决河。留二日，沈祠而去。使二卿将卒塞决河，河徙二渠，复禹之故迹焉。

唐李吉甫《元和郡县志》卷九提及"瓠子堤"：

河南道·滑州

河侯祠在县[①]南一里，汉王尊为东郡太守，河水盛，浸瓠子堤。尊临决河不去，后人嘉尊壮节，因为立祠。

清张廷玉等《明史》卷二百六十三提及"葫芦坝"：

明年四月，文光受代，士奇将行，京师告变。士奇自以知兵也，日必报国仇，遂留驻重庆，遣水师参将曾英击贼于忠州，焚其舟。遣赵荣贵御贼于梁山。献忠由葫芦坝[②]左步右骑，翼舟而上，二将败奔，遂夺佛图关，陷涪州。

宋潜说友《咸淳临安志》卷六十二提及"葫芦桥"：

张俨，后汉末余杭人，好学有贤德，不乐荣利。尝开圃种瓠，以所贸钱造桥，俗谓之葫芦桥。（以《余杭土风记》及《淳熙余杭图经》修）

清官修《大清一统志》卷三百四十九提及"葫芦桥"：

葫芦桥在徐闻县西北十里，又廉宾桥在县西北四十里，明洪武中建。

三　国名、城名、村寨名、街巷名、棚屋名、店铺名

宋丁度《集韵》卷二提及"瓠讘"：

瓠讘，汉侯国名，在河东。

元王恽《玉堂嘉话》卷三提及"盘瓠国"：

沅州安抚使郭彦高，大名人。说广中风土，其地皆山，如水之波浪然。盖古盘瓠国在夜郎西南数百里，与大理东境相接。郭有诗：地连两广多蛇窟，水隔三湘绝雁书。

清官修《皇朝文献通考》卷二百九十六提及"葫芦国"：

葫芦国，一名卡瓦，界接永昌府东南徼外。历古以来未通中国，亦不为缅甸所属，地方二千里。北接耿马宣抚司，西接木邦，南接生

---

① 县：指白马县。
② 葫芦坝：在四川乐山沙湾区。

卡瓦，东接孟定土府，距永昌府十八程。乾隆十一年三月，其酋蚌筑愿以其地茂隆山银厂抽课报解作贡，解课三千七百九两零赴云南省投诚，并称境内茂隆厂自中华人吴尚贤开采以来，矿砂大旺，厂地人民各守天朝法度，路不拾遗等语。王大臣议，令云南督臣晓谕却之，仍令将吴尚贤等违例出境查明具奏报。六月，葫芦国夷目仍请仰恳天恩俯顺夷情收受厂课，云督张允随请减半收受，仍以所收课银之半给赏该酋长，以慰国人归顺之意。

清官修《皇朝通典》卷九十七提及"葫芦国"：

　　凡此皆汉唐以来所谓极边之地，而在今日则皆休养生息、渐仁摩义之众也。既已特设驻札驻防办事诸大臣，统辖而燮理之矣。外此有朝献之列国，互市之群番，革心面内之部落，颙[①]向化，环四海而达重洋，盖可得而略纪焉。在东则为朝鲜、日本、琉球[②]，在南则为安南、暹罗[③]、南掌港口、柬埔寨、宋腒朥[④]、缅甸、整欠、景海、广南、葫芦国、柔佛[⑤]……

清杜臻《粤闽巡视纪略》卷四提及"葫芦城"：

　　唐时西郭外有西禅寺，刺史王延彬妹为尼居之，延彬为拓城而包之于内。城北松湾又有崇福寺，蔡尊师葬在焉，陈洪进又拓而包之于内。宋绍定中，郡守游九功。元至正中，监郡偰玉立又屡拓之，于是其城益大。至周三十余里，而佹[⑥]斜不正，土人呼为葫芦城。元时又呼曰鲤鱼城，皆以形似也。

明章潢《图书编》卷六十六提及"葫芦城"：

　　三山乌石　辛酉秋，余乃偕傅子丁戊二谢子天湖梧溪往，丁戊道余：自南涧石塔神光三寺流观至勉斋书院讯勉斋，旧修三礼处已

① 颙 yóng 颙：仰慕的样子。
② 琉球：即今琉球群岛。在中国台湾东北。
③ 暹 xiān 罗：泰国的旧名。
④ 宋腒朥：泰国的宋卡。
⑤ 柔佛：南洋古国名。
⑥ 佹 kuā：歪斜，不方正。

莫辨矣。余乃入书院内，见上有古大梁将堕，因迤书院东而去。过葫芦城，丁戊指王氏所填金蟒穴，还憩灵鹫庵，伫睨去。复迤东石碪^①上，石级斗绝。稍顷乃至华岩，岩畔观唐李阳冰所书般若台篆刻于崖石上，世称此刻与处州新驿记、缙云城隍记、忘归堂铭，天下为四绝。

清郝玉麟、谢道承等《福建通志》卷六十六提及"葫芦城"：

陈洪进以松湾地建崇福寺，展城东北地以益崇福。又王延彬妹为西禅寺尼，得拓城西地以裹西禅，故泉州城西北东北视他方为稍阔，俗呼为葫芦城。韩国华为泉州守，忠献魏公实生于此，生时治前榕树悉花，花如攀枝。又陈了翁两随侍来守郡，二名贤生长于此，皆郡人所喜谈者。（《名胜志》《方舆胜览》）

清穆彰阿、潘锡恩《嘉庆重修一统志》第二千三百零一册提及"壶邱城"：

壶邱城　在新蔡县东南。《左传》：文公九年楚侵陈，克壶邱。《水经注》：汝水东南，径壶邱城北，故陈邑也。

宋王应麟《通鉴地理通释》卷十三提及"悬瓠城"：

《郡县志》：蔡州治城，古悬瓠城也。汝水屈曲，形若垂瓠，故城取名焉。（宋文帝于悬瓠城置司州，隋为豫州，移入悬瓠城）《水经注》：汝水东径悬瓠城北，汝南太守周矜起义于悬瓠者是矣。今豫州刺史汝南郡治。城之西北，汝水枝别左出，西北流，又屈西东转，又西南会汝，形若垂瓠。唐李佑为李愬谋曰："若直捣悬瓠，贼成擒矣。"

宋乐史《太平寰宇记》卷十一提及"悬瓠城"：

蔡州汝阳郡，今理汝阳县，《禹贡》豫州也。春秋沈蔡二国之地，后为楚魏二国之境，历降为晋宋陈魏曹卫鲁八国之地，后又为韩魏之地。秦兼天下，以其地为三川郡，汉改三川为汝南郡，后汉

---

① 石碪 zhēn：水边的台状建筑物。

魏晋如之。宋文帝于此立司州，领郡四，以为重镇，使孝武守之。元嘉二十七年，后魏太武帝率兵攻围，汝南太守陈宪守拒四十余日，积尸与城齐，不拔而退。《地形志》云：谓之悬瓠城，亦名悬壶城。又注《水经》云：汝水周城，形如悬瓠，故取名焉。始自魏太和中幸悬瓠，平南王肃起层楼于城隅阿，下际水湄，降眺栗渚，殊为佳观。

宋乐史《太平寰宇记》卷五十七提及“瓠子宫”：

> 龙渊宫在县东十里。《坤元录》云：濮阳县有故龙渊宫，俗名瓠子宫。《汉书》：河决瓠子。汉武起宫于决河之旁。

宋王存《元丰九域志》卷一提及“瓠河镇”：

> 望鄄城：一十乡，永平、张郭二镇，有莬丘、陶丘、黄河、金堤。

紧雷泽：州东南七十里，五乡，瓠河一镇，有谷林山、广济河、瓠子河、沙河、雷夏泽。

附：臧励龢等《中国古今地名大辞典》提及“壶城”“壶镇”“壶关县”“蠡城”“瓢里”：

> 壶城　即今广西崇善县治。《清一统志》：太平府城，一名壶城。以丽江自西北来，经城南复折而东北，屈曲如壶也。

> 壶镇　在浙江缙云县东北四十四里。据好溪上游，为东北要道。全县之首镇也。

> 壶关县　汉置，后汉末为上党郡治，晋末废。故城在今山西长治县东南。后魏置。故城在今山西壶关县东南五十里。今年犹称曰故县，隋废。

> 蠡城　在河南洛宁县西。后汉建安中渑池县治此。《三国志·贾逵传》：“逵除渑池令。”时县寄治蠡城。《水经注》：“洛水过蠡城邑南。”

> 瓢里　在广西龙胜县西。清乾隆间置广南巡司于此。

附：崔乃夫主编《中华人民共和国地名大词典》提及“壶天镇”：

> 在湘乡市西北部。境内有一盆地，取古诗“壶中别有天”而名壶天，镇因以得名。

清穆彰阿、潘锡恩《嘉庆重修一统志》第二千二百七十一册提及“壶

关县":

> 壶关县在府东南三十里,东西距六十里,南北距九十五里,东至
> 潞城县界五十里,西至长治县界十里,南至泽州府陵川县界七十。

清李卫等《畿辅通志》卷四十二提及"葫芦堡":

> 桑干河浮桥在保安州境内,凡六,一在城西二十五里上葫
> 芦堡,一在城西二十里下葫芦堡,一在城西十五里孤山村,一在
> 城西南五里梅家堡,一在南关外河神庙前,一在城东南二十里百
> 姓营。

清官修《大清一统志》卷二百九十六提及"葫芦堡":

> 在米脂县西四十里,又背干川堡,在县北三十里,皆明置。

清官修《大清一统志》卷一百七十五提及"毛葫芦寨":

> 在卢氏县西南百余里,明徐达入河南,遣兵徇虢州袭取毛葫芦
> 寨,于是诸山寨次第降下。

清官修《大清一统志》卷二百二十提及"葫芦寨":

> 葫芦山　在海盐县西南三十五里海中,东北去澉浦镇四里,潮汐
> 消长,此山如葫芦出没,故名。下有葫芦寨。

清迈柱等《湖广通志》卷十四提及"葫芦寨":

> 长沙府吉多营,在吉多坪,为上六里四应之地,扼要之区。东接
> 镇算(gān)属红苗,西接贵州木树汛,南接贵州芭茅坪汛,北接保
> 靖新寨汛。雍正八年,苗民向化,建造新营,设永绥协副将一员,都
> 司同知各一员,经历一员,把总二员,驻其地。葫芦寨,在营南,把总
> 一员,兵四十五名,分防。

清王赠芳修,成瓘纂[道光]《济南府志》卷五提及"瓢葫芦寨":

> 石固寨山在历城县南四十里,《旧志》云四面皆险,惟西南一径
> 可入,南燕慕容超当据此。下有渴马崖,南有瓢峰,其形似瓢。云自
> 瓢出,主雨;自瓢入,主晴。俗呼为瓢葫芦寨。西有丁公岭,渴马崖之
> 径东有虎山。

臧励龢等《中国古今地名大辞典》提及"葫芦寨""葫芦墩":

　　葫芦寨　在湖南保靖县南六十五里。

　　葫芦墩　在湖北阳新县。

臧励龢等《中国古今地名大辞典》提及"葫芦山市"：

　　在福建南平县东南。

清赵宏恩、黄之隽等《江南通志》卷四十六提及"葫芦巷"：

　　通州　法轮庵在泰兴县小西门外葫芦巷。

清李卫等《畿辅通志》卷二十袁宏道《游红螺岭记》提及"葫芦棚"：

　　从葫芦棚而上磴，始危，天始狭。从云会门而进，山始巧始纤，水始怒卷石，皆跃至铁锁，湾险始酷。从湾至观音洞，久而旋奇。始尽，山皆纯锷，划其中为二壁。行百余步，则日东西变；量十步，则岭背面变；量步，则石态貌变矣。

清王赠芳修，成瓘纂[道光]《济南府志》卷五提及"葫芦屋"：

　　黑水崖在中宫南黑水湾上，葫芦屋在隐士峪南，柏崖在都泉东。

宋吴自牧《梦粱录》卷十三提及"葫芦眼药铺"：

　　铺席　杭州大街，自和宁门杈子外，一直至朝天门外清和坊，南至南瓦子，北谓之界北。中瓦子前，谓之五花儿中心。……鲍剑营街吴家、夏家、马家香烛裹头铺，李家丝鞋铺，许家槐简铺，沙皮巷孔八郎头巾铺，陈家条结铺，朝天门戴家鏖肉铺，外沙皮巷口双葫芦眼药铺……。

清刘于义、沈青崖等《陕西通志》卷三十六提及"葫芦铺"：

　　汧阳县总铺（在县治南），东五里马跑泉铺，十五里黄里铺（至凤翔县半坡铺二十里），西二十里新兴铺，十里葫芦铺，十里草碧峪铺。（至陇州川口铺十里，共设铺递六处，铺司兵二十名，每年支工食银二十两七钱七分四厘六毫。）

清黄廷桂、张晋生等《四川通志》卷二十二提及"葫芦铺""葫芦坝铺"：

葫芦铺在县①北八十五里。

葫芦坝铺在县②东六十里。

清李兴庭《乡言解颐》提及"葫芦窝""葫芦沽":

……若蓊子沽、车辕轴、葫芦窝、圈网庄、葫芦沽、走绝窝、石臼庄、李簸箕庄、玛瑙沽、船儿窝、琉璃屯、绣缄口、红帽庄、油葫芦庄、破瑠砑庄、叉股庄,则取诸用物而象其形者也。

附:崔乃夫主编《中华人民共和国地名大词典》提及"葫芦村":

葫芦村　在(海南省)文昌县文盛北21公里。属东路镇。……宋代先祖从福建迁此建村。

葫芦村　在(陕西省)耀县城关镇北27公里。属瑶曲镇。……据《同官县志》载,清中叶以村旁水泉形似葫芦得名葫芦泉,清末更今名。

四　台观亭榭楼阁名

春秋左丘明《国语·楚语》提及"匏台":

先君庄王为匏居之台,高不过望国氛③,大不过容宴豆。(言宴有折俎笾豆之陈)

北魏郦道元《水经注》卷二十四提及"蠡台":

司马彪《郡国志》曰:睢阳县有卢门亭,城内有高台,甚秀广,巍然介立,超焉独上,谓之蠡台,亦曰升台焉。当昔全盛之时,故与云霞竞远矣。

清穆彰阿、潘锡恩《嘉庆重修一统志》第二千三百零一册提及"壶仙观":

壶仙观在汝阳县北十五里,唐天宝中建,宋名壶公祠,即费长房遇仙处。

---

① 县:指三台县。
② 县:指梁山县。
③ 国氛:迷信说法,称国中出现的预示吉凶的云气为国氛。

清田文镜、王士俊、孙灏等《河南通志》卷五十提及"悬瓠观":

悬瓠观在府①城内西南隅,明正统间知府李敏创建,崇祯七年重修。

清穆彰阿、潘锡恩《嘉庆重修一统志》第二千二百二十六册提及"匏瓜亭":

匏瓜亭在大兴县南十里。《明统志》:"亭多野趣,元赵参谋别墅。"按参谋赵禹卿,尝种匏瓜以制饮具,当时目曰赵匏瓜。王恽诗所谓"君家匏瓜尽尊彝"也。

清于敏中、窦光鼐等《日下旧闻考》卷八十九提及"匏瓜亭":

原:匏瓜亭在府南一十里,元赵参谋别墅。(《明一统志》)

增:匏瓜亭在燕之阳春门外,去城十里。亭之大不过寻丈。又匏瓜乃野人篱落间物,非珍奇可玩之景,然而士大夫竞为歌诗,吟咏叹赏,长篇短章,累千百万言犹未已。(《析津志》)

元王恽《秋涧集》卷二十五《匏瓜亭》:

君家匏瓜尽樽彝,金玉虽良适用齐。

为报主人多酿酒,葫芦从此大家题。

元王义山《稼村类藁》卷三《题杜氏匏瓜亭》:

道包众妙起经纶,粒粟中藏天地仁。

五石瓠徒夸彼大,一瓢饮有乐之真。

从来硕果存生意,吾岂匏瓜系此身。

文穆此心唯念旧,还能续得馑亭春。

元刘因《静修集》续集卷一《匏瓜亭》:

匏瓜陨自天,中涵太虚气。造物全其真,世人苦其味。

虽得终天年,惜坐无用器。伊谁窍混沌,太朴分为二。

一供颜渊乐,一为许由弃。颜有圣人依,许逢尧舜治。

天下非其责,行藏适自遂。秋色高箕山,春风满洙泗。

后来鼎铛徒,谁知两瓢贵?寥寥千载间,复堕无用地。

———————————
① 府:指汝宁府。

神物终有归，至人可重值。伟哉子赵子，独兼许颜义。

匏瓜集大成，高亭挹空翠。感君亭上名，发我思圣□①。

人知圣人言，孰有圣人志？圣人心如天，何□□生□②？

时无不可为，人无不可致。吾道苟寸施，吾民犹寸庇。

坚白自有持，磨涅③岂吾累！岂不欲无言，恐与匏瓜类。

仲子诚少野，强直无再思。圣人进退间，历历生私议。

请观欲往心，岂与乘桴异。我生学圣人，栖栖形窘寐。

穷年忧道丧，漫自中肠沸。君才当有为，自以无用置。

我才当无用，自以有为觊。物性虽有殊，我心良可愧。

愿君志我志，才志庶相利。使君召我名，名实亦相位。

留彼匏中酒，供我浩歌醉。行当取其种，移来易川植。

清田文镜、王士俊、孙灏等《河南通志》卷五十二提及"悬瓠楼"：

悬瓠楼在府④城上，后汉平南王肃起高堞于小城，建层楼于隅阿，下际水湄，殊为佳观，宋更汝南楼。

附：刘庆芳《葫芦的奥秘》提及"壶天阁"：

壶天阁　在泰山中路柏洞北。此处四面环山，犹如道家典籍所描绘的壶天仙境，故名。阁为跨道门楼式，黄瓦盖顶，创建于明嘉靖年间。原名升仙阁，清乾隆十二年（1747）拓建后改今名。门洞两侧镌有清嘉庆年间泰安知府廷鬻所撰楹联各一副：

壶天日月开灵境；盘路风云入翠微

登此山一半已是壶天；造极顶千重尚多福地

---

① 阙字，丘翁《葫芦集》作"喟"。即：发我思圣喟。

② 阙三字，丘翁《葫芦集》此句作"何时无生意"。

③ 坚白、磨涅：语出《论语·阳货》："佛肸召，子欲往。子路曰：'昔者，由也闻诸夫子曰：亲于其身为不善者，君子不入也。佛肸以中牟畔，子之往也，如之何？'子曰：'然，有是言也。不曰坚乎，磨而不磷。不曰白乎，涅而不缁。吾岂匏瓜也哉？焉能系而不食？'"言自身具有坚白品质，磨而不薄，染而不黑，含"出污泥而不染"之义。

④ 府：指汝宁府。

参考文献

下列书目，有多种采自大型丛书，为避免出处频繁重复之累赘，仅在此注明这些丛书的出版单位及出版时间，而下列相关书目只标明时代、作者、书名以及所在丛书的册别，则略去出版社及出版时间。《十三经注疏》，中华书局1980年出版；《诸子集成》，中华书局1954年出版，1990年第七次重印；《百子全书》，浙江人民出版社1984年出版；《四库全书》（文渊阁本），上海古籍出版社1987年出版；《续修四库全书》，上海古籍出版社1995年出版；《丛书集成初编》，商务印书馆1935年辑印，中华书局1983年重印；《丛书集成续编》，上海书店1994年出版。

经部书目

《诗经》，《十三经注疏》本

《周礼》，《十三经注疏》本

《仪礼》，《十三经注疏》本

《礼记》，《十三经注疏》本

《大戴礼记》，王聘珍《大戴礼记解诂》本，中华书局1983

《论语》，《十三经注疏》本

汉·郑玄、阮湛《三礼图》，《四库全书》129册

唐·孔颖达《春秋左传注疏》,《十三经注疏》本

唐·孔颖达《毛诗正义》,《十三经注疏》本

宋·蔡卞《毛诗名物解》,《四库全书》70册

宋·魏了翁《礼记要义》,《续修四库全书》96册

宋·聂崇义《三礼图集注》,《四库全书》129册

元·胡炳文《四书通》,《四库全书》203册

元·张存中《四书通证》,《四库全书》203册

明·毛晋《陆氏诗疏广要》,《四库全书》70册

明·高拱《问辨录》,《四库全书》207册

明·朱载堉《乐律全书》,《四库全书》213册

清·王宏撰《周易筮述》,《四库全书》41册

清·胡渭《禹贡锥指》,《四库全书》67册

清·姚炳《诗识名解》,《四库全书》86册

清·牟应震《毛诗物名考》,《续修四库全书》65册

清·陈大章《诗传名物集览》,《四库全书》86册

清·多隆阿《毛诗多识》,《续修四库全书》72册

清·黄中松《诗疑辨证》,《四库全书》88册

清官修《礼记义疏》,《四库全书》124册

清官修《钦定仪礼义疏》,《四库全书》106册

清官修《律吕正义后编》,《四库全书》215册

清·载武《乐律明真解义》,《续修四库全书》116册

汉·扬雄《方言》,天津古籍书店复印乾隆甲辰杭州刻本1982

汉·许慎《说文解字》,中华书局1963

汉·刘熙《释名》,任继昉《释名汇校》本,齐鲁书社2006

魏·张揖《广雅》,王念孙《广雅疏证》本,中华书局1983

宋·邢昺《尔雅注疏》,《十三经注疏》本

宋·罗愿《尔雅翼》,石云孙点校本,黄山书社1991

宋·陆佃《埤雅》，《四库全书》222册

宋·陈彭年《钜宋广韵》，上海古籍出版社1983

宋·丁度《集韵》，北京市中国书店1983

明·朱谋㙔《骈雅》，《四库全书》222册

明·方以智《通雅》，《四库全书》857册

明·周祈《名义考》，《四库全书》856册

明·张自烈《正字通》，《续修四库全书》234、235册

清·阎若璩《四书释地》，《四库全书》210册

清·吴玉搢《别雅》，《四库全书》222册

清·王筠《说文解字句读》，中华书局1988

清·张玉书等《康熙字典》，中华书局1958

清·郝懿行《宝训》，《续修四库全书》976册

子部书目

春秋·管仲《管子》，《诸子集成》第五册

春秋·列御寇《列子》，《诸子集成》第三册

战国·庄周《庄子》，《诸子集成》第三册

战国·荀况《荀子》，《诸子集成》第二册

战国·韩非《韩非子》，《诸子集成》第五册

战国·无名氏《鹖冠子》，《百子全书》第五册

秦·吕不韦《吕氏春秋》，《四库全书》848册

汉·王充《论衡》，《诸子集成》第七册

汉·刘安《淮南子》，《诸子集成》第七册

汉·桓宽《盐铁论》，《诸子集成》第七册

汉·刘向《新序》，《百子全书》第一册

汉·华佗《华氏中藏经》，《丛书集成初编》1378册

汉·扬雄《太玄经》，《百子全书》第四册

汉·班固《白虎通德论》，《百子全书》第六册

晋·崔豹《古今注》，《百子全书》第六册

晋·张华《博物志》，《四库全书》1047册

晋·葛洪《神仙传》，《四库全书》1059册

晋·王嘉《拾遗记》，《四库全书》1042册

南朝宋·刘义庆《世说新语》，余嘉锡《世说新语笺疏》本，中华书局1983

南朝宋·刘敬叔《异苑》，《四库全书》1042册

南朝梁·任昉《述异记》，《四库全书》1047册

北魏·贾思勰《齐民要术》，石声汉译注本，中华书局2015

唐·韩鄂《四时纂要》，《续修四库全书》975册

唐·陆羽《茶经》，《四库全书》844册

唐·王焘《外台秘要方》，《四库全书》736册

唐·道世《法苑珠林》，《四库全书》1049册

唐·白居易《白孔六帖》，《四库全书》891册

唐·欧阳询《艺文类聚》，王绍楹校本，上海古籍出版社1965

唐·段成式《酉阳杂俎》，中华书局1981

唐·沈汾《续仙传》，《四库全书》1059册

唐·冯贽《云仙杂记》，《四库全书》1035册

宋·李昉等《太平御览》，中华书局1960

宋·李昉《太平广记》，中华书局1961

宋·洪迈《夷坚志》，《续修四库全书》1264—1266册

宋·陶穀《清异录》，《四库全书》1047册

宋·欧阳修《归田录》，欧阳永叔编《欧阳修全集》本，北京市中国书店1986

宋·曾慥《类说》，《四库全书》873册

宋·祝穆《古今事文类聚》，《四库全书》925册

宋·黄震《黄氏日抄》，《四库全书》707册

宋·朱胜非《绀珠集》,《四库全书》872册

宋·程大昌《演繁露》,《四库全书》852册

宋·俞德邻《佩韦斋辑闻》,《四库全书》865册

宋·赵希鹄《调燮类编》,《丛书集成初编》211册

宋·赵佶《圣济总录》,大德重校本

宋·张杲《医说》,《四库全书》742册

宋·刘昉《幼幼新书》,《续修四库全书》1008册

宋·陈言《三因极一病证方论》,《四库全书》743册

宋·窦汉卿《疮疡经验全书》,《续修四库全书》1012册

宋无名氏《小儿卫生总微论方》,《四库全书》741册

宋太平惠民和剂局编《太平惠民和剂局方》,《四库全书》741册

宋·王璆《是斋百一选方》,刘耀、张世亮点校本,上海科学技术出版社2003

宋·寇宗奭《本草衍义》,中国医药科技出版社2012

宋·洪氏《集验方》,学海图书局1912

宋·张锐《鸡峰普济方》,上海科学技术出版社1987

宋·王怀隐等《太平圣惠方》,人民卫生出版社1959

宋·周守忠《历代名医蒙求》,《续修四库全书》1030册

宋·张洞玄《玉髓真经》,《续修四库全书》1053册

宋·许洞《虎钤经》,《四库全书》727册

宋·王黼《宣和博古图》,《四库全书》840册

宋·苏易简《文房四谱》,《四库全书》843册

宋·陈敬《陈氏香谱》,《四库全书》844册

宋官修,清·程林删定《圣济总录纂要》,《四库全书》739册

宋·释惠洪《冷斋夜话》,《四库全书》863册

宋·释文莹《湘山野录续录》,《四库全书》1037册

宋·朱胜非《绀珠集》,《四库全书》872册

宋·程大昌《演繁露》,《四库全书》852册

宋·俞德邻《佩韦斋辑闻》,《四库全书》865册

宋·释文莹《湘山野录续录》,《四库全书》1037册

宋·苏轼《格物粗谈》,《丛书集成》1344册

宋·张君房《云笈七签》,李永晟点校本,中华书局2003

宋·王明清《投辖录》,《四库全书》1038册

金·张从正《儒门事亲》,《四库全书》745册

元·忽思慧《饮膳正要》,《续修四库全书》1115册

元·李鹏飞《三元参赞延寿书》,中国书店1987

元·危亦林《世医得效方·大方脉杂医科》,中国中医药出版社2009

元·王祯《王祯农书》,王毓瑚校本,农业出版社1981

元·李衎《竹谱》,《四库全书》814册

元·鲁明善《农桑衣食撮要》,《四库全书》730册

元司农司《农桑辑要》,《四库全书》730册

元·陶宗仪《辍耕录》,《四库全书》1040册

元·胡古愚《树艺篇》,《续修四库全书》977册

元·王好古《医垒元戎》,《四库全书》745册

元·王恽《玉堂嘉话》,《四库全书》866册

元·陶宗仪《说郛》,《说郛三种》本,上海古籍出版社1988

明·王汇征《壶谱》,齐鲁书社影印1997

明·冯时化《酒史》,《丛书集成初编》1478册

明·周文华《汝南圃史》,《续修四库全书》1119册

明·邝璠《便民图纂》,《续修四库全书》975册

明·徐光启《农政全书》,石声汉《农政全书校注》本,上海古籍出版社
1979

明·李时珍《本草纲目》,刘衡如、刘山永校注,华夏出版社2002

明·兰茂《滇南本草》,云南人民出版社1959

明·孙文胤《丹台玉案》,上海科技出版社1984

明·楼英《医学纲目》,嘉靖四十四年(1565)本

明·胡濙《卫生易简方》，人民卫生出版社1987

明·徐春甫《古今医统大全》，隆庆四年刻嘉靖三十五年本

明·孙志宏《简明医彀》，人民卫生出版社1984

明·周祈《名义考》，《四库全书》856册

明·彭大翼《山堂肆考》，《四库全书》974册

明·罗顾《物原》，《丛书集成》182册

明·方以智《物理小识》，《四库全书》867册

明·徐炬《新镌古今事物原始全书》，《续修四库全书》1237—1238册

明·吴琭《三才广志》，《续修四库全书》1225册

明·高濂《遵生八笺》，《四库全书》871册

明·周王朱橚《普济方》，《四库全书》747册

明·徐用诚辑，刘纯续增《玉机微义》，《四库全书》762册

明·徐谦撰，陈葵删定《仁端录》，《四库全书》762册

明·屠隆《游具雅编》，《丛书集成初编》1501册

明·屠隆《考槃余事》，《丛书集成初编》1559册

明·谢肇淛《五杂俎》，《续修四库全书》1130册

明·孙一奎《赤水玄珠》，《四库全书》766册

明·王肯堂《证治准绳》，《四库全书》767册

明·王肯堂《证治准绳疡医》，上海图书集成印书局铅印本

明·王大纶《婴童类萃》，人民卫生出版社1983

明·龚廷贤《寿世保元》，人民卫生出版社2014

明·罗浮山人《文堂集验方》，《珍本医书集成》本，上海世界书局1936

明·武之望《济阴纲目》，科技卫生出版社1958

明·施沛《祖剂》，人民卫生出版社1987

明·张时彻《摄生众妙方》，《丛书集成续编》81册

明·缪希雍《先醒斋广笔记》，《四库全书》775册

明·吴正伦《养生类要》，中医古籍出版社2004

明·赵宜真《外科集验方》，《中医药古籍珍善本点校丛书》本，学苑

出版社2014

明·宋诩《竹屿山房杂部》，《四库全书》871册

明·汪砢玉《珊瑚网》，《四库全书》818册

明·文震亨《长物志》，《四库全书》872册

明·戚继光《纪效新书》，《四库全书》728册

明·堂顺之《武编》，《四库全书》727册

明·何良臣《阵纪》，《四库全书》727册

明·孙元化《西法神机》，清刻本，中国科学院自然科学史图书馆藏

明·毕懋康《军器图说》，北京出版社1998

明·章潢《图书编》，《四库全书》968册

明·沈德符《野获编》，《续修四库全书》1174册

明·张丑《清河书画舫》，《四库全书》817册

明·徐伯龄《蟫精隽》，《四库全书》867册

明·张岱《陶庵梦忆》，《续修四库全书》1260册

明·清溪道人《禅真逸史》，华夏出版社1995

明·余象斗《南游记》，岳麓书社1994

明·陆楫《古今说海》，《四库全书》885册

明·焦周《焦氏说楛》，《续修四库全书》1174册

明·徐应秋《玉芝堂谈荟》，《四库全书》883册

《万法归宗》，《续修四库全书》1064册

明·方文照《徐仙真录集》，《道藏·续道藏》，上海商务印书馆1923

明·徐炬《新镌古今事物原始全书》，《续修四库全书》1237—1238册

明·王圻、王思义《三才图会》，《续修四库全书》1235册

明·谷泰《博物要览》，《续修四库全书》1186册

明·彭大翼《山堂肆考》，《四库全书》974册

明官修《永乐大典》，中华书局1986

清·冯云鹓《圣门十六子书》，《孔子文化大全》本，山东友谊出版社1989

清·董诰、特通保等《钦定军器则例》，《续修四库全书》857册

清·焦勖《火攻挈要》，《续修四库全书》966册

《新编张靖峰家藏火攻急务》，明万历刻本

清·李光地等《御定月令辑要》，《四库全书》467册

清·王燕绪等《授时通考》，马宗申《授时通考校注》本，农业出版社1991

清·姚之骃《元明事类钞》，《四库全书》884册

清·刘灏等《广群芳谱》，张虎刚点校本，河北人民出版社1989

清·丁宜曾《西石梁农圃便览》，《续修四库全书》976册

清·奚诚《耕心农话》，《四库全书》976册

清·卫杰《蚕桑萃编》，中华书局1956

清·张岱《夜航船》，浙江古籍出版社1987

清·佚名《鸟谱》，清钞本

清·陈淏子《花镜》，农业出版社1962

清·刘廷玑《在园杂志》，《续修四库全书》1137册

清·谢堃《花木小志》，《续修四库全书》1117册

清·袁枚《随园食单》，《续修四库全书》1115册

清·黄云鹄《粥谱》，《续修四库全书》1115册

清官修《医宗金鉴》，《四库全书》780册

清·喻昌《医门法律》，《四库全书》783册

清·丁甘仁《丁甘仁医案》，人民卫生出版社2007

清·徐文弼《寿世传真》，中医古籍出版社1986

清·顾世澄《疡医大全》，人民卫生出版社1987

清·鲍相璈《验方新编》，中国医药科技出版社2011

清·冯兆张《冯氏锦囊秘录》，田思胜校注，中国中医药出版社1996

清·陈念祖《医学从众录》，金香兰校注本，中国中医药出版社1996

清·邹存淦《外治寿世方》，中国中医药出版社2009

清·祁坤《外科大成》，上海卫生出版社1957

清·魏之琇《续名医类案》，人民卫生出版社1982

清·张璐《张氏医通》,《续修四库全书》1022册

清·曹庭栋《养生随笔》,上海书店1981年

清·爱虚老人《古方汇精》,上海世界书局排印本1936

清·陈杰《回生集》,中医古籍出版社1999

清·叶桂原《种福堂公选良方》,人民卫生出版社1960

清·钱峻《经验丹方汇编》,赵宝明点校本,中医古籍出版社1988

清·徐大椿《药性切用》,学苑出版社2011

清·赵学敏《串雅内编》,中国中医药出版社2008

清·丁尧臣《奇效简便良方》,中医古籍出版社2004

清·程鹏程《急救广生集》,中国中医药出版社1992

清·赵学敏《本草纲目拾遗》,人民卫生出版社1963

清·王锡鑫《幼科切要》,王文选《医学切要全集》,重庆饶氏刊本1847

清·丁尧臣《奇效简便良方》,学苑出版社1990

清·文晟辑《急救便方》,京口文成堂刻本

清·邹存检《外治寿世方》,中国中医药出版社2009

清·李渔《闲情偶寄》,《续修四库全书》1186册

清·潘永因《宋稗类钞》,《四库全书》1034册

清·张英、王士祯等《渊鉴类函》,北京市中国书店1985

清官修《分类字锦》,《四库全书》1005册

清·陈元龙《格致镜原》,《四库全书》1031册

清·谷应泰《博物要览》,《续修四库全书》1186册

清·徐寿基《续广博物志》,《续修四库全书》1272册

清·张鸣珂《寒松阁谈艺璅录》,《续修四库全书》1088册

清·王棠《燕在阁知新录》,《续修四库全书》1146册

清·齐学裘《见闻续笔》,《续修四库全书》1181册

清·沈自南《艺林汇考》,《四库全书》859册

清官修《佩文斋书画谱》,《四库全书》819册

清·李斗《扬州画舫录》,《续修四库全书》733册

清·卞永誉《式古堂书画汇考》，《四库全书》827册

清·昭梿《啸亭杂录》，《续修四库全书》1179册

清·刘廷玑《在园杂志》，《续修四库全书》1137册

清·王士禛《池北偶谈》，《四库全书》870册

清·褚人获《坚瓠集》，《续修四库全书》1260—1262册

清·袁枚《新齐谐》，《续修四库全书》1788册

清·钱德苍《解人颐》，三环出版社1992

清·李兴庭《乡言解颐》，中华书局1982

清·落魄道人《常言道》，嘉庆十四年存古堂刻本

东山云中道人《唐钟馗平鬼传》，《古本小说集成》，上海古籍出版社1990

清官修《祕殿珠林》，《四库全书》823册

清·丁晏《投壶考原》，《续修四库全书》1106册

清·百一居士《壶天录》，《续修四库全书》1271册

徐珂《清稗类钞》，中华书局1984

《太上三辟五解秘法》，《道藏》"众术类"，上海商务印书馆1923

《太清经天师口诀》，《道藏》"众术类"，上海商务印书馆1923

袁珂《山海经校注》，上海古籍出版社1980

刘庆芳《葫芦的奥秘》，山东教育出版社1999

游琪、刘锡诚《葫芦与象征》，商务印书馆2001

游琪《葫芦·艺术及其他》，商务印书馆2008

董健丽《中国古代葫芦形陶瓷器》，江西美术出版社2010

史部书目

先秦·无名氏《世本》，秦嘉谟等辑《世本八种》本，中华书局2008

春秋·左丘明《国语》，上海古籍出版社1978

汉·司马迁《史记》，中华书局1959

汉·班固《汉书》，中华书局1962

汉·班固《汉武帝内传》，《四库全书》1042册

晋·皇甫谧《帝王世纪》，《续修四库全书》301册

南朝宋·范晔《后汉书》，中华书局1965

北魏·郦道元《水经注》，段熙仲点校本，江苏古籍出版社1989

梁·沈约《宋书》，中华书局1974

梁·萧子显《南齐书》，中华书局1974

唐·房玄龄等《晋书》，中华书局1974

唐·姚思廉《梁书》，中华书局1973

唐·李百药《北齐书》，中华书局1972

唐·魏徵等《隋书》，中华书局1973

唐·令狐德棻等《周书》，中华书局1971

唐·樊绰《蛮书》，《四库全书》464册

唐·杜佑《通典》，中华书局1984

唐·李吉甫《元和郡县志》，《四库全书》468册

唐·余知古《渚宫旧事》，《四库全书》407册

唐·刘恂《岭表录异》，《四库全书》589册

宋·欧阳修等《新唐书》，中华书局1975

宋·欧阳修等《新五代史》，中华书局1974

宋·王溥《唐会要》，上海古籍出版社1991

宋·马令《马氏南唐书》，《四库全书》464册

宋·郑樵《通志》，中华书局1987

宋·司马光《资治通鉴》，古籍出版社1956

宋·李焘《续资治通鉴长编》，《四库全书》314册

宋·袁枢《通鉴纪事本末》，中华书局1979

宋·王应麟《通鉴地理通释》，《四库全书》312册

宋·吴自牧《梦粱录》，《四库全书》590册

宋·孟元老《东京梦华录》，伊永文《东京梦华录笺注》本，中华书局

2006

宋·周密《武林旧事》，西湖书社1981

宋·耐得翁《都城纪胜》，《四库全书》590册

宋·乐史《太平寰宇记》，王文楚等点校本，中华书局2007

宋·宋敏求《长安志》，《四库全书》587册

宋·王存《元丰九域志》，《四库全书》471册

宋·潜说友《咸淳临安志》，《四库全书》490册

宋·欧阳忞《舆地广记》，《四库全书》471册

宋·罗濬、梅应发《宝庆四明志　四明续志》，《四库全书》487册

宋·朱辅《溪蛮丛笑》，《四库全书》594册

宋·王质《绍陶录》，《四库全书》446册

宋·岳珂《金佗稡编　金佗续编》，《四库全书》446册

金·佚名《地理新书》，《续修四库全书》1054册

元·于钦《齐乘》，《四库全书》491册

元·辛文房《唐才子传》，《四库全书》451册

元·马端临《文献通考》，《十通》本，浙江古籍出版社2000

元·袁桷《延祐四明志》，《四库全书》491册

元·徐硕《至元嘉禾志》，《四库全书》491册

元·脱脱等《宋史》，中华书局1977

明·冯琦原编，陈邦瞻增辑《宋史纪事本末》，《四库全书》353册

明·宋濂等《元史》，中华书局1976

明·胡粹中《元史续编》，《四库全书》334册

明·李贤《明一统志》，《四库全书》472册

明·李善长《大明令》，《皇明制书》，台湾成文书局1969

明官修《明会典》，《四库全书》617册

明·吕毖《明宫史》，《四库全书》651册

明·杨一清《关中奏议》，《四库全书》428册

明·何孟春《何文简疏义》，《四库全书》429册

明·潘季驯《潘司空奏疏》，《四库全书》430册

明·佚名《烬宫遗录》，《丛书集成初编》24册

明·胡宗宪《筹海图编》，《四库全书》584册

明·俞汝楫《礼部志稿》，《四库全书》597册

明·屠隆《考槃余事》，《丛书集成初编》1559册

明·清溪道人《禅真逸史》，上海古籍出版社1996

明·顾炎武《天下郡国利病书》，《续修四库全书》595册

明·罗炌修、黄承昊撰《嘉兴县志》，书目文献出版社1991

明·王鏊《姑苏志》，《四库全书》493册

明·谢肇淛《滇略》，《四库全书》494册

明·张国维《吴中水利全书》，《四库全书》578册

明·董斯张《吴兴备志》，《四库全书》494册

明·巩珍《西洋番国志》，《续修四库全书》742册

明·曹学佺《蜀中广记》，《四库全书》591册

明·徐宏祖《徐霞客游记》，上海古籍出版社1987

清·陆维垣修，清·李天秀纂《乾隆华阴县志》，1928年铅印本

清·吴任臣《十国春秋》，《四库全书》465册

清·厉鹗《辽史拾遗》，《四库全书》289册

清·张廷玉等《明史》，中华书局1974

清·谷应泰《明史纪事本末》，中华书局1977

清·计六奇《明季北略》，《续修四库全书》440册

清·温达等《圣祖仁皇帝亲征平定朔漠方略》，《四库全书》354册

清·阿桂等《平定两金川方略》，《四库全书》360册

清·杜臻《粤闽巡视纪略》，《四库全书》460册

清·黄叔璥《台海使槎录》，《四库全书》592册

清·丁绍仪《东瀛识略》，学识斋出版社1968

清·朱一新《京师坊巷志稿》，北京古籍出版社1983

清官修《万寿盛典初集》，《四库全书》653册

清官修《皇朝礼器图式》,《四库全书》656册

清官修《皇清职贡图》,《四库全书》594册

清官修《国朝宫史》,《四库全书》657册

清官修《大清一统志》,《四库全书》474册

清·穆彰阿、潘锡恩《嘉庆重修一统志》,上海书店1985

清官修《大清律例》,《四库全书》672册

清官修《大清会典则例》,《四库全书》620册

清官修《皇朝通典》,《四库全书》642册

清官修《皇朝文献通考》,《四库全书》632册

清官修《御批历代通鉴辑览》,《四库全书》335册

清官修《世宗宪皇帝朱批谕旨》,《四库全书》416册

清·郭琇《华野疏稿》,《四库全书》430册

清·顾祖禹《读史方舆纪要》,中华书局2005

清官修《钦定热河志》,《四库全书》495册

清·吴秋士《天下名山记钞》,齐鲁书社1997

清·纪昀、陆锡熊《河源纪略》,《四库全书》579册

清·赵一清《水经注释》,《四库全书》575册

清·齐召南《水道提纲》,《四库全书》583册

清官修《皇舆西域图志》,《四库全书》500册

清·于敏中、窦光鼐等《日下旧闻考》,北京古籍出版社1981

清官修《续通志》,《十通》本,浙江古籍出版社2000

清官修《续文献通考》,《十通》本,浙江古籍出版社2000

清官修《皇朝文献通考》,《四库全书》632册

清·陆次云《峒溪纤志》,《丛书集成初编》3026册

清·李卫等《畿辅通志》,《四库全书》504册

清·嵇曾筠、沈翼机等《浙江通志》,《四库全书》519—526册

清·刘于义、沈青崖等《陕西通志》,《四库全书》551册

清·郝玉麟、谢道承等《福建通志》,《四库全书》527册

清·谢旻、陶成等《江西通志》，《四库全书》513册

清·黄廷桂、张晋生等《四川通志》，《四库全书》559册

清·许容、李迪等《甘肃通志》，《四库全书》559册

清·迈柱、夏力恕等《湖广通志》，《四库全书》551册

清·郝玉麟、鲁曾煜等《广东通志》，《四库全书》562册

清·金𫓧、钱元昌等《广西通志》，《四库全书》565册

清·曾筠等《云南通志》，《四库全书》569册

清·鄂尔泰、靖道谟等《贵州通志》，《四库全书》571册

清·赵宏恩、黄之隽等《江南通志》，《四库全书》507册

清·田文镜、王士俊、孙灏等《河南通志》，《四库全书》535册

清·觉罗石麟、储大文等《山西通志》，《四库全书》542册

清·岳濬《山东通志》，《四库全书》539册

清·王赠芳等修，成瓘等纂[道光]《济南府志》，济南市史志办公室点校本，中华书局2013

清·左承业《万全县志》，台北学生书局1969

清·干庭桢《江夏县志》，台北成文出版社有限公司1975

清·李煦《荥阳县志》，台北学生书局1968

清·董天工《武夷山志》，北京方志出版社1997

清·郝献明修，清·胡岳立纂《乾隆乐陵县志》

清·陈观国修，李保泰纂《甘泉县续志》，广陵书社2015

清·李光地《月令辑要》，《四库全书》467册

清·李光暎《金石文考略》，《四库全书》684册

清·李斗《扬州画舫录》，汪北平、涂雨公点校本，中华书局1960

清·高士奇《金鳌退食笔记》，《四库全书》588册

林清扬修，王延升纂《民国沙河县志》，1940年铅印本

赵尔巽等《清史稿》，中华书局1977

商承祚《长沙古物见闻记》，中华书局1996

集部书目

梁·刘勰《文心雕龙》，黄叔林、杨明照《增订文心雕龙校注》本，中华书局2008

北周·庾信《庾子山集》，《庾子山集注》本，中华书局1980

唐·韦应物《韦苏州集》，《四库全书》1072册

唐·释贯休《禅月集》，《四库全书》1084册

宋·李昉等《文苑英华》，中华书局1966

宋·郭茂倩《乐府诗集》，中华书局1979

宋·曹勋《松隐集》，《四库全书》1129册

宋·苏轼《苏东坡全集》，北京市中国书店1986

宋·陆游《剑南诗稿》，钱仲联《剑南诗稿校注》本，上海古籍出版社1985

宋·欧阳修《文忠集》，《四库全书》1102册

宋·杨万里《诚斋集》，《四库全书》1160册

宋·黄庭坚《山谷集》，《四库全书》1113册

宋·彭汝砺《鄱阳集》，《四库全书》1101册

宋·程颢、程颐《二程集》，中华书局1981

宋·陈思编，元·陈世隆补《两宋名贤小集》，《四库全书》1362册

宋·陈起《江湖后集》，《四库全书》1357册

宋·李之仪《姑溪居士前集　后集》，《四库全书》1120册

宋·梅尧臣《宛陵集》，《四库全书》1099册

宋·赵师侠《坦菴词》，唐圭璋《全宋词》，中华书局1965

宋·张炎《山中白云词》，《四库全书》1488册

宋·董嗣杲撰，明·陈贽和《西湖百咏》，《四库全书》1189册

宋·阮阅《诗话总龟》，《四库全书》1478册

宋·文天祥《文山集》，《四库全书》1184册

元·王义山《稼村类藳》，《四库全书》1193册

元·范梈《范德机诗集》,《四库全书》1208册

元·王恽《秋涧集》,《四库全书》1200册

元·张之翰《西岩集》,《四库全书》1204册

元·魏初《青崖集》,《四库全书》1198册

元·刘因《静修集》,《四库全书》1198册

元·马臻《霞外诗集》,《四库全书》1204册

元·黄玠《弁山小隐吟录》,《四库全书》1205册

明·梅鼎祚《西汉文纪》,《四库全书》1396册

明·程敏政《新安文献志》,《四库全书》1375册

明·张溥《汉魏六朝百三家集》,《四库全书》1412册

明·郑潜《樗庵类稿》,《四库全书》1232册

明·吴宽《家藏集》,《四库全书》1255册

明·谢晋《兰庭集》,《四库全书》1244册

明·高启《大全集》,《四库全书》1230册

明·高启《凫藻集》,《四库全书》1230册

明·于慎行《榖城山馆集》,《四库全书》1291册

明·王彝《王常宗集》,《四库全书》1229册

明·王世贞《弇州四部稿·续稿》,《四库全书》1282册

明·易震吉《秋佳轩诗余》,《续修四库全书》1723册

明·曹学佺《石仓历代诗选》,《四库全书》1387册

明·俞弁《逸老堂诗话》,《续修四库全书》1695册

明·郭勋《雍熙乐府》,《续修四库全书》1740册

明·张昱《可闲老人集》,《四库全书》1222册

明·李贤《古穰集》,《四库全书》1244册

明·钱子正《三华集》,《四库全书》1372册

明·方孝孺《逊志斋集》,《四库全书》1235

明·庄昶《定山集》,《四库全书》1254册

明·邵宝《容春堂集》,《四库全书》1258册

明·虞堪《希澹园诗集》，《四库全书》1233册

明·郑真《荥阳外史集》，《四库全书》1234册

明·尹台《具次集》，《四库全书》1277册

明·余象斗《南游记》，岳麓书社，1994

明·徐渭《青藤书屋文集》，《丛书集成初编》2156册

清·郑珍《巢经巢文集》《巢经巢诗集》，《续修四库全书》1534册

清官修《御制诗集》，《四库全书》1302—1311册

清官修《佩文斋咏物诗选》，《四库全书》1432册

清·王昶《国朝词综》，《续修四库全书》1731册

清·陈元龙《历代赋汇》，凤凰出版社，2004

清·彭定求等《全唐诗》，中华书局1960

清·陈焯《宋元诗会》，《四库全书》1463册

清·顾嗣立《元诗选》，《四库全书》1468册

清·沈季友《檇李诗系》，《四库全书》1475册

清·张道《全浙诗话》，《续修四库全书》1703册

清·王士禛《渔洋诗话》，《四库全书》1483册

清·朱彝尊《静志居诗话》，《续修四库全书》1698册

清·李苞《巴塘诗钞》，《续修四库全书》1475册

清·颜光敏《颜氏家藏尺牍》，《丛书集成》2971册

清·孔传铎《红萼词》，《清代诗文集汇编》，上海古籍出版社2010

清·龚翔麟《浙西六家词》，清康熙刻本

唐圭璋《全宋词》，中华书局1965

唐圭璋《全金元词》，中华书局1979

南京大学《全清词》，中华书局2002

后　记

　　本卷为《葫芦文化丛书》的"史料卷"，受山东省"孔子与山东文化强省战略协同创新中心"建设项目的资助；旨在从传统文化的角度展示葫芦，为丰富完善该项目所提出的传统文化研究，为同仁更深入研究葫芦历史和广大葫芦爱好者更好地了解葫芦提供基础资料和平台。

　　《葫芦文化丛书·史料卷》，在《丛书》总主编扈鲁先生和编委会办公室诸位同志的关心指导下，在分卷编委全体同志的共同努力下，经过近一年的时间，迄今已编撰成册。

　　去年三月召开的《葫芦文化丛书》编纂工作会议上，扈先生对各分卷进行了明确分工，决定由我主编"史料卷"。当时，我手头正在做着国家社科基金项目《论语误解勘正》，扈先生看我科研任务重，便为我配备了强有力的助手：让历史文化学院的巩宝平老师带领曲琳、孙经超、张巧巧、吴敏、董龙梅等几位研究生承担史料的查检搜集工作。诚然，史料卷的重头戏就是从浩如烟海的古籍中搜寻资料，扈先生和巩老师给我创造了做"有米之炊"的良好条件。

　　在巩宝平老师的亲自组织、具体指导下，在图书馆馆长王东波、信息系统技术部主任张宏涛等专家的指导培训下，各位研究生同学明确分工，分别对《四库全书》《续修四库全书》《四部丛刊》《丛书集成》以及《鼎秀古籍数据库》《爱如生古籍数据库》进行了较为全面的搜检。两个多月的时间，同学们便把收集的材料汇集到我这里，同时，扈先生也把从外地专家手头上调取到的数万字材料转交过来，共有50多万字。面对这丰富的材料，我和陈以凤老师按照暂拟编撰体例进行了筛选、归类和编排。然后对筛选出的10万余字的材料，进行断句、标点、校勘和注释。七月底编委会检查各分卷编纂进度及编纂体例时，我们将这粗略编选的书稿呈交了上去。后经进一步的收集整理，至十月份聊城审稿会议时，书稿达到14万字。

审稿会议上，与会专家对史料卷的内容分类及编纂体例基本认可，但认为书稿的字数欠缺，要求做到20万字，并建议附些葫芦图片及古籍书影。根据专家们提出的建议，我们又召集研究生继续收集材料，由于部分同学撰写毕业论文任务繁重，挤不出时间继续这项工作，为确保《史料卷》材料收集进度不受影响，巩宝平老师及时增补了魏灵芝、张亚朋、孙尧尧等几位研究生，同时邀请文学卷主编曹志平教授传授检索"国学大师网"的技能和经验。同学们从电子本上检索的同时，我便到图书馆、资料室借来大量纸本古籍以及今人的相关研究著作，经过一番搜寻和增补，书稿字数基本达到了要求。寒假期间，我和陈以凤老师一是对新增补材料进行标点、注释；二是对原来的材料进行审读，利用纸本校勘电子本材料，纠正错讹，增补缺漏；三是请文学院研究生杨晓颖、王云鹏同学增设图片和书影。紧紧张张，总算完成了这项极有意义的编纂任务。

虽然不够完备，但这是集体努力、辛勤劳作的成果。感谢为本卷编纂倾注关怀的各位专家！感谢在编纂过程中付出辛勤劳动的各位同仁！

高尚榘

2017.2.23